HAZOP 培训系列教材

危险与可操作性分析(HAZOP)应用指南

中国化学品安全协会　组织编写
吴重光　主编

中国石化出版社

内 容 提 要

本书是国内第一部全面介绍 HAZOP 方法及应用的技术指导性用书。书中全面、详细地介绍了有关 HAZOP 的知识、概念和方法要点；给出了 HAZOP 应用中的常见问题及有效解决方法；正文和附录中给出了大量的在 HAZOP 分析中有重要参考价值的信息、数据和资料；同时还介绍了 HAZOP 分析的新发展、新思路和新方法。本书集合了国际上开展 HAZOP 分析时所应用的大量的工程知识和实践经验以及国内应用成果；可作为针对专业人员的 HAZOP 培训教材，亦可作为专业人员进行 HAZOP 分析时常备的技术手册。

本书适用的读者对象是化工、石油化工、炼油与天然气工业领域的安全工程师、安全评价师、工程设计人员、工艺工程师、机械设备工程师、工业自动化工程师、生产操作主管人员等，也可供政府安全监管人员、企业领导等阅读参考，还可以作为高等院校化学工程、安全工程等专业教材。

图书在版编目(CIP)数据

危险与可操作性分析(HAZOP)应用指南 / 中国化学品安全协会组织编写．—北京：中国石化出版社，2012．8(2024．4 重印)
HAZOP 培训系列教材 / 吴重光主编
ISBN 978-7-5114-1673-5

Ⅰ．①危…　Ⅱ．①中…　Ⅲ．①石油化工设备-风险分析-技术培训-教材
Ⅳ．①TE96

中国版本图书馆 CIP 数据核字(2012)第 183011 号

中国石化出版社出版发行
地址：北京市东城区安定门外大街 58 号
邮编：100011 电话：(010)57512500
发行部电话：(010)57512575
http://www.sinopec-press.com
E-mail:press@sinopec.com
北京科信印刷有限公司印刷
全国各地新华书店经销
*
787×1092 毫米 16 开本 18.75 印张 442 千字
2012 年 8 月第 1 版　2024 年 4 月第 8 次印刷
定价：60.00 元

《HAZOP 培训系列教材》编审委员会

《HAZOP 培训系列教材》编写工作组

组　　长：韦国海

副 组 长：吴重光

成　　员：赵劲松　栗镇宇　鲁　毅　孙成龙　万古军

张广文　黄玖来　宋贤生　刘　伟　裴辉斌

责任编辑：许　倩

序

石油和化学工业是我国国民经济重要的能源产业、基础原材料产业和支柱产业。石油化工生产过程大多数具有高温高压、易燃易爆、有毒有害、连续作业、过程复杂等特点，安全风险大，是国家安全生产监督管理的重点领域之一。党中央、国务院高度重视危险化学品安全生产工作，采取了一系列重大举措，全面实施安全发展战略，不断加强和改进危险化学品安全生产工作，实现了全国危险化学品安全生产形势持续稳定好转的态势。但是，危险化学品领域安全生产风险高，安全责任重大，安全生产工作任重道远。我们要坚持用科学发展、安全发展的理念统领安全生产工作，积极实施科技兴安战略，学习借鉴国外经验，进一步提升安全生产管理水平。

保障工艺过程安全是包括石油化工行业在内的流程工业所特有的、重要的安全生产管理任务。欧美国家在长期的工业发展进程中，从许多惨痛的事故教训中认识到过程安全的重要性，并催生了一系列有关过程安全管理的法律法规和工艺过程危险分析方法和技术。如：危险与可操作性分析(HAZOP)、保护层分析(LOPA)、故障假设分析(What-if)、故障假设/安全检查表分析(What-if/Checklist)、故障模式与影响分析(FMEA)等。在众多的危险分析方法中，HAZOP方法以其科学性、系统性和全面性特点在全世界得到广泛的认可与应用，历经半个世纪长盛不衰，成为石油化工行业和各种高危领域事故预防的有效手段和重要工具。

国家安全生产监督管理总局高度重视HAZOP的推广应用。近几年来，国家安全生产监督管理总局监管三司和中国化学品安全协会在宣传、推广HAZOP技术方面做了不少工作，HAZOP方法已受到我国石油和化工企业的广泛关注，应用HAZOP方法的热潮正在悄然兴起。

为了进一步宣传普及HAZOP知识，促进HAZOP方法推广应用工作所急需的人才培养，满足HAZOP方法在我国大范围普及应用的迫切需求，在国家安全生产监督管理总局监管三司的指导下，中国化学品安全协会组织国内 HAZOP 专家学者编写了首套适合我国国情的《HAZOP 培训系列教材》。

《危险与可操作性分析(HAZOP)基础及应用》和《危险与可操作性分析(HAZOP)应用指南》两本培训教材汇集了多年来国内外开展 HAZOP 分析的大量工程知识和实践经验，以及近年来 HAZOP 方法的改进、补充和发展，全面介绍了 HAZOP 的概念、方法要点、详细的应用案例以及具有重要参考意义的数据列表和资料，很有启发、借鉴和参考价值，也非常实用。

这两本书的作者和主审都是近几年在国内石化行业从事过程安全管理和 HAZOP 分析方面的专家，主持和参加过多个 HAZOP 分析项目，是国内应用 HAZOP 方法的先行者，积累了丰富的理论和实践经验。

我向大家推荐这两本书。希望石油化工和危险化学品领域的企业及设计、研究、咨询等单位、机构的领导和有关技术人员从中学到有用的知识和方法，得到有益的启示，共同促进 HAZOP 等过程安全管理技术在我国的普及应用，进一步提升我国石油化工企业安全管理水平、技术水平和防范事故能力。

孙華山

二〇一二年八月

前　言

HAZOP是英文Hazard and Operability Analysis或Hazard and Operability Studies的缩略语，中文翻译为：危险与可操作性分析。它是对工艺过程进行危险(害)分析的一种有效方法。

HAZOP方法诞生于20世纪60年代，该方法在全世界显现出“一经问世，广泛认可”的态势。应用HAZOP完成的安全评价项目已经不计其数！在互联网上只要点击“HAZOP”五个字母，映入眼帘的相关信息超过百万个！近年来HAZOP方法的应用进一步扩展到核电、航空航天、军事设施、软件和网络等领域。我国重大化工、石油化工、炼油项目，特别是国际合作项目无一例外都进行HAZOP分析。与其他安全评价方法比较，HAZOP方法有三个突出特点：

特点之一是，发挥集体智慧；

特点之二是，采用引导词激发创新思维；

特点之三是，系统化与结构化的分析方法。

HAZOP分析的三大特点带来了该方法的独特优势和广泛的适用性。HAZOP分析采用了基于偏离的双向定性因果推理方法。反向推理，找到潜在危险的原因；正向推理，查出危险可能导致的不利后果，进而分析已有安全措施的作用；必要时提出补充安全措施的建议。最终将装置的风险降低到要求的界限以下。运用HAZOP分析，还能找出影响产品产量和质量的原因。

HAZOP方法可以适用于过程工业的连续系统和间歇系统；可以适用于系统生命周期的设计阶段、生产运行阶段直至报废阶段。在工程设计阶段实施HAZOP分析是提高装置本质安全度的有效措施；在生产运行阶段实施HAZOP分析可以有效排查事故隐患，防患于未然。

此外，HAZOP方法还适用于核电、机械、软件和电子信息等对安全性和可靠性要求很高的系统。

国家安全生产监督管理总局高度重视学习、借鉴国际上先进的安全生产管理理念、方法和技术，早在2007年就开始宣传、倡导和推动HAZOP方法在我国的推广应用。2011年11月，由国家安全生产监督管理总局监管三司和中国化学品安全协会联合举办的“化工行业危险与可操作性分析（HAZOP）技术推广交流研讨会”上，国家安全生产监督管理总局副局长孙华山在讲话中明确指出：要积极推广危险与可操作性分析等过程安全管理先进技术，积极开展HAZOP应用人才的本土化培养，支持HAZOP计算机辅助软件研究和开发，逐步深化HAZOP等过程安全管理技术在我国的推广应用。

目前，HAZOP方法已经受到我国石油和化工企业的广泛关注，应用HAZOP方法的热潮悄然兴起。但是，HAZOP方法在我国的应用还处在起步阶段。国内化工企业的领导和各级政府的安全监管人员，很多还不很了解这种方法。国内的HAZOP应用人才极其缺乏，即便是大型中央企业也很少拥有自己成熟的HAZOP团队；而国际上，石化行业的大型跨国公司都有自己专业化的HAZOP团队。目前，国内一些有资质的安全评价、咨询机构也只有少数能够组织HAZOP培训或执行HAZOP分析，而且水平参差不齐。

为了更加广泛、深入地宣传普及HAZOP方法基本知识，促进HAZOP方法推广应用工作所急需的人才培养，满足HAZOP方法在我国大范围推广应用时对理论、技术、规范、资料的迫切需求，促进HAZOP方法在我国普及应用的健康发展，今年初，中国化学品安全协会决定，在全国组织一部分HAZOP专家学者集体编写一部规范的、权威的、适合我国国情的HAZOP培训教材。这项工作计划得到了国家安全生产监督管理总局领导和监管三司的充分肯定和积极支持，同时也得到了许多中央企业和专家学者的积极支持。成立了由国家安全生产监督管理总局孙华山副局长任组长，中国工程院院士、清华大学陈丙珍教授等任副组长的“《HAZOP培训系列教材》编审委员会”。组建了由国内一批专家学者参加的“《HAZOP培训系列教材》编写工作组”。历经六个多月的不懈努力，完成了编写工作。

组织编写的《HAZOP培训系列教材》共有两本书，一本是普及性读物：《危险与可操作性分析（HAZOP）基础及应用》；另一本是专业性读物：《危险与可操作性分析（HAZOP）应用指南》。

本书是主要面向化工、炼油和石油、天然气工业领域的安全工程师、工艺工程师、设备工程师、工业自动化工程师、安全评价师、生产操作主管人员等专业人员的专业读物。

本书第 1 章和第 2 章介绍了 HAZOP 分析的基本概念和直接相关的基础知识；第 3 章介绍了 HAZOP 分析的准备工作；第 4 章阐述了 HAZOP 分析方法，是全书的核心；第 5 章至第 7 章介绍了 HAZOP 分析在工程设计阶段、生产运行阶段、面向操作规程和面向间歇过程的应用；第 8 章和第 9 章介绍了 HAZOP 分析中原因分析和安全措施确定的常用方法；第 10 章讨论了 HAZOP 分析方法的局限性，介绍了有关 HAZOP 分析方法的技术进展。

本书内容集合了国际上开展 HAZOP 分析时所应用的大量的工程知识和实践经验的总结以及国内近年来的应用成果，特别是介绍了 HAZOP 分析的新发展、新思路和新方法，引入了国际公认的新概念。例如事故剧情、初始事件及发生频率、不利后果及严重度、风险矩阵、保护层及安全措施的分类、风险降低因子等，包括其识别和应用方法。在本书的正文和附录中收集了大量 HAZOP 分析时有用的信息、数据和资料，非常实用。全书各章相互呼应，系统地、全面地和详细地阐述了 HAZOP 方法的精髓，并尽力做到理论联系实际。

我们真诚地期望读者能从本书获益；从本书得到启示；期望本书成为安全评价人员形影不离的技术参考书。

本书由吴重光教授主编。编写大纲由吴重光教授提出，经广泛征求意见后，由编写组集体讨论确定。本书第 1 章由粟镇宇编写；第 2 章由宋贤生编写；第 3、5 章由孙成龙编写；第 4 章由张广文、万古军合作编写，第 6 章由黄玖来、张广文合作编写；第 7 章 7.1~7.4 由吴重光编写，7.5~7.6 由粟镇宇编写；第 8、10 章由吴重光编写；第 9 章由鲁毅编写；附录由鲁毅和各章作者合作编写。

《HAZOP 培训系列教材》编审委员会组织对本书送审稿进行了会议审查。会前，部分专家委员担任主审，分章节进行了细致的审阅。其中，第 1、2、3 章由纳永良主审；第 4、10 章由赵劲松主审；第 5、6 章由孙文勇主审；第 7 章由孙成龙主审；第 8、9 章和附录由粟镇宇主审。部分中央企业在会前组织本系统专家对书稿进行了审阅。

吴重光教授对全书进行了统稿，并做了全面的修改；陈丙珍院士对全书进行了审定。

韦国海副理事长代表中国化学品安全协会对编书工作进行了策划、组织和协调，并承担了部分文字修改工作。

国家安全生产监督管理总局领导和监管三司对编书工作给予了大力支持与指导。孙华山副局长题写了序。监管三司王浩水司长、孙广宇副司长多次参加本书编写工作会议，给予指导；监管三司的其他有关同志从多方面给予了支持。

本书编写过程中，还得到了国家安全生产监督管理总局化学品登记中心、中国石油天然气集团公司、中国石油化工集团公司、中国海洋石油总公司、中国化工集团公司、福建联合石油化工有限公司等单位和《HAZOP培训系列教材》编审委员会中的其他领导和专家给予的多方面支持。

在此，谨向在编书过程中做出贡献的各单位和各方面人士表示衷心感谢！

由于编书时间仓促，错误和不当之处在所难免，欢迎批评指正。欢迎登录中国化学品安全协会网站 www.chemicalsafety.org.cn 向我们反馈意见。

中国化学品安全协会
二〇一二年八月

目　　录

专用名词术语

本书涉及的专用名词术语及中英文对照如下。当名词术语有多种常用中文翻译时，在括号中列出。

中文	英文及缩略语
危险与可操作性研究	Hazard and Operability Studies (HAZOP)
危险与可操作性分析	Hazard and Operability Analysis (HAZOP)
基于剧情的危险评估	scenario based hazard evaluation
危险(危害)	hazard
风险	risk
事故剧情(序列、情景、场景、预案)	incident scenario
危险剧情(序列、情景、场景)	hazard scenario
故障假设法	What-if
检查表法	Checklist
故障模式与影响分析	Failure Mode and Effects Analysis (FMEA)
故障树分析	Fault Tree Analysis (FTA)
事件树分析	Event Tree Analysis (ETA)
后果分析	Consequence Analysis (CA)
保护层分析	Layer of Protection Analysis (LOPA)
领结图分析	Bow-Tie Analysis (BTA)
过程(工艺)安全	Process Safety
过程(工艺)安全管理	Process Safety Management (PSM)
工艺(过程)危险分析	Process Hazard Analysis (PHA)
工艺(过程)危险分析复审	Process Hazard Analysis Revalidation
工艺(过程)危险审查	Process Hazard Review (PHR)
过程(工艺)安全信息	Process Safety Information (PSI)
要素	element
参数	parameter
节点	nodes
偏离(偏差)	deviation
设计意图	design intention
可操作性	operability
引导词	guidewords
原因	cause

续表

中文	英文及缩略语
后果	consequence
影响(作用)	impact
初始事件	Initiating Event (IE)
初始原因	Initiating Cause (IC)
中间事件	intermediate event
关键事件	Pivotal Events(PE)
失事(点)	loss event
现有安全措施	safeguards
建议措施	recommendation
行动	action
HAZOP 分析团队	HAZOP team
头脑风暴	brain storming
偏离到偏离	Deviation By Deviation (DBD)
原因到原因	Cause By Cause (CBC)
作业安全	work safety
作业安全分析	Job Safety Analysis (JSA)
管道仪表流程图	Piping and Instrumentation Diagram (P&ID)
变更管理	Management of Change (MOC)
投产前安全审查	Pre-Startup Safety Review (PSSR)
操作规程(程序)	operating procedures
机械完整性	Mechanical Integrity (MI)
机械完整性程序	Mechanical Integrity Procedures (MIP)
动火作业许可证	hot work permit
着火源	ignition source
应急计划与应急反应	emergency planning and response
事故调查	incident investigation
商业机密	trade secrets
符合性审核	compliance audits
员工参与	employee participation
后果严重程度	Severity (S)
可能性	Likelihood (L)
风险等级	Risk Rank (RR)
风险矩阵	risk matrix

续表

中文	英文及缩略语
合理可行的降低风险原则	As Low As Reasonably Practicable (ALARP)
定量风险分析	Quantitative Risk Analysis (QRA)
定性分析	qualitative analysis
安全仪表系统	Safety Instrumented System(SIS)
安全完整性等级	Safety Integrity Level (SIL)
设施布置检查表	facilities siting checklist
人为因素检查表	human factors checklist
本质安全检查表	inherent safety checklist
安全证明文件	safety case
减缓性保护措施	mitigative safeguard
限制和控制措施	contain and control
第一级限制系统	primary containment system
容物损失(失去抑制)	loss of containment
基本过程控制系统	Basic Process Control System (BPCS)
化学物质和物理因素阈限值	threshold limit values for chemical substances and physical agents
通用失效频率	generic failure frequency
设备总体失效概率	overall equipment failure frequency
指令失效概率	probability of failure on demand
风险评估数据目录	risk assessment data directory
工艺设备可靠性数据指南	guidelines for process equipment reliability data
基于风险的检测技术	risk based inspection technology
物理效应计算方法	methods for the calculation of physical effects
应急响应规划指南	emergency response planning guidelines
基础工程设计	basic design; basic engineering
详细工程设计	detailed engineering
主危险分析	Major Hazard Analysis(MHA)
间歇流程	batch process
批记录	batch processing record
触发原因	triggering cause
根原因	root cause
根原因分析	Root Cause Analysis (RCA)
起作用的原因	contributing cause
使能原因	enabling cause

续表

中文	英文及缩略语
条件(条件原因)	conditions
线性事件链	linear event chain
事件序列图	Event Sequence Diagrams(ESD)
原因与影响图	Cause-and-Effect Diagram(CED)
事故及成因图	Events and Causal Factors Charting(E&CFC)
相互关系图	Interrelationship Diagram(ID)
* 疏漏(步骤跳越)	OMIT
* 不正确(步骤执行错误)	INCORRECT
* 缺失	MISSING
* 无(否或跳越步骤)	NO、NOT 或 SKIP
* 部分	PART OF
* 执行超限(超量、超时)或过快	MORE 或 MORE OF
* 执行不达限(量、时间)或太慢	LESS 或 LESS OF
* 伴随(事件)	AS WELL AS 或 MORE THAN
* 执行过早或规程打乱	REVERSE 或 OUT OF SEQUENCE
* 替换(做错了事)	OTHER THAN
美国职业安全健康管理局	U. S. Occupational Safety & Health Administration (OSHA)
美国职业安全健康研究院	National Institute for Occupational Safety and Health
美国工业卫生协会	American Industrial Hygiene Association
美国石油学会	American Petroleum Institute
美国化学工程师学会	American Institute of Chemical Engineer (AIChE)
化工工艺安全中心	Center for Chemical Process Safety (CCPS)(AIChE/CCPS)
美国化学学会	American Chemistry Council (ACC)
国际石油和天然气生产商联合会	International Association of Oil & Gas Producers

注：带 * 的是针对操作规程的 HAZOP 分析引导词。

第1章 HAZOP分析与过程安全管理

要点导读

HAZOP分析是被工业界广泛采用的一种工艺危险分析方法。通过借助引导词和团队协作，识别工艺系统中的事故剧情、评估相应的风险，并根据需要建议更多危险控制的措施。这种方法有很强的结构性和系统性，既可以应用于新建项目，也可以用于在役的生产装置，并且不受工艺系统的类别与规模限制。

过程（工艺）安全是流程工厂实现可持续生产的基础。良好的过程（工艺）安全管理系统包括一系列管理要素和具体的管理要求，落实这些管理要素有利于防止化学品泄漏、火灾、爆炸和人员伤害等灾难性的事故。

在过程安全管理的诸多要素中，工艺危险分析是核心要素之一，其目的是识别工艺系统存在的危险，并及时采取措施予以消除或控制。在开展工艺危险分析时，可以根据工艺系统的特点，选用一种或多种工艺危险分析方法。

1.1 HAZOP分析简介

“危险与可操作性分析”简称HAZOP。HAZOP是英文Hazard and Operability Studies的缩写。它是一种被工业界广泛采用的工艺危险分析方法，也是有效排查事故隐患，预防重大事故和实现安全生产的重要手段之一。

自20世纪60年代诞生以来，HAZOP分析方法在工业界获得了广泛的认可与应用。除了在化工、油气、石化和制药等行业获得广泛应用外，近年来HAZOP分析方法的应用进一步扩展到核电、航空航天、军事设施、软件和网络等领域。

开展工艺危险分析的方法有很多，HAZOP分析是其中之一。与其他分析方法相比较，HAZOP分析方法具有非常鲜明的特点：

特点之一是“发挥集体智慧”。由多专业、具有不同知识背景的人员组成分析团队一起工作，比各自独立工作更能全面地识别危险和提出更具创造性的消除或控制危险的措施。团队会议也是充分交流的过程，有助于提高参与者的安全意识和便于跟踪完成所提出的建议措施。这一特点被誉为HAZOP分析的“头脑风暴”方法。

特点之二是“借助引导词激发创新思维”。HAZOP分析的主要目的是识别危险和潜在的危险事件序列（即事故剧情）。借助引导词与相关参数的结合，分析团队可以系统地识别各种异常工况，综合分析各种事故剧情，涉及面非常广泛，符合安全工作追求严谨缜密的特点。引导词的运用还有助于激发分析团队的创新思维，弥补分析团队在某些方面的经验不足。

特点之三是“系统全面地剖析事故剧情”。HAZOP 分析“用尽”适用的引导词,“遍历”工艺过程每一个环节,深入揭示和审查工艺系统中事故剧情与可操作性问题。这种剖析过程非常有助于全面、细致地了解事故发生的机理,并据此提出预防事故或减缓后果的措施。图 1.1 说明了开展 HAZOP 分析时,系统化结构化进行分析的过程。同时,在分析过程中既考虑危险也考虑可操作性问题。

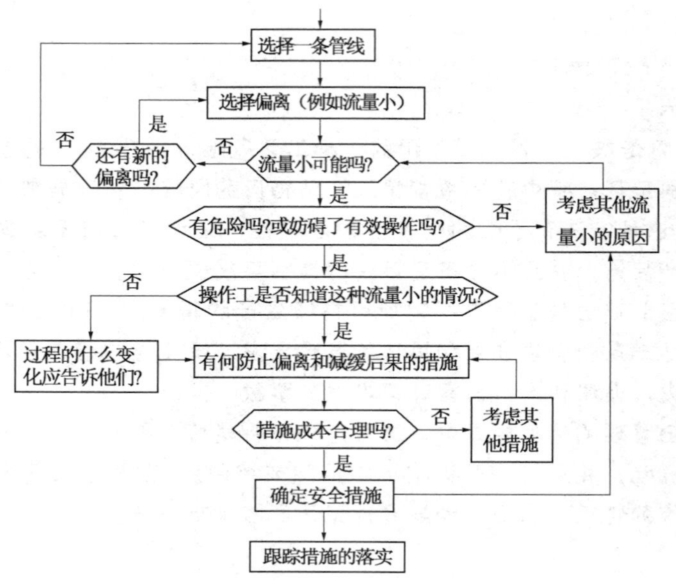

图 1.1 HAZOP 分析中运用引导词开展分析的示意图

HAZOP 分析方法的独特性使之获得了广泛的应用。正确运用 HAZOP 分析方法,可以:

(1) 识别工艺过程潜在的危险和可操作性问题;

(2) 预估危险可能导致的不利后果;

(3) 理清潜在事故的形成、传播路径;

(4) 找出重要事故剧情(序列)中现有的安全措施,评估其作用;

(5) 评估潜在事故的风险水平;

(6) 需要时,提出降低风险的建议措施;

(7) 分析过程还可以帮助团队加深对工艺系统的认知。

HAZOP 分析方法应用非常广泛。它不受工艺过程类别的限制,例如,它被广泛应用于化工、油气、石化、制药、核电和冶金等领域,无论是连续流程还是间歇流程均适用。它的应用也不受项目或工艺单元的规模限制,例如它不但用于大型装置如乙烯装置,也可以应用于工艺过程细小的流程变更。

1.1.1 HAZOP 分析的起源

HAZOP 分析的雏形最早于 20 世纪 60 年代出现在化工行业。当时英国帝国化学工业集团(ICI,Imperial Chemical Industries)的工程师们采用识别工艺偏离的方式,进行化工工艺系统的可操作性分析。HAZOP 分析较正式应用于安全分析始于 20 世纪 70 年代。1977 年发生在英国 Flixborough 的爆炸事故推动了这种方法的应用。此后,炼油行业紧随化工行业,较早地应用了这种方法。到了 20 世纪 80 年代,在英国它还成为化学工程学位必修课程。

最初的 HAZOP 分析方法属于"管线到管线(Line-by-Line)"的分析方式。将工艺系统分解成容器和管线,利用引导词,对每个容器和每一条管道分别进行分析。分析时,参考一系列引导词,找出偏离设计意图的事故剧情;针对容器和管线分别采用不同的引导词。此后,越来越多的公司开始应用这种分析方法,最初"管线到管线"的做法也有所改变。目前较普遍的做法是,先将工艺系统分解成不同的子系统,即所谓的"节点"。对于每一个节点,参考一系列引导词,通过偏离识别可能的事故剧情。评估各个事故剧情当前的风险,必要时提出建议措施。

目前,HAZOP 分析广泛应用于化工、炼油、石化和制药等流程工业的新建项目和生产运行工厂。除了应用于工艺流程安全分析外,也在电子、软件和网络等其他行业获得应用。

1.1.2　HAZOP 分析的基本步骤

HAZOP 分析方法是一种系统的、结构性的分析方法。在进行 HAZOP 分析时,分析团队应用一系列引导词来识别偏离设计意图时可能出现的事故剧情。

采用 HAZOP 分析方法开展工艺危险分析时,通常包括以下主要步骤:

(1) 发起阶段:明确工作范围、报告的编制要求、各参与方的职责,并组建分析团队。

(2) 准备阶段:开展分析工作所需时间估计及工作日程安排、准备必要的过程安全信息(图纸文件等)、召集会议及行政准备(会议室等)。

(3) 会议阶段:分析团队组织一系列会议,通过团队的讨论识别和评估工艺系统潜在的危险和现有安全措施。根据需要提出建议的安全措施。准确记录会议中讨论的内容。

(4) 报告编制与分发:在分析会议之后,编制工作报告,分发给相关方征求意见,然后定稿形成正式报告。

(5) 建议措施的跟踪与完成:编制行动计划,跟踪落实 HAZOP 分析提出的建议措施(这是一个很重要的环节,但从严格意义上讲,它不属于工艺危险分析本身的工作范畴,应属于后续工作,由项目团队或工厂管理层负责,不是工艺危险分析团队的职责)。

HAZOP 分析各个阶段的主要任务如图 1.2 所示。

1.1.3　HAZOP 分析相关术语

在开始详细了解 HAZOP 分析方法之前,首先熟悉一些相关的术语。

(1) 节点(Nodes)

在开展 HAZOP 分析时,通常将复杂的工艺系统分解成若干"子系统",每个子系统称作一个"节点"。这样做可以将复杂的系统简化,也有助于分析团队集中精力参与讨论。本书第 4 章有关于节点及其划分方法的详细介绍。

(2) 偏离(Deviation)

此处的"偏离"指偏离所期望的设计意图。

例如储罐在常温常压下储存 300t 某液态物料,其设计意图是在上述工艺条件下,确保该物料处于所希望的储存状态。如果发生了泄漏,或者温度降低到低于常温的某个温度值,就偏

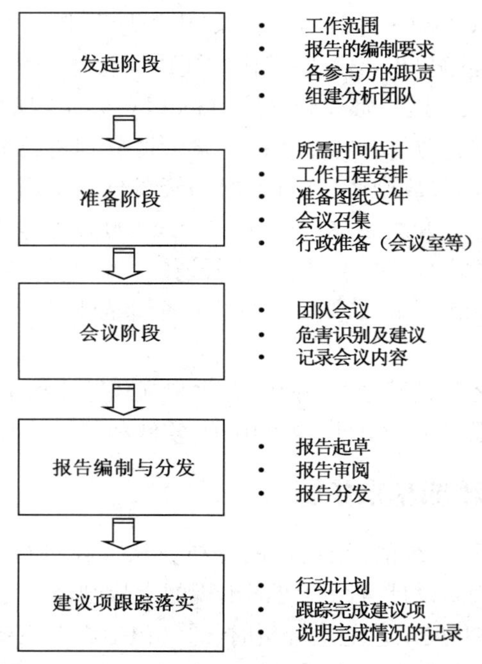

图 1.2　HAZOP 分析各个阶段的主要任务

离了原本的意图。在 HAZOP 分析时,将这种情形称为“偏离”。

通常,各种工艺参数,例如流量、液位、温度、压力和组成等,都有各自安全许可的操作范围,如果超出该范围,无论超出的程度如何,都视为“偏离设计意图”。

(3) 可操作性(Operability)

HAZOP 分析包括两个方面,一是危险分析,二是可操作性分析。前者是为了安全的目的;后者则关心工艺系统是否能够实现正常操作,是否便于开展维护或维修,甚至是否会导致产品质量问题或影响收率。

在 HAZOP 分析时,是否要在分析的工作范围中包括对生产问题的分析,不同公司的要求各异。有许多公司把重点放在安全相关的危险分析上,不考虑操作性的问题;有些公司会关注较重大的操作性问题,很少有公司在 HAZOP 分析过程中考虑质量和收率的问题。

(4) 引导词(Guidewords)

是一个简单的词或词组,用来限定或量化意图,并且联合参数以便得到偏离。如“没有”、“较多”、“较少”等。分析团队借助引导词与特定“参数”的相互搭配,来识别异常的工况,即所谓“偏离”的情形。

例如,“没有”是其中一个引导词,“流量”是一种参数,两者搭配形成一种异常的偏离“没有流量”,当分析的对象是一条管道时,据此引导词,就可以得出该管道流量的一种异常偏离“没有流量”。引导词的应用使得 HAZOP 分析的过程更具结构性和系统性。

关于引导词的相关内容,详细参考本书第 4 章。

(5) 事故剧情(Incident Scenario)

在 HAZOP 分析过程中,借助引导词的帮助,设想工艺系统可能出现的各种偏离设计意图的情形及其后续的影响，这种推测的、偏离设计意图的事故情形，在本书中称为“事故剧情”（进一步的解释，详见第 2 章和第 8 章）。

事故剧情至少应包括某个初始事件和由此导致的后果；有时初始事件本身并不会马上导致后果，还需要具备一定的条件，甚至要考虑时间的因素。在 HAZOP 分析时，通过对偏离、导致偏离的原因、现有安全措施及后果等讨论，形成对事故剧情的完整描述。

（6）原因（Cause）

是指导致偏离（影响）的事件或条件。

HAZOP 分析不是对事故进行根源分析，在分析过程中，一般不深究根原因。较常见做法是找出导致工艺系统出现偏离的初始原因（详见第 8 章），诸如设备或管道的机械故障、仪表故障、人员操作失误、极端的环境条件和外力影响等等。

（7）后果（Consequence）

是指由工艺系统偏离设计意图时所导致的结果。

就某个事故剧情而言，后果是指偏离发生后，在现有安全措施都失效的情况下，可能持续发展形成的最坏的结果，诸如化学品泄漏、着火、爆炸、人员伤害、环境损坏和生产中断等。

（8）现有安全措施（Safeguards）

是指当前设计、已经安装的设施或管理实践中已经存在的安全措施。

它是防止事故发生或减缓事故后果的工程措施或管理措施。如关键参数的控制或报警联锁、安全泄压装置、具体的操作要求或预防性维修等。

在新建项目的 HAZOP 分析中，现有安全措施是指已经表达在图纸或文件中的设计要求或操作要求，它们并没有物理性地存在于现场，因此有待工艺系统投产前进一步确认。

对于在役的工艺系统，现有安全措施是指已经安装在现场的设备、仪表等硬件设施，或者体现在文件中的生产操作要求（如操作规程的相关规定）。

（9）建议措施（Recommendation）

是指所提议的消除或控制危险的措施。

在 HAZOP 分析过程中，如果现有安全措施不足以将事故剧情的风险降低到可以接受的水平，HAZOP 分析团队应提出必要的建议，以降低风险，例如增加一些安全措施或改变现有设计。

（10）HAZOP 分析团队（HAZOP Team）

HAZOP 分析不是一个人的工作，需要由一个包含主席、记录员和各相关专业的成员所构成的团队通过会议方式集体完成，称为“分析团队”。请参考本书第 3 章了解对分析团队的具体要求。

1.1.4　HAZOP 分析方法的应用

HAZOP 分析方法通常应用于工艺过程的危险分析，在设计和运营阶段较多采用，在研发阶段也偶尔采用（例如：用于中试与工业化试验装置）。

新建项目的设计阶段：当完成第 1 版 P&ID 图纸时，就可以采用 HAZOP 分析方法开展系统的工艺危险分析。

在生产运行阶段：工厂的工艺系统投产后，在投产初期往往会经历较多的变更。有些公司在工艺装置投产后6~12个月内,会参考设计阶段完成的工艺危险分析报告,开展生产运行工厂的首次工艺危险分析(主要工作是进行HAZOP分析,也可以辅助采用检查表方法开展设施布置分析和人为因素分析)。在工厂运行过程中,工艺系统发生变更时,需要对发生变更的部分进行安全评估,HAZOP分析就是常用的评估方法之一。

此外,根据一些欧美国家过程安全法规或指南的要求,工厂在投产后,每隔5年需要重新对以往完成的工艺危险分析进行"工艺危险分析复审"。复审时,需要对以往所完成的HAZOP分析进行审查,必要时甚至重新对工艺系统开展HAZOP分析。

1.1.5 HAZOP分析方法与其他分析方法的关系

HAZOP分析方法是工艺危险分析方法的一种,除了可以单独使用外,也可以与其他方法配合使用(其他方法的介绍请见1.3.2)。

对于新建项目,可以在基础设计阶段先开展故障假设分析(What-if分析)或开展HAZOP分析;在详细设计阶段有更多资料后,开展HAZOP分析,并配合使用检查表方法和半定量分析(如保护层分析方法即LOPA)或定量分析法,以弥补HAZOP分析的不足。

对于在役装置,如果从来没有开展过工艺危险分析,可以先采用工艺危险审查(PHR)的分析方法识别关键的危险,然后再运用HAZOP分析方法系统、深入地分析。

HAZOP分析因为其特点而被广泛采用,但与其他的分析方法没有从属关系,可以一起使用,取长补短。

1.1.6 HAZOP分析方法的优缺点

与其他工艺危险分析方法相比,HAZOP分析方法具有鲜明的特点。正是因为这些特点,使得它在流程工业被广泛应用。

首先,它是一种系统性和结构性很强的分析方法。借助引导词,可以激发创新思维以便识别更多的问题,可以综合分析各种事故剧情,涉及面非常广泛,符合安全工作追求严谨缜密的特点。

其次,HAZOP分析方法灵活性强。通过将复杂的工艺系统划分成节点,无论多么复杂的工艺系统都可以化繁为简,只要是工艺流程,都可以采用HAZOP分析方法进行危险分析。

特别地,它是一个团队的工作,依靠多专业有经验人员的集体智慧识别危险和探讨消除和控制危险的方案,有利于确保分析工作的质量。团队会议也是充分交流的过程,有助于提高参与者的安全意识和便于跟踪完成所提出的建议措施。但是,HAZOP分析方法也存在一些局限性。

首先,它仅限于工艺流程的评估,对于工厂布置等不能反映在流程图上的因素,难以纳入分析过程,因此需要其他方法(如检查表方法)补充。

其次,分析过程耗费非常多的时间,分析团队需要放弃其他的工作,长时间参与其中。

此外,它是一种定性的分析方法,对于后果严重的事故剧情,缺乏足够的决策依据,需要进一步采用半定量或定量分析方法做分析。

有关HAZOP方法和各种安全分析方法局限性的进一步讨论,详见第10章。

1.1.7　HAZOP 分析对于过程安全的重要意义

危险识别是实现过程安全的基础工作。HAZOP 分析是非常强大的定性危险识别工具，通过团队的努力及智慧，有利于系统性地改进工艺系统的设计和操作方法，实现安全生产。

在 HAZOP 分析过程中，分析团队可以加深对工艺系统的认知，及时提出改进意见；在参与讨论的过程中，也可以提升团队成员的安全意识。

HAZOP 分析的主要成果以分析报告的形式体现。善用该报告非常有助于提升工厂的过程安全管理水平，例如：根据分析报告改进设计或生产方式、完善操作程序与维修程序和编制操作人员的培训材料；对 HAZOP 分析识别的事故剧情进行筛选，可以了解工厂中可信的重要的事故剧情，在此基础上可以编制针对性的应急反应指南或预案；HAZOP 分析报告还可以作为今后变更、扩建或新建类似项目的参考文件。

执行 HAZOP 分析是企业实现“生产安全，预防为主”理念的有效措施。全面识别和分析工厂潜在的事故，完善针对潜在重大事故的预防性安全措施，相当于把安全防线提前。安全防线提前往往可以起到“四两拨千斤”的效果，比事故已经发生所付出的代价要小得多。为了验证 HAZOP 分析对预防重大事故的效果，英国 ICI 对其下属公司从 1960~1980 年 20 年间所发生的重大事故进行了调查统计，如图 1.3 所示。统计数字表明，在 ICI 实施例行 HAZOP 分析的十多年期间，重大事故的确出现了大幅度下降。因此 ICI 决定继续实施并且扩大 HAZOP 分析的应用。

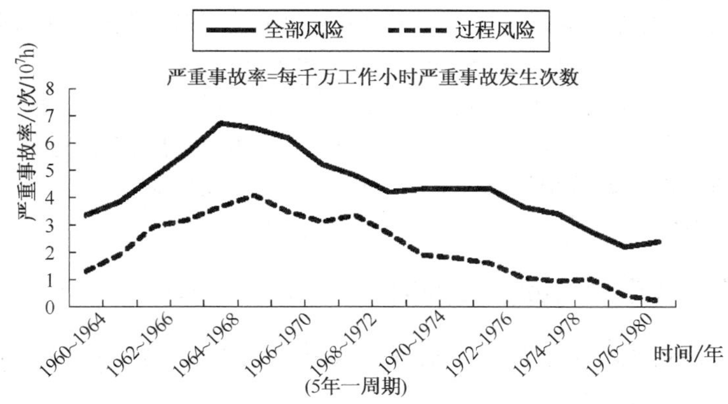

图 1.3　英国 ICI 实施例行 HAZOP 分析后的效果调查数据曲线

需要强调的是，HAZOP 分析只是过程安全管理的一个环节，完成 HAZOP 分析并不意味着工厂就已经完全安全了。要降低运营的风险，工厂还需要落实过程安全管理的其他要素。需要工厂各相关部门及专业人员接受必要的培训、协同参与，并善用 HAZOP 分析的成果。

1.2　过程安全管理简介

1.2.1　过程安全管理的概念

涉及危险化学品的工厂通常涉及四个与安全相关的方面，即作业安全（也称职业安全）、过程安全、产品安全与化学品运输安全。从物理位置上而言，产品安全和化学品运输安全通常涉及工厂以外区域的活动,而在工厂范围内,主要涉及的是作业安全和过程安全。

作业安全与过程安全两者的目的都是避免或减少事故危险,包括人员伤害、设备损坏和环境污染。作业安全关注的是作业者的安全,主要是通过合理的作业方法和个人防护来确保作业者安全地完成作业任务。过程安全则关注工艺系统的合理性与完好性,基本出发点是防止危险化学品泄漏或能量的意外释放,以避免灾难性的事故,如着火、爆炸和大范围的人员中毒伤害等。

过程安全事故可能导致非常严重的后果。例如,1984 年发生在印度博帕尔的灾难性的有毒物泄漏事故,造成 20000 人死亡;1988 年英国北海海上平台爆炸沉没事故,导致 167 人死亡;2010 年,发生在美国的海上原油泄漏事故,导致墨西哥湾严重污染;我国 2012 年某化工厂硝酸胍反应器爆炸,导致 29 人死亡。这些事故无不彰显过程安全事故的严重后果与破坏性。

工业界在吸取以往事故教训的基础上,逐步形成了系统的过程安全管理方法及实践,即通常所说的“过程安全管理”。

不同的组织或机构对过程安全管理的定义稍有差别,但基本的含义很接近。例如,美国化学工程师协会(AIChE)下属的化工过程安全中心(CCPS, Center for Chemical Process Safety)对过程安全管理的定义如下:

“过程安全管理是指应用管理原则和管理系统,识别、了解和控制工艺危险,达到预防工艺相关的伤害及事故的目的。”

过程安全管理的出发点是通过系统化的管理,识别工艺系统的危险,并采取必要的措施防止灾难性的化学品泄漏或能量意外释放。它贯穿工艺系统的整个生命周期,涉及研发、设计、建设、生产、维护维修和安全管理等诸方面。目前,我国很多的工厂虽然没有提及“过程安全管理”的概念,但是,实际上已经在开展某些过程安全管理相关的工作。过程安全管理概念的提出,将以往零散的管理要素有机结合起来,形成系统化的管理体系,借助系统性的管理来降低流程工厂的运营风险。

1.2.2 国外过程安全管理法规的沿革

在 1970~1990 年期间,工业界发生了很多涉及危险化学品的严重事故,这些事故陆续催生了过程安全管理相关的法规。

世界上第一部过程安全法规是欧洲在 1982 年颁布的 Seveso Ⅰ 指令。在该法规颁布之前,欧洲发生过多起严重的事故,包括 1974 年英国 Flixborough 爆炸事故、1975 年荷兰 Beek 爆炸事故和 1977 年意大利 Seveso 有毒物泄漏事故。Seveso Ⅰ指令强调公众的知情权和应急反应的要求。在 Seveso Ⅰ的基础上,欧洲又于 1996 年颁布了 Seveso Ⅱ指令,要求企业控制重大危险和建立良好的过程安全管理系统。Seveso Ⅱ在很大程度上吸取了印度博帕尔事故的教训。

印度博帕尔事故发生之后,美国也陆续发生了一系列严重事故,包括 1989 年导致 23 人死亡和 132 人受伤的得克萨斯 Phillips 爆炸事故。于是,美国职业安全健康管理局(OSHA)于 1992 年颁布了过程安全管理的标准,即 OSHA PSM,该标准中包含 14 个管理要素。此后,美国环保局(EPA)于 1999 年颁布了《净化空气法案》的修正案,包括了应对灾难性泄漏相关的规定,在 OSHA PSM 的基础上强调了风险评估和应急反应的要求。

我国国家安全生产监督管理总局于 2010 年颁布了推荐性的过程安全管理导则《化工企业工艺安全管理实施导则》(AQ/T 3034—2010),并从 2011 年 5 月 1 日正式生效。

1.2.3　过程安全管理系统简介

过程安全管理系统通常包含一系列管理要素。行业中,各种过程安全管理标准和导则都规定了各自的管理要素。例如,美国 OSHA 颁布的 OSHA PSM 法规中包含以下 14 个要素:

(1) 过程安全信息;
(2) 工艺危险分析;
(3) 变更管理;
(4) 投产前安全审查;
(5) 操作规程;
(6) 培训;
(7) 机械完整性;
(8) 动火作业许可证;
(9) 承包商;
(10) 应急计划与应急反应;
(11) 事故调查;
(12) 商业机密;
(13) 符合性审核;
(14) 员工参与。

我国颁布的推荐性导则《化工企业工艺安全管理实施导则》(AQ/T 3034—2010)中包含以下 12 个要素,与 OSHA PSM 的要求基本类似。

(1) 过程安全信息;
(2) 工艺危险分析;
(3) 操作规程;
(4) 培训;
(5) 承包商管理;
(6) 试生产前安全审查;
(7) 机械完整性;
(8) 作业许可;
(9) 变更管理;
(10) 应急管理;
(11) 工艺事故/事件管理;
(12) 符合性审核。

以下对各个管理要素做简单的介绍:

(1) 过程安全信息

流程工厂在设计和运营过程中,应该编制涉及化学品和工艺系统相关的资料,如化学品安全技术说明书、工艺流程图、带控制点的管道仪表流程图(P&ID)、设备材料规格文件、防爆危险区域划分图、泄压装置计算书、通风系统计算书等等。这些是开展过程安全管理的基础。工厂需要建立适当的过程安全信息管理制度,说明如何获取、使用、保存和更新这些信息资料。过程安全信息也是开展工艺危险分析的基础!

(2) 工艺危险分析

工厂需要建立工艺危险分析的管理制度,说明在工艺装置各个阶段(研发、设计、建造和运营)开展工艺危险分析的具体要求,例如工艺危险分析方法的选用、对分析团队的要求、报告编制的要求、所提出建议措施的跟踪完成要求以及工艺危险分析复审(PHA Revalidation)的要求。开展工艺危险分析的方法很多,本书介绍的 HAZOP 分析方法是 OSHA 推荐采用的工艺危险分析方法之一。

(3) 变更管理

工厂在设计和运营过程中,出于各种目的,有时需要对工艺技术、设施或生产方法进行变更,因此,需要建立一套制度来管理变更的过程,包括变更的提出、审查、批准和落实等各个环节的要求。对于涉及工艺系统的变更,通常需要对变更部分开展工艺危险分析,以确保变更不会带来新的安全隐患或增加工艺系统运行的风险。

(4) 投产前安全审查

工厂需要建立制度,在新建或改建项目投入生产之前,对工艺系统开展系统的安全审查,有利于安全投产和此后的顺利运行。很多公司会组成专门的审查小组,采用事先编制好的审查表,对欲投产的工艺系统开展细致和系统的审查。

(5) 操作规程

流程工厂需要编制必要的操作规程,诸如开(停)车的操作规程、正常生产的操作规程和应急操作规程等等。在这些操作规程中,需要包含必要的安全信息。这些信息用来帮助操作人员以安全的方式完成日常操作任务及应对异常工况和应急状况。

(6) 培训

工厂需要建立必要的培训与再培训制度,确保生产操作人员接受必要的培训,特别是了解各自生产岗位的主要危险,以及这些危险的控制措施。

(7) 机械完整性

机械完整性是实现过程安全的基础。工厂需要建立机械完整性管理制度,在设计、加工制造、安装和维护维修等环节予以落实,确保关键设备和仪表的完整性与可靠性,从而减少因设备或仪表故障所导致的事故。

(8) 动火作业许可证

涉及危险化学品的工厂需要建立动火作业许可证制度,规范在工艺区域内的动火作业活动,以控制火源,防止发生着火或爆炸事故。

(9) 承包商

工厂根据生产需要,往往聘请承包商从事施工、生产或维修工作。工厂需要建立承包商的管理制度,以确保承包商在工厂内安全作业;特别是为承包商提供适当的培训,让他们了解工厂存在的主要危险和出现事故时的应急反应要求;也鼓励承包商报告不安全的情况和发生的事故。

(10) 应急计划与应急反应

工厂需要编制应急反应计划,对员工进行培训和开展演练,以应对灾难性的危险化学品泄漏。应急反应计划还应该包括少量危险化学品泄漏的对策。

(11) 事故调查

工厂需要建立事故报告及调查制度,调查每一起造成(或可能造成)灾难性后果的危险化学品泄漏事故,识别导致事故的原因(包括导致事故的根源,即管理上存在的某些缺陷),及时落实事故调查所提出的改进措施。

(12) 商业机密

工厂应该向从事过程安全管理相关工作的人员提供必要的资料,如用于编制过程安全信息、开展工艺危险分析、编写操作程序、参与事故调查、编制应急计划及参与符合性审核等的图纸和文件。可以要求资料的使用者签订保密协议。

(13) 符合性审核

法规要求至少每 3 年开展一次过程安全管理系统的符合性审核,及时发现存在的不足之处并加以改进,确保工厂的运营满足过程安全相关法规的要求。

(14) 员工参与

工厂需要编制书面的行动计划,说明如何鼓励员工参与过程安全管理相关的工作。员工参与是全面有效开展过程安全管理的基础,有助于工厂建立合作和参与的氛围,创建良好的安全文化。

一些行业机构也颁布了自己的过程安全管理导则,例如,美国化学学会(ACC,American Chemistry Council)颁布的导则中包括 22 个要素,而美国化学工程师协会下属的化工过程安全中心 CCPS 的导则包括 20 个要素,涉及过程安全职责、危险与风险评估、风险控制和持续改进等四个方面。

虽然上述标准或导则中所列的管理要素不尽相同,但其实质内容是一致的,都是围绕危险识别与风险控制提出管理方面的要求,殊途同归。

1.3　工艺危险分析简介

1.3.1　相关概念

(1) 工艺危险

工艺危险是工艺系统内在的物理或化学特性,它们可能导致人员伤害、财产损失或环境破坏等不良后果。工艺危险通常来自两个方面:工艺物料的危险和工艺流程的危险。例如,工艺系统中涉及氢气,就需要面对"氢气易燃"的危险。又如,将气体加压后获得了能量,就有了能量意外释放的危险;压缩气体处于不同压力时,即工艺不同时,具有的危险大小亦存在差异。

只要危险存在,就有可能出现事故。因此,需要采取必要的安全措施来消除或控制危险,降低工艺系统运行的风险。

(2) 风险

风险是某负面事件出现的后果严重性与出现该后果原因的可能性二者的综合度量,换言之,就是该负面事件发生时的后果有多严重,导致该后果发生的可能性有多大。对风险的评估可以是定量的,也可以是定性的。

每家公司都可以自行确定允许承担的风险标准,通常以风险矩阵的形式来表述,作为开展工艺危险分析或风险评价的量化界限。本书第 2 章有风险矩阵的详细说明。

(3) 工艺危险分析

为了确保工艺系统在允许接受的风险水平下运行,需要识别工艺系统存在的各种危险以及这些危险引发的事故情形(称为"事故剧情"),并对事故剧情的风险进行评估(与风险矩阵对比)。如果风险过高,就提出建议措施,确保将风险降低到可以接受的水平。这一过程就是所谓的工艺危险分析。

工艺危险分析是一个正式的、有组织的工作过程。在此过程中,分析团队选用适当的分析方法,对指定工艺系统的危险加以辨识,记录所识别的危险及现有的安全措施,并根据需要提议更多必要的安全措施,直至编制正式的分析报告。

在过程安全管理系统中,工艺危险分析是核心要素之一。它与其他要素之间存在非常密切的关系,如图 1.4 所示。例如:

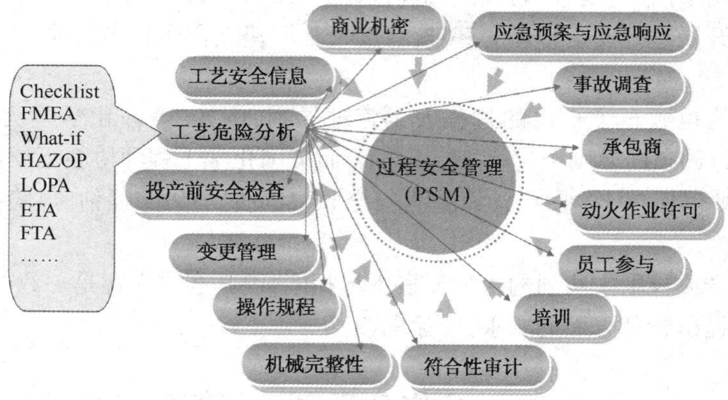

图 1.4 工艺危险分析与过程安全管理诸要素的关系

• 过程安全信息是开展工艺危险分析的基础,因此,工艺危险分析时可以要求编制或完善过程安全信息,如增补泄压装置的确认计算书。

• 变更管理的一个重要环节是对工艺变更部分开展工艺危险分析。检查表方法和 HAZOP 分析方法等是工艺变更过程中常用的工艺危险分析方法。

• 在新建装置投产前,或在役装置发生重大变更后重新投产前,需要开展投产前安全审查。其中一项非常重要的工作,是核实工艺危险分析时所识别的现有安全措施及所提出的建议措施是否已经按照要求予以落实。

• 在工艺危险分析过程中,出于安全的目的,可以要求修订操作规程,完善或改变操作方法。

• 工艺危险分析所完成的分析报告可以作为编制操作人员培训教材的参考资料。

• 可以根据工艺危险分析所识别的事故剧情,经过筛选,确定可信的、后果较严重的事故剧情,并编制针对性的应急反应预案。

- 在有承包商参与生产活动的工厂,承包商也往往参与工艺危险分析工作。
- 工厂需要鼓励员工参与过程安全管理各个要素的工作,其中工艺危险分析是不同专业人员共同参与的重要活动。
- 工艺危险分析要素也是过程安全管理系统接受审核的重点内容。

1.3.2　常用工艺危险分析方法简介

常用的工艺危险分析方法有:

(1) What-if(故障假设法);

(2) 检查表方法;

(3) What-if/检查表方法;

(4) 故障模式与影响分析(FMEA, Failure Mode and Effects Analysis);

(5) HAZOP 分析(Hazard and Operability Studies);

(6) 故障树分析(FTA, Fault Tree Analysis);

(7) 事件树分析(ETA, Event Tree Analysis);

(8) 后果分析(CA, Consequence Analysis);

(9) 保护层分析(LOPA, Layer of Protection Analysis);

(10) 领结图分析(BTA, Bow-Tie Analysis);

(11) 工艺危险审查(PHR, Process Hazard Review)。

这些方法各有优缺点,在实际工作中,要根据工艺系统的特点选择适当的分析方法。对于同一工艺系统,可以同时采用多种分析方法。值得一提的是,选择什么样的分析方法只是手段或形式,工艺危险分析的真正目的是识别潜在的危险(包括正常生产情况下和异常情况下的危险),并确保有足够的安全措施将运行风险降低到可以接受的水平。

以下简单介绍这些常用的分析方法。

(1) What-if(故障假设法)

这种方法通过一系列"如果……会怎么样?"的提问,识别工艺系统中的危险。它是一种"头脑风暴"活动,由一个分析团队来执行。通常将工艺系统分解成若干部分(即子系统),对于每个子系统,分析团队的成员根据各自的经验提问,提出可能的事故剧情,讨论各种事故剧情出现时的后果,必要时提出改进意见。

这种方法比较适合于相对简单的工艺系统,或功能相对独立的工艺单元(如输送包装设备);它也经常用于新建项目早期的预危险分析和在役装置变更的危险分析。

What-if 方法具有较大的灵活性,与 HAZOP 分析方法相比较,可以将精力集中在主要的危险方面,节约时间。但此方法是松散型的,工作的质量受使用者的经验、知识等因素影响较大。表 1.1 是一个应用 What-if 方法对化学品槽车卸料过程进行分析的实例的部分内容。

(2) 检查表方法

检查表方法是典型的定性危险分析方法,它运用以往积累的经验和事故教训来提高工艺系统的安全性。开展分析工作时,根据事先编制的检查表,按照检查表中列出的项目,逐项对工艺系统的设计或在役的工艺系统进行检查,识别存在的危险,评估当前的风险,并新增必要的安全措施。

表 1.1 What-if 方法举例

序号	What-if	危险与后果	现有安全措施	*S*	*L*	*RR*	建议编号	建议
1	槽车卸料时,软管破裂	易燃物泄漏,可能发生火灾,导致操作人员烧伤	操作程序要求在卸料前检查软管,确认软管完好;操作人员现场监控卸料过程,出现泄漏时能及时关闭卸料阀门阻止泄漏	2	4	8		
2	槽车卸料时,槽车滑动	卸料软管脱落或破裂,易燃物大量泄漏,可能导致严重火灾和人员伤亡		4	3	12	1-1 1-2	卸料连接处采用“可拉断不泄漏”形式的连接接头 在操作程序中,要求在卸料前,在槽车车轮处设置轮挡,防止车辆滑动
3	槽车卸料时,槽车处发生外部火灾	槽车内温度升高,槽车可能破裂(可能发生沸腾液体膨胀蒸气爆炸),易燃物泄漏或爆炸,导致严重的人员伤亡	有防止外部着火的措施(槽车卸料有静电接地、动火作业许可证及使用防爆电气设备)	5	2	10	1-3	在槽车卸料处设置槽车应急冷却喷淋水系统
……	……	……	……					……

注:① *S*=Severity, 表示后果严重程度; *L*=Likelihood,表示发生的可能性;*RR*=Risk Rank, 表示风险等级。此处的风险评估数值仅作为示例,实际工作时,需要参考本公司的风险矩阵。可以参考第 2 章和附录获得更多风险矩阵的资料。

② 此举例不是真实项目,仅用于说明 What-if 方法的做法。

这种方法很灵活,可以由一个人或一个小组运用检查表完成分析工作。使用者事先不必接受专门的培训。检查表方法所辨别的往往是单一原因导致的事故,它没有“原因-后果”的分析过程,不能对工艺系统进行全面深入分析,也难以识别工艺系统新出现的危险及以往未识别的危险。它的实际效果在很大程度上取决于所选用的检查表是否适当、检查表本身的质量以及使用者的经验。

检查表方法可以作为其他工艺危险分析方法的有益补充。例如,设施布置检查表(Facilities Siting Review Checklist)、人为因素检查表(Human Factors Review Checklist)和本质安全检查表(Inherent Safety Review Checklist)可以作为 HAZOP 分析的补充。

(3) What-if/检查表方法

为了弥补 What-if 方法的不足,有些公司采用 What-if 与检查表方法相结合的做法。在分析过程中,先采用 What-if 方法完成分析,然后再参考事先准备的检查表,以弥补 What-if 分析时的遗漏。

在采用这种做法时,需要留意工作的先后顺序,不要一开始就使用检查表,否则就成了检查表方法了。

(4)故障模式与影响分析(FMEA)

这是一种以系统的组成部件为对象的分析方法。它识别工艺系统各个组成部件的故障模式及其原因,记录该故障模式下可能导致的所有后果(包括对其他部件及整个系统的影响)。它在航空、核电和国防等领域使用较多,广泛应用于系统的可靠性分析和控制系统的分析。目前也逐渐应用于流程工业的工艺危险分析。

这种分析的结果有较好的系统性,分析报告通常包含工艺系统主要组成部件的各种故障模式与后果的列表,直观易读。

它的缺点是只关心系统的组成部件,不考虑人为错误,此外,这种方法较耗费时间且枯燥,使用者需要接受培训。分析工作的质量好坏很大程度上取决于使用者的经验。表 1.2 是应用 FMEA 方法对化学品槽车卸料过程进行分析的实例的部分内容。

表 1.2　FMEA 方法举例

部件编号	部件描述	故障模式	原因	后果	现有安全措施	*S*	*L*	*RR*	建议编号	建议
P-001	槽车卸料泵	泄漏	密封破裂	易燃物泄漏至作业区域,可能着火,导致人员烧伤	卸料泵有预防性维修计划(注:现场有可燃气体探测仪)	2	4	8	1-1	卸料泵采用双金属密封
		卸料管道与槽车的连接处脱落(螺纹连接)	连接处的螺纹磨损	易燃物泄漏至作业区域,可能着火,导致人员烧伤		4	3	12	1-2	将槽车与卸料泵的连接方式更改法兰连接
		泵故障停止运行	机械故障	影响生产,没有安全后果	仓库有泵的备件	1	3	3		
		泵出口管道破裂	泵运行时,出口阀门没有打开,出口管超压	易燃物泄漏至作业区域,可能着火,导致人员烧伤	卸料时采用检查清单式的操作程序;泵出口管段的设计压力高于泵的最大出口压力	4	1	4		
……	……	……	……	……	……					……

注:① *S*=Severity,表示后果严重程度;*L*=Likelihood,表示发生的可能性;*RR*=Risk Rank,表示风险等级。此处的风险评估数值仅作为示例,实际工作时,需要参考本公司的风险矩阵。可以参考第 2 章和附录获得更多风险矩阵的资料。

② 此举例不是真实项目,仅用于说明 FMEA 方法的做法。

(5) HAZOP 分析

详见本书其他章节。

(6) 故障树分析 (FTA)

故障树分析方法是贝尔电话实验室的沃森(Watson)在1961年提出的一种分析方法,它采用布尔数学逻辑,按照逆推的方式,从某个负面结果逐级推断出导致该结果的各种上级事件。

这种方法主要应用于导致负面事件的可能性的推断。从一起顶上事件(通常是某种负面后果)着手,逐级逆向追溯导致该顶部事件的一系列事件(前一事件是后一事件的原因),直至追溯到具体的设备故障、仪表故障或操作失误。借助设备故障率、仪表故障率或操作失误率等数据,可以计算出发生顶部事件的可能性,因此这种方法广泛应用于定量风险评价。此外,它也常常用于事故根源分析。

采用这种方法时,通常先由某一个人完成草案,然后由一个有经验的团队来讨论、审查所完成的草案。使用者需要先接受培训,并具有丰富的工程经验和较好的逻辑思维能力。

故障树分析的结果是树状的图表,非常直观,容易理解和使用。图1.5是应用故障树分析进行危险分析的一个简单举例(其中的故障率数据为示例的数据,不能直接用于实际的工作中)。

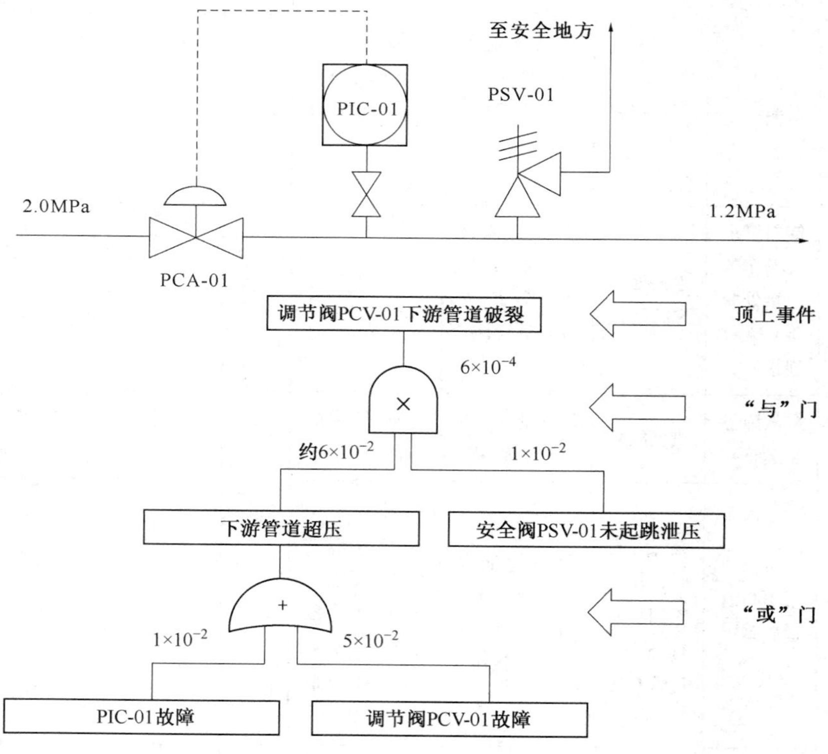

图1.5 故障树分析方法举例

(7) 事件树分析 (Event Tree Analysis, ETA)

事件树分析方法也是对负面事件发生的可能性的分析。它从初始事件开始,按照事故发生的正常顺序进行推断，得出所有的安全措施失效导致事故后果的可能性。这种方法的推理过程与故障树正好相反。每次分析时，只能针对某一起初始事件导致的事故剧情。图1.6是事件树分析方法的图解说明，图1.7是简单的事件树分析方法示例。

对于存在较多保护层的复杂情况，或者对于风险较高的事故剧情，可以采用事件树分析了解出现事故后果的可能性。有些公司在确定工艺系统的安全完整性等级(SIL)时，先采用IEC标准中提出的图表法初步确定SIL等级，然后再采用保护层分析或事件树分析的方法对需要的SIL等级进行复核。

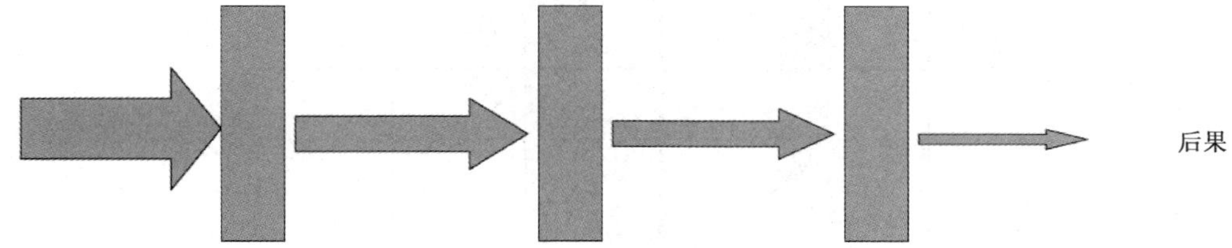

说明：图中箭头的粗细表示风险的大小，箭头越粗代表风险越大。

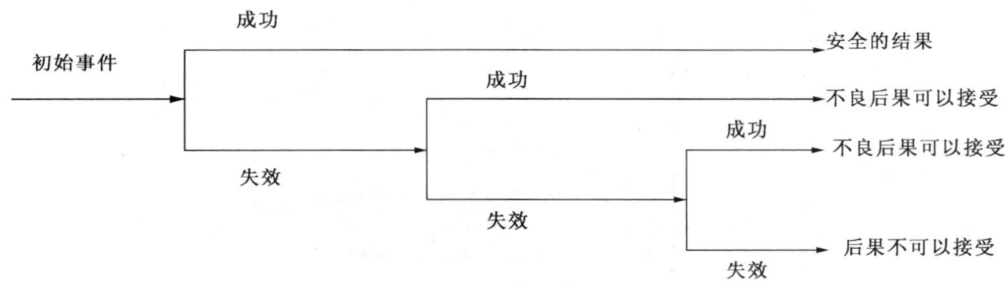

图1.6 事件树分析方法图解说明

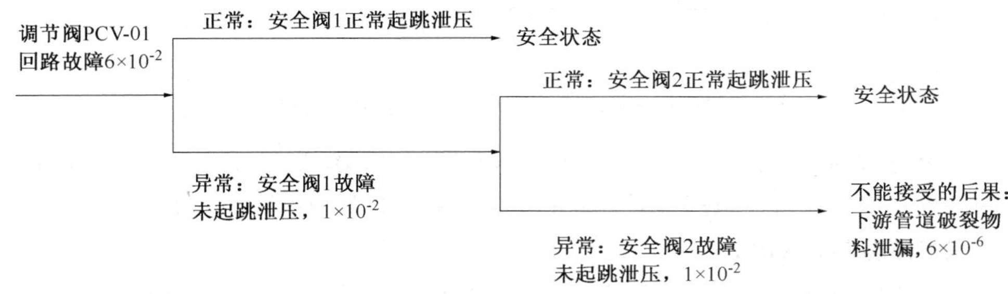

图1.7 事件树分析方法的示例

(8) 后果分析(CA)

后果分析是定量风险评价的一个方面。有时候也采用此方法了解具体事故剧情的后果，为风险控制提供决策依据。常见的做法是：先通过模拟或计算，确定有毒物泄漏时的扩散、着火时的热辐射或爆炸产生的冲击波的影响范围，然后根据受影响范围内的人口密度，计算人员的伤害情况。

这种方法通常用于风险较大的事故剧情,每次分析时,只针对一种事故剧情。可以借助软件开展后果分析,行业中有不少用于后果分析的软件。

图 1.8 和图 1.9 是苯发生泄漏时的模拟结果举例。图 1.8 是苯从一个储罐泄漏导致池火的热辐射影响范围;图 1.9 是苯从一个储罐发生泄漏时,泄漏源周围的苯浓度分布情况。

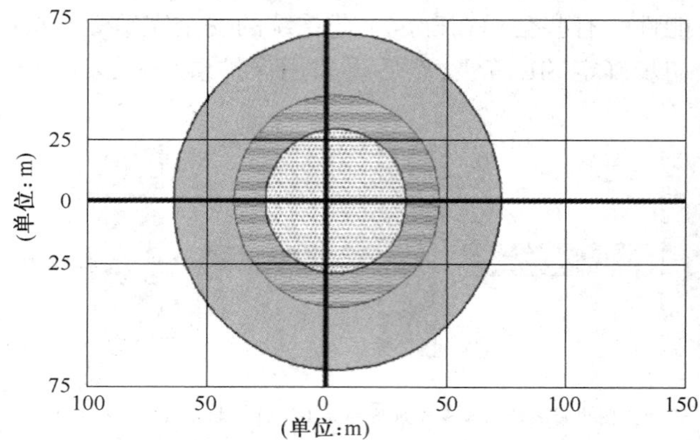

图 1.8 苯从一个储罐泄漏时形成的池火影响范围

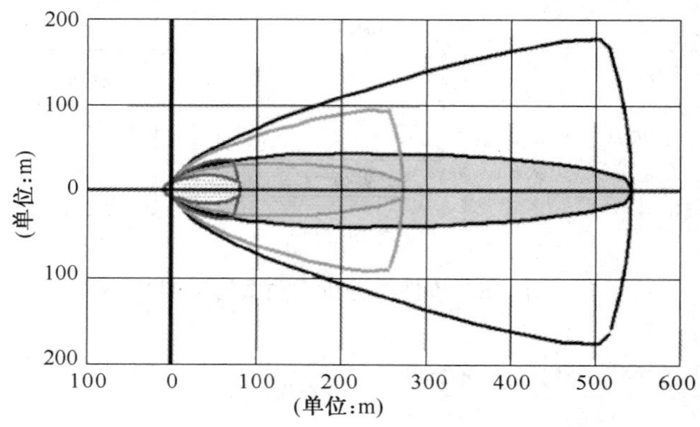

图 1.9 苯从一个储罐泄漏时泄漏源周围的苯浓度分布

根据后果分析的结果,设计人员或生产操作人员可以确定是否需要采取更多的措施来减轻事故的后果。工厂还可以根据后果分析的结果编制工艺事故的应急预案。

(9) 保护层分析(LOPA)

这是一种半定量的工艺危险分析方法,它可以分析事故剧情的后果与频率,决定是否需要增加或改变独立保护层,以降低事故剧情的风险。所谓“半定量”,是因为在分析时,采用的频率数据只是精确到数量级。

它可以帮助我们了解:目前有哪些安全措施?现有的安全措施是否足以将风险降低到可以接受的水平?是否需要增加更多安全措施来降低风险?需要增加多少新的安全措施?在增加新的安全措施后,能够将风险降低到什么水平?这里所说的安全措施,通常指独立保护层,它们是能独立阻止或减缓事故的特定的安全措施。保护层分析的目的是通过对当前系统中独立保护层的识别,了解现有的独立保护层是否能将特定事故剧情的风险降低到可以接受的水平，否则，需要增加新的独立保护层，或更改目前已有的独立保护层来降低风险。

发生事故的频率取决于多种因素，包括初始事件的频率、辅助条件出现的频率以及所有独立保护层失效的频率。

注：频率是以往各种数据统计的结果；可能性则是对未来的预期，两者在含义上有些许差异。在开展工艺危险分析时，人们通常将它们混用，并不加以区别。本章节中所有的频率数据均为举例时假设的数据，不应作为实际工作的参考依据。

例如，公司的风险标准要求造成一名操作人员死亡的单一事件的发生频率不得超过 1×10^{-4}。在这种风险标准下，针对所有可能导致一名操作人员死亡的事故剧情，发生的频率都应该控制在小于 1×10^{-4}的范围内。

在某一起事故剧情中，一台反应器因失去冷却水，升温并反应失控，最终导致反应器爆炸，造成在现场的一名操作人员死亡。在本例中，失去冷却水的频率是 1×10^{-1}，除了冷却水，反应器还有一套冷冻系统，当反应器温度持续升高时，只要冷冻系统的阀门能正常开启，就可以避免反应器超温和反应失控，该冷冻系统的阀门受 DCS 控制，故障率是 1×10^{-1}；假设反应器属于连续生产，有一半的时间中，现场总有一名操作人员（即每天 12h 有一人在场），当反应器爆炸时，操作人员有 50%的机会逃离。据以上条件，在本事故剧情中，导致一名操作人员死亡的可能性是 2.5×10^{-3}，超过了公司的风险标准（1×10^{-4}），需要增加更多的保护措施来降低风险。

在保护层分析时，通常不仅仅考虑人员伤害的风险，还考虑环境和商务风险，也就是说，安全、环境和商务三个方面的风险都必须降低到各自可以接受的风险标准以内。

保护层分析方法通常用在 HAZOP 分析工作之后，主要是对那些风险较高的事故剧情做进一步的分析。它可以较精确地评价具体事故剧情的风险，帮助决策。例如，在某易燃工艺系统中，HAZOP 分析时，有人提议在系统中安装在线氧气分析仪，并在氧气浓度超标时联锁使反应系统停车，其他 HAZOP 分析成员可能有异议，认为不必要增加这样的措施，但还有人甚至要求安装冗余的在线氧气分析仪。HAZOP 分析是定性的分析方法，对以上问题难以做出客观、科学的决策。此时，可以采用 LOPA 分析方法，经过半量化的分析，得出结论是否需要增加所提议的在线氧分析仪。

LOPA 分析时，每次只能针对某一种事故剧情。它可以明确满足风险标准时，需要多少独立保护层，因此，它还可以用于安全完整性等级（SIL）的评定。

除了合理识别现有的独立保护层以外，LOPA 分析时需要事先获取必要的数据，如各类初始事件发生的频率、独立保护层的失效频率等。很多跨国企业建立了自己的数据库，对于规模较小的企业，没有自己的数据积累，可以从行业中可信的参考资料中获取这些数据（必要时根据实际情况可以做些许修正）。无论以什么方式获取这些数据，重要的是在本企业使用 LOPA 分析方法时，应使用一致的数据。表 1.3 是一个 LOPA 分析的示例。

表 1.3 保护层分析(LOPA)工作表

1. 基本信息			
事故剧情	连续反应过程中,反应因冷却水故障失控		
评估日期	2012/5/10	事故剧情编号	01
工厂名称	ABC 工厂		
装置名称	XYZ 装置	主要设备编号	反应器 R-301
P&ID 图纸	PID-200-1001 版次 V2		
PHA 相关参考项	HAZOP 分析报告:节点 2,第 1.2.1 项		
事故剧情描述	反应器 R301 属于连续流程的一部分:在反应过程中,冷却水意外中断,因为反应放热,反应器内温度迅速上升,正常生产时反应器的应急冷冻水系统将由 DCS 自动启动,防止温度持续升高;但在本事故剧情中,冷冻水系统未成功启动,反应器内温度持续上升超压破裂,造成现场 1 名操作人员死亡。正常生产时,在该反应器周围只有一名操作人员,他负责周围相关设备的巡视		
现有安全仪表系统(SIS)	无		
评估小组	AAA、BBB、CCC、DDD、EEE、FFF		

2. 风险标准			
后果	类别	对应的潜在后果说明	TMEL/a^{-1}
安全	E	导致一名操作人员死亡	1.0E-04
环境	G	对环境的影响不超出工厂范围,并可以在一周内恢复	1.0E-02
商务	F	约导致 1000 万元人民币的损失	1.0E-02
初始事件的描述			频率
初始事件	反应器 R301 冷却水系统故障(没有冷水供应)		1.0E-01
辅助事件或条件(如果适用)			可能性
条件因素	人员处于受影响区域的可能性		0.5
	发生死亡事故的可能性		0.5
	其他		1.0
初始事件修正后频率			2.5E-02

3. 现有独立保护层(IPLs)			
IPL 序号	类别	独立保护层的说明	PFD
A	BPCS	反应器 R301 有冷冻系统,当反应器内温度达到设定值时,冷冻盐水的阀门经 DCS 控制自动开启,有足够能力防止反应器超温	1.0E-01
所有现有独立保护层的 PFD			1.0E-01
导致事故剧情后果的频率(在现有 IPLs 的情况下)			2.5E-03

4. LOPA 分析(仅现有 IPLs)			
类别	风险等级	保护层分析结论	对 SIL 的要求
安全	4.00E-02	失败	SIL-1
环境	1.00E+00	通过	无
商务	1.00E+00	通过	无

建议新增的独立保护层(IPLs)			
IPL 序号	类别	独立保护层的说明	PFD
A	SIL 1	在反应器 R-301 上增加一个独立的进料控制回路,当反应器内温度达到设定值时,及时切断进料原料 A(此控制回路需要按 SIL-1 等级设计)	1.0E-02

续表

所有新增独立保护层的 PFD			1.0E-02
导致事故剧情后果的频率(在新增 IPLs 的情况下)			2.5E-05
5. LOPA 分析(在所有 IPLs 的情况下)			
类别	风险等级	保护层分析结论	对 SIL 的要求
安全	4.00E+00	通过	无
环境	1.00E+02	通过	无
商务	1.00E+02	通过	无
6. 备注或建议			
建议-1:在反应器 R-301 上增加一个独立的进料控制回路,当反应器内温度达到设定值时,及时切断进料原料 A(此控制回路需要按 SIL-1 等级设计)			

注:本表所示案例不是实际项目,仅供参考。

(10) 领结图分析(BTA)

这种方法是保护层分析概念的一种拓展。它的特点是将事故预防的措施与后果减轻的措施分别列出在事故后果的左右两侧,形成一个类似“领结”状的分析图表,也因此得名(请参考图 1.10)。

在领结图中,将危险和初始事件布置在事故后果的左侧,而将残余影响布置在最右侧。在初始事件与事故后果之间是阻止具体事件的关联线及事故预防的措施,在事故后果与残余影响之间则是后果减缓的措施。

这种方法适用于较成熟的工艺系统。在欧洲,它较多地被用于编制安全证明文件(Safety Case)。

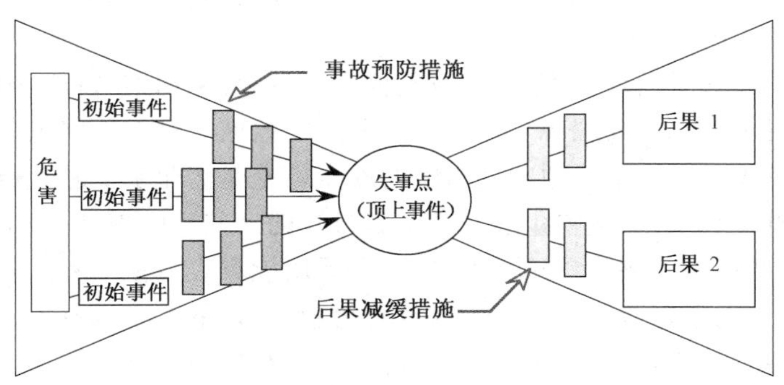

图 1.10 领结图分析法的图示

(11) 工艺危险审查(PHR)

在 1990 年代,卜内门公司提出了工艺危险审查的方法,当时主要应用于设计阶段。这种方法的特点是只关注重大的危险,采用一系列特殊的引导词,帮助分析团队完成分析过程。

应用 PHR 方法的基本步骤如下:

- 将工艺系统分成若干单元(通常按照工艺系统的功能划分成几个部分);
- 选择引导词(有一些特定的引导词,与 HAZOP 分析的引导词不同);
- 识别可能导致严重后果的事故剧情(包括初始事件、原因及后果等);

- 找出现有的安全措施;
- 评估在现有安全措施下的风险;
- 如果风险过高,则建议更多安全措施。

PHR 方法的常用引导词有:极端温度、超压、反应失控、溢流、爆炸、外力损坏、泄漏和公用工程故障等。

与 HAZOP 分析方法相比,PHR 方法花费的时间要少得多,而且有利于将注意力集中在风险高的问题上。虽然 PHR 方法发明时的初衷,是应用于设计阶段的工艺危险分析,也可以在在役的工厂应用这种方法分析。目前,我国有大量化工、炼油和制药等流程工厂,在设计阶段没有开展过适当的工艺危险分析,可以先采用 PHR 方法开展工艺危险分析,它有助于在短期内发现和控制生产运行工厂的重大危险,避免灾难性的事故。

1.3.3 工艺危险分析方法的选用

上述各种工艺危险分析方法都有各自的特点。开展工艺危险分析时,需要根据工艺系统的特点选择适当的方法;对于某个工艺系统,可以同时采用多种分析方法。

例如,对于较简单的工艺系统,采用 What-if 方法,不但能识别危险,而且节约时间;对于较复杂的工艺系统,采用 HAZOP 分析方法,并配合采用检查表方法;对于风险较高的事故剧情,采用 LOPA 方法进行半定量的分析,以帮助决策。

以某个新建项目的工艺危险分析为例说明工艺危险分析方法的选用(不同的公司在选择工艺危险分析方法时存在些许差别,此处只是举例)。该项目涉及化工反应及其他工艺过程、可燃粉尘处理、产品包装输送和库存。工艺危险分析工作分成两个阶段:

第一阶段,在项目基础设计完成时,采用 What-if 方法,识别工艺设计中可能存在的重大安全问题;并根据初步的工厂布置图(总图),参考一份事先准备的设施布置检查表,对总图布置可能存在的主要危险进行识别。

第二阶段,在详细设计阶段,对于反应及其他工艺过程,采用 HAZOP 分析方法,定性识别所有的事故剧情,并回顾第一阶段 What-if 分析提出的意见。对于那些风险特别高的事故剧情,进一步采用 LOPA 方法半定量地确认当前的安全措施是否足够。粉尘处理部分涉及可燃性粉尘,有粉尘爆炸的风险,而且粉尘爆炸预防有自身的一些特殊性,除了 HAZOP 分析外,还应采用一份事先准备的粉尘爆炸预防措施检查表,运用检查表方法对粉尘爆炸的危险及预防措施进行一一确认。对于包装运输部分,HAZOP 分析不太适合,于是采用 What-if 方法完成详细设计部分的分析;对于仓库,采用检查表方法进行评估。在详细设计阶段,除了对工艺部分开展分析外,还应根据工厂的详细布置图,参考设施布置检查表与人为因素检查表,采用检查表方法完成设施布置和人为因素的危险识别。请参考表 1.4。

由此可见,应当根据工艺单元的特点选择合适的分析方法。通常,对于工艺流程部分,HAZOP 分析是非常好的一种分析方法,其他方法(如检查表方法和 LOPA 方法)是 HAZOP 分析方法的有益补充。表 1.5 中列出了各种工艺危险分析方法在工艺系统生命周期中不同阶段的使用情况。

表 1.4　工艺危险分析方法选用举例

项目阶段	工艺单元描述	工艺危险分析方法的选用
基础设计	所有工艺单元	What-if （注：有些公司在此阶段开展 HAZOP 分析）
	工厂布置	检查表方法
详细设计	化学反应及其他工艺单元	HAZOP 分析与 LOPA 分析
	可燃粉尘处理	HAZOP 分析与检查表方法
	包装运输	What-if
	仓库	检查表方法
	工厂详细布置	检查表方法

表 1.5　工艺危险分析方法在不同阶段的使用情况

阶段	检查表方法	故障假设法（What-if）	What-if/检查表	故障模式与影响分析（FMEA）	危险与可操作性分析（HAZOP）	故障树分析（FTA）	事件树分析（ETA）	后果分析（CA）	保护层分析（LOPA）	领结图分析法（BTA）	工艺危险审查（PHR）
研发（含中试）	●	●	●		●						●
基础设计	●	●	●					●			●
详细设计	●	●	●	●	●	●	●	●	●	●	●
施工及投产	●	●	●		●			●	●		
生产运行阶段（工艺危险复审）	●	●	●	●	●	●	●	●	●	●	●
生产运行阶段（工艺变更）	●	●	●		●	●	●	●	●	●	
生产运行阶段（改/扩建）	●	●	●	●	●	●	●	●	●	●	
事故调查				●	●	●	●	●			
报废拆除	●	●	●					●			

注：有●处表示通常采用该分析方法；空白处表示较少采用该分析方法。

1.3.4 工艺系统生命周期不同阶段的工艺危险分析

在工艺系统生命周期的不同阶段,都可以开展工艺危险分析,例如研发阶段、设计阶段、生产运行阶段等,各个阶段所采用的分析方法和分析的深度均存在差异。

(1) 研发阶段

研发人员可以通过工艺危险分析,了解研发工艺路线或试验装置的危险,防止在研发过程中发生事故,特别是对于涉及危险化学品的中试装置。

例如,可以采用检查表方法、What-if 或 HAZOP 分析方法,识别中试装置异常工况下的危险,并据此改进中试装置的设计。

(2) 工程设计阶段

在化工、石化、油气开采、炼油、制药及其他涉及易燃易爆等危险化学品的工艺系统的设计过程中,可以通过工艺危险分析识别设计中的不足,及时改进设计,以提升工艺系统的安全性。

对于全新的工艺或者缺乏该工艺生产经验时,许多公司会考虑对设计方案进行预危险分析,以便在设计的早期及时发现潜在的重大问题,常用的方法有 What-if 和后果分析。

在详细设计阶段,许多公司运用 HAZOP 分析方法,根据 P&ID 图对工艺设计进行系统、详尽的分析,有时还辅助采用检查表法,对设施布置和人为因素的危险进行分析,它们是 HAZOP 分析的有益补充。

在 HAZOP 分析过程中,如果识别出具有重大风险的事故剧情,则进一步开展半定量或定量分析,如采用 LOPA 方法进行半定量分析,或必要时做定量分析(即 QRA,包括后果分析和频率分析)。

在工程设计阶段,如果已经应用 HAZOP 分析方法对工艺设计完成了分析,再修改 P&ID 图时,需要对修改的部分重新分析。

(3) 生产运行阶段

工厂投产后,在投产初期通常会经历较多的改变,有些公司在工艺装置投产 6~12 个月后,会参考设计阶段完成的工艺危险分析报告,开展投产后的首次工艺危险分析。

生产运行过程中,出现工艺变更时,要对发生变更的部分进行危险分析,检查表方法和 HAZOP 分析方法是工艺系统变更时常用的评估方法之一。

据一些欧美国家过程安全法规或指南的要求,工厂投产后每隔 5 年需要重新对以往完成的工艺危险分析进行有效性确认(即工艺危险分析复审)。在开展复审时,除了确认此前完成的工艺危险分析仍然有效外,通常还需要审阅过去几年中的工艺变更文件、本工厂或类似工厂发生的相关事故和严重未遂事故,并运用检查表方法对工厂的设施布置和人为因素进行重新评估。

思　考　题

1. 过程安全与作业安全的主要区别是什么?
2. 列举若干过程安全管理的主要要素。
3. 表述工艺危险分析与 HAZOP 分析的相互关系。
4. 危险与风险的概念有什么区别?

5. 有哪些常用的工艺危险分析方法?
6. 在工艺系统生命周期的各个阶段,各自可以采用哪些工艺危险分析方法?
7. 如何根据工艺系统的特点选择适当的工艺危险分析方法?
8. 开展 HAZOP 分析包括哪几个阶段?各个阶段的主要任务是什么?
9. HAZOP 分析方法有哪些主要特点?
10. 在实际工作中如何应用 HAZOP 分析的报告?
11. 说明 HAZOP 分析方法与其他工艺危险分析方法的关系。

第 2 章　HAZOP 分析相关基础知识

要点导读

管道仪表流程图用于描述化工装置的工艺流程、设备规格、设计参数、仪表及控制回路等重要信息。HAZOP 分析需要在管道仪表流程图上划分节点，因此，读懂管道仪表流程图并能通过其理解工艺系统设计意图，是完成 HAZOP 分析必备的基本技能。

HAZOP 分析作为基于事故剧情的工艺危险评估技术，通过辨识导致工艺系统异常状态（偏差）的各初始事件（原因）及其发生可能性，识别并记录初始事件、中间事件、后果事件及其影响所组成的事故剧情。利用简单有效的风险矩阵分析方法，评估每个事故剧情的风险等级，继而提出针对性的风险控制措施或策略。这些任务是实施 HAZOP 分析的主要工作内容。

HAZOP 分析是由多名专业人员组成的团队，通过集体“头脑风暴”的方式识别和评估工艺危险和可操作性问题的技术活动，是工艺设计、装置操作、工艺危险评估知识和经验的综合应用。作为每一位参与 HAZOP 分析的人员，必须获得全过程使用的图纸资料。HAZOP 分析需要借助管道仪表流程图、工艺设计说明书、物料和能量平衡表、联锁逻辑说明或因果关系表、工艺操作规程等大量工艺技术资料。尤其是管道仪表流程图，是 HAZOP 分析的主要技术依据。因为管道仪表流程图能够全面反映仪表控制、设计参数、设备和配管等工艺系统设计信息，所以看懂管道仪表流程图并从中理解设计意图和操作要点是一项基本的技能。

在实施 HAZOP 分析时，参与人员可以采取构建事故剧情的策略，推理并记录从导致偏差的原因（初始事件）经中间事件至最终事件的完整事件序列，运用简单有效的风险评估方法（如风险矩阵）对每个事故剧情进行风险评估，从而识别并有针对性地控制危险。

2.1　管道仪表流程图

管道仪表流程图也称为 P&ID 或带控制点的流程图，通常分为工艺管道仪表流程图（PP&ID）和公用物料管道仪表流程图（UP&ID）两类。管道仪表流程图反映了全部设备、仪表、控制联锁方案、管道、阀门和管件，还包含开停车管道、特殊的操作和要求、安装要求、布置要求、安全要求等所有与工艺过程相关的信息。管道仪表流程图不仅是工厂安装设计和操作运行的基础，也是实施 HAZOP 分析不可或缺的基础资料。

管道仪表流程图上标注的设备信息包括设备名称和位号、成套设备、设备规格、接管与连接方式、设备标高、驱动装置、泄放条件和泄放设施等。

管道仪表流程图上标注的配管信息包括管道规格、开车/停车管道、阀门及状态（如“铅封开 CSO”“铅封闭 CSC”、“锁开 LO”、“锁闭 LC”等)、管道的压力等级、管道内物料的相态、管道伴热、管道放空口和放净口、取样点等。

管道仪表流程图上标注的仪表和仪表配管信息通常包括在线仪表、控制阀、安全阀、设备附带仪表、联锁和信号等。为了获得准确的自动控制方案和联锁设计信息,还需要查看联锁逻辑框图或因果关系表等资料。

管道仪表流程图上常见的缩略词、管道符号和图形标识,以及仪表控制回路系统的基本知识见附录 1。

为了确保管道仪表流程图的完整性、系统性,特别是可操作性和安全性,业界已经普遍把 HAZOP 分析视作对管道仪表流程图的一种审核方法。

2.1.1 管道仪表流程图基本单元

描述化工工艺过程信息的管道仪表流程图虽然千变万化,但就普遍性而言,均是由各种基本单元模式组成的。这些基本单元模式是在总结了国内外工程设计经验的基础上形成的,其明确规定了每一基本单元模式的管道设计、仪表控制设计、设备基本单元模式等设计要点。《管道仪表流程图设计规定》(HG 20559—1993)附录《管道仪表流程图基本单元模式》收集了管道分界基本单元模式、泵基本单元模式、真空泵基本单元模式、化工工艺压缩机基本单元模式、蒸馏塔系统设备基本单元模式、储罐基本单元模式等 19 项基本单元模式。

理解和掌握管道仪表流程图各基本单元的设计要点,一是有利于 HAZOP 分析人员清楚各典型基本工艺单元设计的管道设计要求、仪表控制设计要求、安全设施配置要求等;二是便于 HAZOP 分析人员能够将复杂工艺系统进行“模块化”分割,准确判断从基本单元模式“局部”到整套工艺系统流程“全局”的设计意图,或者在发现被分析工艺系统的某个基本单元与典型基本单元设计存在差异之后,有针对性地设计提问以引发集体讨论,以期查明产生此类差异的原因,或者论证设计人员“独特”作法和意图的可行性,达到发现问题、改进设计的目标。

2.1.2 仪表控制回路

仪表控制回路由检测元件、逻辑控制器和执行元件构成。检测元件是测量工艺条件(温度、压力、流量、液位等)的设施或设施的组合。例如:变送器、传感器、过程开关、限位开关等;逻辑控制器接收来自检测元件的信号,并执行预先设定的行动,以使工艺过程达到安全状态,行动通常是发送一个信号到最终执行元件;执行元件单元从逻辑控制器接收到触发信号后执行特定的物理功能,例如:控制阀门开度、切断电源等,使系统恢复到正常状态。

常见的仪表控制回路类型主要包括单参数控制系统、串级控制系统、均匀控制系统、单闭环比值控制系统、双闭环比值控制系统、前馈反馈控制系统和选择性控制系统等。

由仪表控制回路构成的化工工艺控制系统多采用单输入、单输出的单回路反馈控制系统。这种控制系统仅考虑生产过程中某一个单一变量的变化,通过调节一个操作变量使过程变量达到预先设定的稳定值。而对那些复杂的工艺系统,影响某个过程变量改变的干扰不止一个,欲保持过程变量稳定则需要调节多个操作变量。这类工艺系统需要多输入、多输出的复杂控制系统。

2.1.3 管道仪表流程图举例

图2.1为精馏塔单元的管道仪表流程图。原料经精馏塔进料预热器E0405预热后由进料管道送入加压精馏塔T0402。精馏塔底部设置液位显示和报警控制回路LIA403,并与流量显示控制回路FIC406串级控制,通过调节塔底液管道WM-0421-150-L1B-IH的流量,控制精馏塔底液位。

精馏塔底部设置两处温度检测元件,信号分别传输至塔顶馏出产品回流管道ME-0426-200-L1B-IH上设置的流量温度显示控制回路TIC402,以及塔底再沸器E0406加热介质管道CM-0310-600-L1B-IH上设置的流量显示控制回路FIC405,通过调节塔顶馏出产品回流流量和再沸器加热介质流量控制加压精馏塔T0402内温度。

精馏塔塔顶设置就地压力显示仪表,压力信号传输至控制回路PIC402,通过控制阀开度调节塔顶产品去冷凝器管道ME-0422-300-L1B-IH的流量,控制塔内压力处在允许操作压力范围之内。塔顶产品经冷凝器(图中未画出)冷却后经管道ME-0424-300-L1B-IH进入精馏塔回流罐V0402,通过回流泵P0404A/B(一用一备),一部分产品按照工艺设计条件送回塔内,其余产品经管道ME-0410-200-L1B-IH送至下游工艺系统。回流罐V0402设置就地压力显示仪表和液位显示报警回路LIA404,液位信号传输至馏出物管道ME-0410-200-L1B-IH的流量显示控制回路FIC407,通过调节馏出物流量控制回流罐内液位。

塔底液经加压精馏塔采出泵P0405A/B(一用一备)由管道WM-0421-150-L1B-IH引出,其他塔底液经管道WM-0419-150-L1B-IH去再沸器E0406。

2.1.4 注意事项

必须注意确保HAZOP分析使用的管道仪表流程图是最新的、准确的。在工程设计中的基础设计阶段和详细工程设计阶段的管道仪表流程图会分为多个版次,因此工程设计阶段的HAZOP分析应注意识别并记录管道仪表流程图的版次;对已经投入运行多年的在役装置,可能已经发生若干设备改造、原料更换、工艺路线调整等变更,加之可能工艺安全信息管理滞后,没有及时更新管道仪表流程图,因此对在役装置的HAZOP分析一定要注意核实图纸和现场条件的一致性。

2.2 事故剧情及其风险评估

HAZOP分析是一种基于事故剧情的工艺危险评估技术。通过确定工艺系统可能发生的有意义的偏离,反向追溯导致偏离的特定初始事件(原因),正向推理偏离可能导致的后果,并评估其在健康、环境、财产、声誉等方面的后果严重程度。将事故后果分类、量化、分级,包括考虑已有安全措施降低事故风险的作用,必要时按照最低合理可行(As Low As Reasonably Practically,ALARP)的原则提出建议措施进一步降低事故风险。因此需要掌握事故剧情的构成要素和特点,以便在实施HAZOP分析时能够正确推理并记录事故剧情。

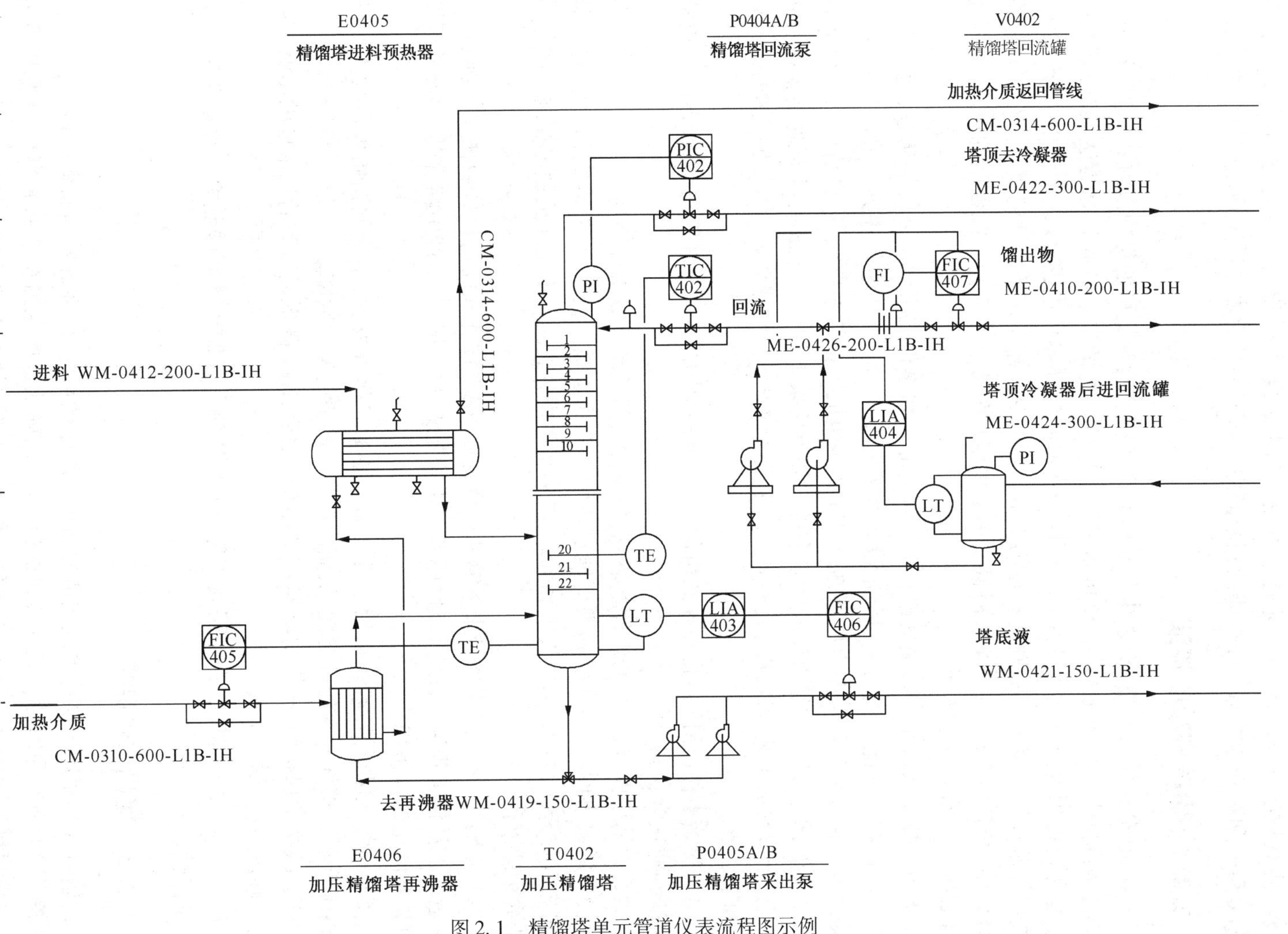

图 2.1 精馏塔单元管道仪表流程图示例

近年来,HAZOP 分析方法结合风险评估技术已经被工业界认可并得到广泛应用。风险评估技术使 HAZOP 分析方法从纯定性分析改进为半定量分析,提高了 HAZOP 分析方法识别危险的分辨率和对安全措施实际效能的判断能力。以下一并简要介绍风险评估的有关方法。

2.2.1 事故剧情的描述

HAZOP 分析中要提出“会发生什么样的错误?”、“有什么样的保护措施?”“这些措施足够么?”之类的问题。所以 HAZOP 分析属于基于事故剧情的工艺危险评估方法,其分析目标之一就是尽可能识别出导致毒性或者可燃性物料泄漏到外界环境,造成人员伤亡、财产损失、环境破坏等破坏性后果的事故剧情。在第 1 章已经简单介绍了事故剧情的概念。由于事故剧情是 HAZOP 分析的基础,甚至某些时候要借助风险矩阵方法来获得事故剧情的风险值,因此需要对事故剧情作进一步阐述。

所谓事故剧情就是导致损失或相关影响的非计划事件或事件序列发展历程,包括涉及事件序列的保护措施能否成功按照预定设计意图发挥干预作用。事件序列一般由初始事件、中间关键事件和后果事件按照自始至终的时间顺序组成。在某些情况下,事故剧情可以缺少中间关键事件,但必须有初始事件和后果事件。如果后果事件已经造成或可能造成非预期的不利后果,则潜在的工艺危险演变成事故。以下是事故剧情的构成要素简介,更详细的内容见第 8 章和第 9 章。

(1) 初始事件(原因):指在导致事故的事件序列中的第一个事件,标志着系统从正常状态转变到非正常状态。

(2) 中间事件:位于初始事件之后、后果事件之前的事件或事件序列。

(3) 后果事件:在事件序列中可能造成损失和伤害效应的某个特定事件。例如:容器破裂、可燃气体云团被点燃形成火灾和爆炸、有毒物质排放到大气中等违反预定控制意图并不可逆转的物理事件。

(4) 影响:表征后果事件带来影响的严重程度,用于描述和度量损失和伤害。例如:后果事件造成人员伤害程度和死亡数量、环境破坏的程度、财产损失、生产中断、恢复生产的再投入等直接和间接的经济损失。

(5) 预防性保护措施:在初始事件之后干预后果事件发生,不降低初始事件发生的可能性,但降低后果事件发生的可能性,从而降低事故剧情的发生频率。

(6) 减缓性保护措施:在初始事件和失事点之后,用于降低或缓和后果事件的影响,例如:消防水喷淋系统、泡沫灭火系统等。

(7) 限制和控制措施(抑制层):工艺危险的限制和控制措施能够避免或降低初始事件发生的可能性。

2.2.2 初始事件频率

初始事件频率用于描述事故剧情初始事件发生的可能性,在确定初始事件频率前,事故剧情发展步骤的所有原因都应该进行评估和验证,以确认这些原因符合初始事件的要求,例如:不足的教育培训和授权、不足的检测和检查可以是导致初始事件的潜在原因,而安全阀、超速联锁等保护设施失效是由于其他初始事件引起的,这些事件本身均不能作为初始事件而确定发生频率。初始事件的基础频率一般来源于：

(1) 文献和数据库。例如：挪威 SINTEF 商业发行的 OREDA(Offshore Reliability Data Handbook)(第 5 版,2009)；国际石油和天然气生产商联合会公开发布的《OGP 风险评估数据目录》(包括工艺泄漏频率、井喷频率、风险评估中的人为因素、点火概率、立管和管道泄漏频率等系列数据报告)；美国石油学会发布的 API RP581《基于风险的检测技术》(第 2 版,2008 年),等等。

(2) 行业或者公司经验,以及危险分析团队的经验。操作人员在长期生产实践中积累的某些特定事件的发生频率可以作为良好的数据来源,尤其是当前国内尚未有权威机构统计和发布能被业界广泛认可的设备失效频率数据库。

(3) 设备供货商提供的数据。这类数据通常来源于设备生产商对设备寿命和性能的测试和统计数据,且这些测试和统计是在规定条件下完成的。

在选择初始事件频率数据时,常需要根据特定的操作参数、工艺流程、检测和监测频率、操作和维修技能的培训、设备设计条件等做出假设。因此,在选择失效频率数据时,要注意以下问题：

(1) 选择的失效频率应当与装置的基本设计一致。国内装置参照国外装置失效频率数据库进行频率分配时,需要按照既有的设计和运行条件进行修正。例如,可以按照美国石油学会发布的 API RP581《基于风险的检测技术》(第 2 版,2008 年)推荐的做法进行管理系数和破坏系数修正。

(2) 所有选择的失效频率均应在数据范围的同一位置,例如：失效频率范围的上限、下限或者中间值,以确保整套工艺装置的频率统计保守程度一致。

(3) 选择的失效频率应对被评估的装置或者操作具有代表性。通常只有在足够长时间内形成的具备统计显著性的失效频率才能满足使用要求。行业内的基础失效频率数据须经过能够反映当前运行条件和状况的系数调整后才能被使用。如果没有此类数据供直接使用,则要判断哪些外部数据源最适用于参照和借鉴。

设备的基础失效频率通常被表述为“次/年”,而对于间断进行、非连续的操作或系统,例如：装料、卸料或间歇操作等,则应调整基础失效频率值以反映机械部件或操作处于危险状态下的时间分布系数,即将基础失效频率值乘以该操作或部件一年内处于运行状态的时间分布系数。例如：某卸料软管的基础失效频率值为 1×10^{-2}/a,但软管只有在用于装卸料时才被考虑失效和相应的危险物料泄漏,假定某套装置的装卸料操作每年完成 16 次、每次软管被投用持续时间为 5h,每年运行工时为 8000h,则该软管失效频率 P 等于：

$$P = (\text{软管基础失效频率 } 1\times10^{-2}/\text{a}) \times (16\text{ 次}\times5\text{h}/8000\text{h}) = 1\times10^{-4}\text{次/a}$$

某些类型的失效频率表述为要求时失效概率(Probability of Failure on Demand,PFD)。例如,执行某特定任务时发生的人为失误概率表述为 1×10^{-1}/次,起重作业吊物坠落的发生概率为 1×10^{-4}/次。这类情况的初始事件频率必须经过推导才能得到,包括估计系统(或人、设备)每年(或者每 10^6h)发出此类要求的次数。典型的作法是统计每年某种操作被执行的次数,然后乘以指令失效概率(要假定此两个值是独立的、没有内在联系)。更复杂的系统还需要构建故障树,由基本事件概率利用布尔代数计算顶上事件(事故剧情的初始事件)发生概率。表 2.1 列举了部分典型初始事件的频率值。

表 2.1　典型初始事件的频率值

初始事件	频率范围/a^{-1}
压力容器残余性失效	$10^{-5}\sim10^{-7}$
管道残余性失效 - 100m - 全断裂	$10^{-5}\sim10^{-6}$
管道泄漏(10%断面)- 100m	$10^{-3}\sim10^{-4}$
常压储罐失效	$10^{-3}\sim10^{-5}$
法兰或密封填料爆裂	$10^{-2}\sim10^{-6}$
透平、柴油发动机超速并外壳破裂	$10^{-3}\sim10^{-4}$
第三方破坏(挖掘机、汽车等)	$10^{-2}\sim10^{-4}$
起重机吊物坠落	$10^{-3}\sim10^{-4}$/起吊
雷击	$10^{-3}\sim10^{-4}$
安全阀误跳	$10^{-2}\sim10^{-4}$
冷却水中断	$1\sim10^{-2}$
泵密封失效	$10^{-1}\sim10^{-2}$
装料、卸料时软管破裂	$1\sim10^{-2}$
基本工艺控制系统仪表回路失效 注:IEC61511 限值高于 1×10^{-5}/h 或 8.76×10^{-2}/h(IEC,2001)	$1\sim10^{-2}$
控制器失效	$1\sim10^{-1}$
小规模外部火灾(累计原因)	$10^{-1}\sim10^{-2}$
大规模外部火灾	$10^{-2}\sim10^{-3}$
LOTO(挂牌上锁)程序失效(多单元工艺的整体失效)	$10^{-3}\sim10^{-4}$/机会
操作人员失误(执行常规作业并假定经过良好培训、无工作压力、无疲劳)	$10^{-1}\sim10^{-3}$/机会

注:表中数据来源于美国化学工程师学会化工过程安全中心(AIChE CCPS)《Layer of Protection Analysis: Simplified process risk assessment》(2001)。

需要强调的是,在评估人为失误并分配频率时应考虑:

(1) 分析影响操作人员和维修人员正确执行工作任务的工作条件;

(2) 识别可能导致人为失误并造成事故的设备和工艺的人机接口界面设计,特别是在开停车期间、维修、仪表失灵和紧急条件等状况下;且至少应考虑:

- 操作人员和设备的界面;
- 操作人员要执行的工作任务的数量和频率;
- 被要求工作进度的时间长短;
- 控制系统界面和报警的清晰度和简洁度。

表 2.2 列举了文献中公布的基础人为失误概率。

表 2.2　基础人为失误概率举例

序号	行为类别	人为失误概率/指令$^{-1}$
1	很难设想如何发生的不寻常失误类型；没有压力，存在有利的因素保证正确的操作，却发生失误	10^{-5}
2	按常规执行、普通场所、简单任务、压力最小情况下发生的失误	10^{-4}
3	启动错误，例如：操作了错误的按钮，或者读数错误；任务越复杂时间越少	10^{-3}
4	疏忽导致的错误，并取决于状况诱因和记忆。反馈信息少并有些许干扰的条件下执行复杂、陌生的任务	10^{-2}
5	高度复杂的工作、较大的压力、很短的时间去执行	10^{-1}
6	涉及创造性思维的任务，陌生的、复杂的操作且时间短、压力较大	$1 \sim 10^{-1}$

HAZOP 分析时，可以根据初始事件发生频率范围进行分级以便于使用。很多具有丰富风险评估经验的工艺危险分析团队能够在一个数量级的精度范围内区别初始事件发生的可能性，例如：确定冷却塔的水供应中断发生可能性为每月 1 次，或每年 1 次，或 10 年 1 次。表 2.3 提供了将初始事件频率分级的例子，危险分析团队根据以往的经验确定发生操作失误的可能性是每 3 年 1 次，即 1/3 年约为 $10^{-0.5}$/年，则对应初始事件频率的量级为 -0.5，发生可能性在“非常高”与“高”之间。

表 2.3　初始事件的频率值

量级（10^x/年）	发生可能性分级	等效的初始事件可能性	与经验相比
0	非常高	每年发生 1 次	无法预测什么时候发生，但仍在经验认知的范围内
-1	高	每运行 10 年发生 1 次（10%的可能性）	超出某些员工的经验范围，但仍在工艺的经验范围内
-2	中	每运行 100 年发生 1 次（1%的可能性）	几乎超出所有员工的经验范围，但仍在装置的经验范围内
-3	低	每运行 1000 年发生 1 次	几乎超出所有工艺经验的范围，但仍在公司的经验范围内
-4	非常低	每运行 10000 年发生 1 次	超出大多数公司的经验范围，但在行业的经验范围内
-5	不可能发生	每运行 100000 年发生 1 次	可能超出行业经验的范围，除非同类型的装置和操作

2.2.3　评估后果及其严重性

所谓后果即某个具体后果事件的结果，通常是指后果事件造成的物理效应（例如热辐射、超压和冲量、暴露浓度等）和影响，例如：火灾、爆炸和有毒物质扩散及其造成的人员伤亡和疏散、环境破坏、经济损失等影响。严重性是指后果的性质、条件、强度、残酷性等衡量破坏程度和负面影响的指标,例如泄漏量、扩散距离和覆盖范围、人员死亡数量、经济价值损失等。

过程安全事故造成危险物料泄漏,并有可能进一步扩大为火灾、爆炸、毒性物料扩散等灾害形式,事故影响比较严重。衡量后果事件造成的后果一般分为人员、环境、财产、声誉等几个不同方面分别考虑。根据《生产安全事故报告和调查处理条例》(中华人民共和国国务院令第493号)第三条的规定,生产安全事故造成的人员伤亡和直接经济损失,一般分为以下等级:

(一) 特别重大事故,是指造成30人以上死亡,或者100人以上重伤(包括急性工业中毒,下同),或者1亿元以上直接经济损失的事故;

(二) 重大事故,是指造成10人以上30人以下死亡,或者50人以上100人以下重伤,或者5000万元以上1亿元以下直接经济损失的事故;

(三) 较大事故,是指造成3人以上10人以下死亡,或者10人以上50人以下重伤,或者1000万元以上5000万元以下直接经济损失的事故;

(四) 一般事故,是指造成3人以下死亡,或者10人以下重伤,或者1000万元以下直接经济损失的事故。

《国家突发环境事件应急预案》(中华人民共和国国务院,2004年)将突发环境事件分为特别重大环境事件(Ⅰ级)、重大环境事件(Ⅱ级)、较大环境事件(Ⅲ级)和一般环境事件(Ⅳ级),详细如下:

(一) 特别重大环境事件(Ⅰ级)。凡符合下列情形之一的,为特别重大环境事件:

(1) 发生30人以上死亡,或中毒(重伤)100人以上;

(2) 因环境事件需疏散、转移群众5万人以上,或直接经济损失1000万元以上;

(3) 区域生态功能严重丧失或濒危物种生存环境遭到严重污染;

(4) 因环境污染使当地正常的经济、社会活动受到严重影响;

(5) 利用放射性物质进行人为破坏事件,或1、2类放射源失控造成大范围严重辐射污染后果;

(6) 因环境污染造成重要城市主要水源地取水中断的污染事故;

(7) 因危险化学品(含剧毒品)生产和储运中发生泄漏,严重影响人民群众生产、生活的污染事故。

(二) 重大环境事件(Ⅱ级)。凡符合下列情形之一的,为重大环境事件:

(1) 发生10人以上30人以下死亡,或中毒(重伤)50人以上100人以下;

(2) 区域生态功能部分丧失或濒危物种生存环境受到污染;

(3) 因环境污染使当地经济、社会活动受到较大影响,疏散转移群众1万人以上5万人以下的;

(4) 1、2类放射源丢失、被盗或失控;

(5) 因环境污染造成重要河流、湖泊、水库及沿海水域大面积污染,或县级以上城镇水源地取水中断的污染事件。

(三) 较大环境事件(Ⅲ级)。凡符合下列情形之一的,为较大环境事件:

(1) 发生3人以上10人以下死亡,或中毒(重伤)50人以下;

(2) 因环境污染造成跨地级行政区域纠纷,使当地经济、社会活动受到影响;

(3) 3 类放射源丢失、被盗或失控。

(四) 一般环境事件(Ⅳ级)。凡符合下列情形之一的,为一般环境事件:

(1) 发生 3 人以下死亡;

(2) 因环境污染造成跨县级行政区域纠纷,引起一般群体性影响的;

(3) 4、5 类放射源丢失、被盗或失控。

HAZOP 分析考虑事故后果严重程度时,如果评估系统的固有风险,则假定被分析装置的所有硬件和软件防护措施都已经失效,不考虑旨在降低后果事件影响的减缓性措施的作用,即只针对初始事件引发的最严重后果及其严重程度;如果评估系统的剩余风险,则考虑装置已经采取的减缓性保护措施在降低事故后果严重程度方面发挥的作用。

通常的事故后果度量方法有定性分析和定量计算两种。定性分析是工艺危险分析团队成员利用在装置操作岗位长期积累的经验,快速判断出现的危险后果和波及范围。而事故后果定量计算需要考虑气象条件、地面特征、物料性质、泄漏尺寸和持续时间、危险存量隔离单元划分等自然条件和工艺条件,在评估计算结果造成的影响时甚至考虑建构筑物的结构易损性(防火防爆性能、结构稳定性等)、人员分布地点和频次等条件,结果准确程度优于定性分析,但需要借助事故后果数学模型和大量的原始数据输入,花费时间较多。

在评估事故后果时应考虑事故剧情的风险、适用的风险评估方法以及可利用的资源等因素,选择的后果评估方法应与公司的风险可接受准则相一致。例如,有些公司直接参照物料特性、泄漏尺寸、泄漏存量等指标衡量事故后果及其严重程度,不进一步考虑事故造成的人员伤害,如表 2.4 所示,这类严重程度分级做法的优点是简单、使用方便,避免了估算人员伤害程度的不确定性。

表 2.4　事故后果严重程度分级

泄漏特性	泄漏规模(未考虑防火堤的限制能力)					
	1~5kg	5~50kg	50~500kg	500~5000kg	5000~50000kg	50000kg以上
剧毒且沸点以上	中	高	非常高	非常高	非常高	非常高
剧毒且低于沸点以下,或高毒性且沸点以上	低	中	高	非常高	非常高	非常高
高毒且沸点以下,或易燃且沸点以上	低	低	中	高	非常高	非常高
易燃且低于沸点	非常低	低	低	中	高	非常高
可燃性液体	非常低	非常低	非常低	中	中	高

注:表中数据来源于美国化学工程师学会化工过程安全中心(AIChE CCPS)《Layer of Protection Analysis: Simplified process risk assessment》(2001)。

为了结果尽可能准确,有些公司还借助事故后果模拟技术,定量计算有毒物扩散、火灾、爆炸事故影响范围,并根据计算结果和厂内人员分布特征,判断每个事故剧情对人员、设备、环境等方面的破坏状况。以下是某国际化工公司对事故造成的环境破坏后果分级情况。

Ⅰ级:需要立即上报,且超过允许限值 100 倍;

Ⅱ级:需要立即上报,且允许限值超过 10 倍但低于 100 倍;

Ⅲ级:需要立即上报,允许限值低于10倍,或高于允许超越值;

Ⅳ级:需要上报,允许限值低于10倍,或需要上报的泄漏。

此类环境破坏后果是根据大气中危险物质浓度进行分级的,因此需要借助气体扩散数学模型计算特定泄漏条件下的危险物质浓度分布。另外,为准确预测危险物质泄漏扩散对厂界外造成的环境破坏、人员伤害等不利影响时,也需要利用事故后果数值模拟技术。

评估事故后果严重程度时,可以参照《生产安全事故报告和调查处理条例》和《国家突发环境事件应急预案》等有关法规和标准的规定,结合企业自身风险承受能力和损失类型,从人员伤亡、经济损失、环境破坏等方面将事故后果严重程度进行分级,如附录5列举的某些国际石油化工公司制订的后果严重程度分级表。

表2.5所示为某国际化工公司将事故后果严重程度分为非常低、低、中、高、非常高等五个等级。

表2.5　事故后果严重程度分级

等级	后果严重程度	分类			
		人员	财产	环境	声誉
1	非常低	医疗处理,不需住院;短时间身体不适	一次造成直接经济损失不足10万	事件影响未超过工厂界区	企业内部关注;形象没有受损
2	低	工作受限制;轻伤	一次造成直接经济损失10万以上50万以下	事件不会受到管理部门的通报或违反许可条件	社区、邻居、合作伙伴影响
3	中	严重伤害;职业相关疾病	一次造成直接经济损失50万以上100万以下	泄漏事件受到政府主管部门的通报或违反许可条件	本地区内影响;政府管制,公众关注负面后果
4	高	1~2人死亡或丧失劳动能力;3~9人重伤	一次造成直接经济损失10万以上500万以下	重大泄漏,给工作场所外带来严重影响	国内影响;政府管制,媒体和公众关注负面后果
5	非常高	3人以上死亡;10人以上重伤	一次造成直接经济损失500万以上	重大泄漏,给工作场所外带来严重的环境影响,且会导致直接或潜在的健康危险	国际影响

企业生产规模、经济实力、盈利模式、社会影响力等方面的差异,造成了对事故后果严重程度的感受和承受能力的不同。例如,工艺流程、生产规模、经济实力完全相同的几家化工生产企业,因为布置在邻近城镇居民区、环境敏感地带、政府统筹规划的化学工业园区内等不同地点,不同的地理位置会造成这些企业对人员伤亡、环境和声誉方面事故后果严重程度分级的差异。在符合国家和地方关于生产安全事故、环境事故法律、法规和标准、规范要求的前提下,企业可以根据自身特点制定事故后果分类和划分严重程度等级。

2.2.4　毒物扩散、火灾、爆炸影响范围

预测易燃、易爆和毒性物料泄漏导致的火灾、爆炸和毒物扩散后果事件影响范围需要借助事故模拟技术进行定量分析。事故后果模拟计算可以使用文献中公开的、经过良好试验验证的数学模型，也可以直接利用专门开发的计算机软件包。需要引起注意的是，在评估毒物扩散、火灾和爆炸等事件可能对人员造成的伤害时，应考虑建筑物屏蔽作用、适用的个体防护装备等措施对人员的保护效果，而不能简单地从事故后果数值模拟输出的有害物浓度、热辐射、爆炸超压等直接暴露强度去判断。

毒物扩散影响主要利用吸入毒性、皮肤吸收毒性和食入毒性等指标衡量，这类数据能够从化学品安全技术说明书（MSDS）中获取。在分析毒物扩散影响范围时，从吸入毒性的角度，国外有关机构制定的以下指标可供借鉴使用：

（1）美国工业卫生协会公布的《应急响应规划指南》和《工作场所环境暴露水平》（No AE-AH05-559，2005）针对不同物质 1h 暴露时间划定 3 个等级的应急响应规划指南浓度（ERPG-1、ERPG-2 和 ERPG-3）；

（2）美国国家职业安全健康研究院发布的《化学品危险便携指南》（Pocket Guide to Chemical Hazards，1994）针对不同物质 30min 暴露时间划定了生命和健康立即危险浓度（IDLH）；

（3）美国政府工业卫生学者会议发布的《化学物质和物理因素阈限值》（2001）针对工人 8h 暴露事件划定的接触限值 TLVs 和时间加权平均值 TWAs。

国家职业卫生标准《工作场所有害因素职业接触限值第 1 部分：化学有害因素》（GBZ 2.1—2007）规定了 300 余种化学品的时间加权平均容许浓度（PC-TWA）、短时间接触容许浓度（PC-STEL）和最高容许浓度（MAC）等职业接触限值指标。利用事故后果模拟技术能够预测指定有毒气体浓度的覆盖范围，估计可能造成的人员死亡数量，结合公司制定的事故后果和严重程度分级准则使用。

2.3　风险矩阵方法及在 HAZOP 分析中的运用

风险矩阵方法是近年来应用日趋广泛的一种风险分析和度量方法。该方法最初在 1995 年由美国空军电子系统中心（Electronic System Centre）研发成功，用于评估采购项目周期中存在的各种风险，在提出后不久就被广泛应用于许多其他行业的风险评估中，例如：反恐风险分析、建筑项目管理、企业风险管理等。许多国际石油化工和化工公司也逐渐引入此方法建立了本企业的风险矩阵和风险可接受准则。

2.3.1　风险矩阵方法介绍

风险矩阵将每个损失事件发生的可能性（L）和后果严重程度（S）两个要素结合起来，根据风险 R 在两维平面矩阵中的位置，将其划分为多个等级，风险 R 的函数关系可以表示为：

$$R=F(L,S)$$

函数 F 采用矩阵形式表达，以要素可能性 L（$L_1,L_2,L_3,\cdots,L_m$）和要素后果严重程度 S（$S_1,S_2,S_3,\cdots,S_n$）的取值构建一个 $m\times n$ 阶矩阵，行列交叉点的 R 值即为所确定的计算结果。

矩阵内的计算规则需要根据实际情况确定,但 R 值必须具有统一的增减趋势,如果是递增函数,R 值应该随着 L 和 S 值递增,反之亦然。如图 2.2 为某公司制定的用于评估毒物扩散、火灾和爆炸等工艺危险的风险矩阵,风险等级自矩阵左上角朝右下角方向逐渐增加,利用该风险矩阵能够对某后果事件在人员、财产、环境方面构成的风险进行评估和分级。

风险矩阵普遍具有以下特点:

(1) 有且仅有两个输入变量,输出变量的值仅取决于这两个输入变量。如图 2.2 风险矩阵的两个输入变量分别为沿横向和纵向递增的可能性和严重性,两者运算得到的结果即为风险等级。

(2) 所有的输入输出变量均被人为划分成不同的等级和赋予不同的数值区间。如图 2.2 所示风险矩阵中,人员、财产和环境方面遭遇破坏或损失的可能性被分为 A、B、C、D、E 五个等级,严重程度被分为 0、1、2、3、4、5 六个等级,输出变量风险值被分为低风险和中等风险、高风险和极端风险四个等级。

(3) 评估结果(即输出变量的取值)通过两个输入变量的集对运算来确定。如图 2.2 所示风险矩阵中,在人员、财产、环境方面的风险等级由发生可能性和严重程度两个因素共同确定。

(4) 集对运算的规则由人为确定,一般遵守距离原点越近则风险等级越低的原则。

严重程度	后果			递增的可能性				
				A	*B*	*C*	*D*	*E*
	人员	财产	环境	行业内从来没听说过	行业内曾经听说过	集团公司内曾经发生过,但本公司装置尚未发生过	装置内曾经发生过	装置内发生超过1次
0	没有伤害或健康影响	没有损失	没有影响	低风险	低风险	低风险	低风险	低风险
1	轻微的伤害或健康影响	轻微损失	轻微影响	低风险	低风险	中等风险	中等风险	中等风险
2	不严重的伤害或健康影响	损失不严重	影响不严重	低风险	中等风险	中等风险	高风险	高风险
3	重大的伤害或健康影响	中等损失	中等影响	中等风险	中等风险	高风险	高风险	极端风险
4	最多3人死亡	重大损失	重大影响	中等风险	高风险	高风险	极端风险	极端风险
5	超过3人死亡	特别重大损失	特别重大影响	高风险	高风险	极端风险	极端风险	极端风险

图 2.2 风险评估矩阵实例

风险矩阵作为一种有效的风险评估和管理方法,具有以下优点:

(1) 广泛的适用性。该方法适用于评估包括石油化工和化工行业在内的多个行业的毒物扩散、火灾和爆炸等多种工艺危险事故类型,以及每种事故类型在人员、财产、环境、声誉等方面带来的风险。

(2) 简单直观的陈述。对发生可能性、严重程度和风险等级等输入输出量直接使用文字或数字表述,通俗易懂、清晰明了,且能满足应用要求。

(3) 可运用实际的经验。风险分析团队在运用该方法进行风险评估时,不需要经过复杂的计算和推理,可以直接运用长期经验积累,或者参照有限的原始数据(例如:基于已发生的事故、本行业的历史统计数据)获得事故发生可能性和破坏严重程度的判断,从而确定事故的风险等级。

(4) 经过简单的培训就可以使用。风险矩阵方法把发生可能性和严重程度直接作为计算风险等级的两个输入变量,使用人员不需要掌握复杂数学模型、全面的风险评估知识和技能。所以该方法易于理解和掌握,且便于使用。

但作为一种简化的风险评估方法,风险矩阵方法不可避免地存在以下不足之处:

(1) 结果精度低。典型的风险矩阵仅能直观比较小范围内随机选择的风险,量值上差异很大的风险可能会被分配到相同的风险等级。

(2) 可能得到错误的评估结果。与复杂的定量风险评估技术相比,风险矩阵方法不能克服人直观认识的固有局限性,量值较低的风险可能会被分配较高的风险等级。例如:对负相关的事故发生频率和严重程度两个输入变量,即严重程度越高则发生可能性越低,由于风险矩阵评估方法的结果依赖于参与人员的经验和直观认识,甚至是猜测,在没有历史统计数据、事故后果模拟分析等客观数据支持时,可能会得到错误的判断。

(3) 资源优化配置作用有限。风险矩阵方法划分出的风险等级,不能充分论证预防性保护措施或减缓性保护措施的功效,所以有时候很难实现风险降低措施资源的优化配置。

(4) 输入和输出不清晰。严重事故后果的不确定性导致不能客观地对后果严重程度进行准确分类。风险矩阵的输入(可能性和严重程度的分级)和输出(风险等级)是基于参与人员经验、甚至主观臆断完成的,不同的人员或工艺危险分析团队对某个风险的判断可能出现相反的结果。

2.3.2 HAZOP 分析中如何使用风险矩阵

完整的风险矩阵通常包括风险矩阵、后果严重程度分级规则表、发生可能性分级规则表、风险等级说明表等四个构成要素;也可以在风险矩阵中直接描述事故严重程度分级规则和发生可能性分级规则,如图 2.2 所示。

HAZOP 分析时,可以利用公司已经制订并批准的风险矩阵评估事故剧情的风险等级。

如果要求评估事故剧情的固有风险,HAZOP 分析人员可以利用工艺装置运行经验和知识、以往事故统计资料、设备失效统计数据库等,且不考虑其他预防性保护措施对发生可能性的修正作用,判断初始事件的发生可能性,并在事故发生可能性分级表中找到对应的级别;然后,在不考虑事故后果减缓性保护措施的条件下,评估事故剧情后果的严重程度,并在事故后果严重程度分级表中找到对应的级别。利用以上两个步骤找到的事故剧情发生可能性级别和事故后果严重程度级别,确定各自在风险矩阵表中对应的行和列,则此行和此列的交叉位置就是该事故剧情的风险等级。对照风险等级说明表就能发现此风险等级的风险控制策略或风险降低措施。

如果要利用风险矩阵评估事故剧情的剩余风险,则在判断事故剧情的发生可能性时,需要考虑已经设置的预防性保护措施对发生可能性的修正作用,例如:将预防性保护措施的可靠性在0(完全失效)和1之间(完全有效)进行赋值,结合初始事件发生频率,对后果事件(人员伤亡、财产损失、环境破坏、声誉下降等)的发生可能性进行调整。当初始事件和后果事件中间存在多个预防性保护措施时,应考虑这些保护措施是否为"独立保护层",是否存在"共因失效"。如果属于独立保护层,则保护措施失效概率等于各个保护措施失效概率的乘积。

在评估事故剧情的剩余风险时,还需要考虑已经设置的减缓性保护措施对事故后果严重程度的修正作用时。

对复杂的事故模式,例如:涉及的预防性保护措施或减缓性保护措施多,造成初始事件之后的事件序列将朝向多个后果事件类型演变,推荐利用构建事件树(Event Tree Analysis, ETA)的方法使得事件序列条理化、结构化,从而在衡量保护措施对后果事件发生可能性和影响严重程度的干预作用时,变得清晰和直观。

不同公司利用风险矩阵评估事故剧情风险等级的具体作法存在差异。例如,某些公司认为被动防护措施失效概率很低,一般仅影响后果事件的数量和位置(例如围堰限制了物料流动),所以把被动防护措施作为中间事件,并认为不会失效(可靠度等于1),例如:围堰或防火堤、电力装置危险区域划分(包括接地、等电位跨接、防爆电气选型)等;认为主动防护措施存在失效可能性(可靠度大于0,但小于1),对主动保护措施赋予一定的可靠度数值,用于修正后果事件的发生可能性。但是,也有些公司不考虑已有保护措施对发生可能性的修正作用,假定只要初始事件发生,后果事件肯定发生,即预防性保护措施的失效概率等于1,这类假设条件下事故剧情后果事件的发生可能性等于初始事件的发生可能性。

HAZOP分析中,为确保风险矩阵方法的应用质量,应做到:

(1) 对事故后果严重性和发生可能性两个要素的判断是独立的、不受干扰的。

(2) 风险等级划分应遵守公司制定的后果严重程度分级规则和可能性分级规则,经集体讨论,"头脑风暴"共同确定。

(3) 对风险矩阵的后果严重性和可能性的判断应该由一个有经验的团队讨论后作出,团队中的每一个成员应该接受过风险矩阵方法的培训。

(4) 对风险等级的判定存在争议,且风险等级又可能属于高风险时,建议借助事故后果模拟技术,并基于设备失效历史统计数据,或者通过事件树方法,确定其发生可能性,必要时可利用其他更细致的定量风险评估技术,力求准确判定风险等级。

风险矩阵方法非常依赖于人员的经验和知识,因此由于分析团队中成员的经验和认识不同,评估某个事故剧情的风险等级也会产生差异。但是不能随意地调整可能性等级和严重性等级,更不要为了刻意强调某类危险或者风险,而有意主观地调整风险等级。

另外,风险矩阵和风险等级的确定并不是HAZOP分析的唯一目标,HAZOP分析的目的仍是为了辨识工艺系统中存在的危险及其发生途径。但HAZOP分析中使用风险矩阵方法能够为评估现有保护措施能否将事故剧情风险降低到可接受水平,以及优化配置用于进一步降低风险的资源提供有效途径。

2.3.3　风险矩阵应用案例

用于 HAZOP 分析的风险矩阵包括事故后果严重程度分级规则、发生可能性分级规则、风险等级说明和风险矩阵等几部分内容。下面以企业标准《工艺危险分析管理规范》（Q/SY 1362—2011）附录 E 提供的表格为例进行详细说明。风险矩阵频率等级规则如表 2.6 所示，严重性等级规则如表 2.7 所示，风险等级划分标准如表 2.8 所示，风险矩阵如图 2.3 所示。

表 2.6　事故发生频率等级表

频率等级（L）	硬件控制措施	软件控制措施	频率（F）说明
1	(1) 两道或两道以上的被动防护系统，互相独立，可靠性较高。 (2) 有完善的书面检测程序，进行全面的功能检查，效果好、故障少。 (3) 熟悉掌握工艺，过程始终处于受控状态。 (4) 稳定的工艺，了解和掌握潜在的危险源，建立完善的工艺和安全操作规程	(1) 清晰、明确的操作指导，制定了要遵循的纪律，错误被指出并立刻得到更正，定期进行培训，内容包括正常、特殊操作和应急操作程序，包括了所有的意外情况。 (2) 每个班组都有多个经验丰富的操作工、理想的压力水平。所有员工都符合资格要求，员工爱岗敬业，清楚了解并重视危险源	现实中预期不会发生（在国内行业内没有先例）$<10^{-4}$/a
2	(1) 两道或两道以上，其中至少有一道是被动和可靠的。 (2) 定期的检测，功能检查可能不完全，偶尔出现问题。 (3) 过程异常不常出现，大部分异常的原因被弄清楚，处理措施有效。 (4) 合理的变更，可能是新技术带有一些不确定性，高质量的工艺危险分析 PHAs	(1) 关键的操作指导正确、清晰，其他的则有些非致命的错误或缺点，定期开展检查和评审，员工熟悉程序。 (2) 有一些无经验人员，但不会全在一个班组。偶尔的短暂的疲劳，有一些厌倦感。员工知道自己有资格做什么和自己能力不足的地方，对危险源有足够认识	预期不会发生，但在特殊情况下有可能发生（国内同行业有过先例）$10^{-3}\sim10^{-4}$/a
3	(1) 一个或两个复杂的、主动的系统，有一定的可靠性，可能有共因失效的弱点。 (2) 不经常检测，历史上经常出问题，检测未被有效执行。 (3) 过程持续出现小的异常，对其原因没有全搞清楚或进行处理。较严重的过程（工艺、设施、操作过程）异常被标记出来并最终得到解决。 (4) 频繁的变更或新技术应用，PHAs 不深入，质量一般，运行极限不确定	(1) 存在操作指导，没有及时更新或进行评审，应急操作程序培训质量差。 (2) 可能一班半数以上都是无经验人员，但不常发生。有时出现的短时期的班组群体疲劳，较强的厌倦感。员工不会主动思考，员工有时可能自以为是，不是每个员工都了解危险源	在某个特定装置的生命周期里不太可能发生，但有多个类似装置时，可能在其中的一个装置发生（集团公司内有过先例）$10^{-2}\sim10^{-3}$/a

续表

频率等级(*L*)	硬件控制措施	软件控制措施	频率(*F*) 说明
4	(1) 仅有一个简单的主动的系统,可靠性差。 (2) 检测工作不明确,没检查过或没有受到正确对待。 (3) 过程经常出现异常,很多从未得到解释。 (4) 频繁地变更及新技术应用。进行的PHAs不完全,质量较差,边运行边摸索	(1) 对操作指导无认知,培训仅为口头传授,不正规的操作规程,过多的口头指示,没有固定成形的操作,无应急操作程序培训。 (2) 员工周转较快,个别班组一半以上为无经验的员工。过度的加班,疲劳情况普遍,工作计划常常被打乱,士气低迷。工作由技术有缺陷的员工完成,岗位职责不清,员工对危险源有一些了解	在装置的生命周期内可能至少发生一次(预期中会发生) 10^{-1} ~ 10^{-2}/a
5	(1) 无相关检测工作。 (2) 过程经常出现异常,对产生的异常不采取任何措施。 (3) 对于频繁地变更或新技术应用,不进行PHAs	(1) 对操作指导无认知,无相关的操作规程,未经批准进行操作。 (2) 人员周转快,装置半数以上为无经验的人员。无工作计划,工作由非专业人员完成。员工普遍对危险源没有认识	在装置生命周期内经常发生,大于 10^{-1}/a

表 2.7 事故后果严重程度等级表

等级	员工伤害	财产损失	环境影响
1	没有员工伤害或只有轻伤,但没有重伤和死亡	一次造成直接经济损失人民币不足 50 万元	事故影响仅限于生产区域内,没有对周边环境造成影响
2	造成重伤、急性工业中毒,但没有死亡	一次造成直接经济损失人民币 50 万元以上 100 万元以下	因事故造成周边环境轻微污染,没有引起群体性事件
3	一次死亡 1~2 人,或者 3~9 人中毒(重伤)	一次造成直接经济损失人民币 100 万元以上 500 万元以下	(1) 因事故造成跨县级行政区域纠纷,引起一般群体性影响; (2) 发生在环境敏感区的油品泄漏量 1t 以下,以及在非环境敏感区油品泄漏量 10t 以下,造成一般污染的事故
4	一次死亡 3~9 人,或者 10~49 人中毒(重伤)	一次造成直接经济损失人民币 500 万元以上 1000 万元以下	(1) 因事故造成跨地级行政区域纠纷,使得当地经济、社会活动受到影响; (2) 发生在环境敏感区的油品泄漏量 1~10t,以及在非环境敏感区油品泄漏量 10~100t,造成较大污染的事故

续表

等级	员工伤害	财产损失	环境影响
5	一次死亡 10 人以上，或者 50 人以上中毒(重伤)	一次造成直接经济损失人民币 1000 万元以上	(1) 事故使得区域生态功能部分丧失或濒危物种生存环境受到污染； (2) 事故使得当地经济、社会活动受到严重影响，疏散群众 1 万以上； (3) 因事故造成重要河流、湖泊、水库及海水域大面积污染，或县级以上城镇水源地取水中断； (4) 发生在环境敏感区的油品泄漏量超过 10t，以及在非环境敏感区油品泄漏量超过 100t，造成重大污染事故

表 2.8　风险等级划分标准

风险等级	分值	描述	需要的行动	PHA 改进建议
Ⅳ级风险	15～25	严重风险 (绝对不能容忍)	必须通过工程和/或管理上的专门措施，限期(不超过 6 个月)把风险降低到级别Ⅱ或以下	需要并制定专门的管理方案予以削减
Ⅲ级风险	10～14	高度风险 (难以容忍)	应当通过工程和/或管理上的控制措施，在一个具体的时间段(12 个月)内，把风险降低到级别Ⅱ或以下	需要并制定专门的管理方案予以削减
Ⅱ级风险	5～9	中度风险(在控制措施落实的条件下可以容忍)	具体依据成本情况采取措施。需要确认程序和控制措施已经落实，强调对它们的维护工作	个案评估。评估现有控制措施是否均有效
Ⅰ级风险	1～4	可以接受	不需要采取进一步措施降低风险	不需要。可适当考虑提高安全水平的机会(在工艺危险分析范围之外)

事故发生概率等级						
	5	Ⅰ 5	Ⅲ 10	Ⅳ 15	Ⅳ 20	Ⅳ 25
	4	Ⅰ 4	Ⅱ 8	Ⅲ 12	Ⅳ 16	Ⅳ 20
	3	Ⅰ 3	Ⅱ 6	Ⅱ 9	Ⅲ 12	Ⅳ 15
	2	Ⅰ 2	Ⅰ 4	Ⅱ 6	Ⅱ 8	Ⅲ 10
	1	Ⅰ 1	Ⅰ 2	Ⅰ 3	Ⅰ 4	Ⅱ 5
风险矩阵		1	2	3	4	5
		事故后果严重程度等级				

图 2.3　风险矩阵

思 考 题

1. 管道仪表流程图(P&ID)和工艺流程图(PFD)有什么不同?

2. HAZOP 分析工作表中需要记录管道仪表流程图的版次吗?为什么?

3. 如果某氯化反应装置没有设置自动控制系统,而该装置操作人员非常希望利用 HAZOP 分析方法识别出工艺系统可能出现的问题,则对此类装置的 HAZOP 分析应如何开展?

4. HAZOP 分析中应该如何考虑仪表控制回路故障,及其对工艺系统运行状态的影响?

5. 什么是事故剧情?事故剧情是如何构成的?

6. HAZOP 分析时应该如何考虑预防性保护措施、减缓性保护措施、限制和控制措施对事故剧情的影响?

7. 如何识别初始事件?如何确定初始事件频率?HAZOP 分析时如何使用初始事件频率?

8. HAZOP 分析时如何考虑人为失误及其发生可能性?

9. 通常应从哪些方面评估后果事件造成的影响?在进行事故后果分级时,一般需要考虑哪些因素?

10. 风险矩阵方法有何优点?如何构建风险矩阵?

11. 能否把其他公司或文献公布的风险矩阵直接照搬到自己公司使用?

12. 利用风险矩阵方法评估事故剧情的风险时,是否需要考虑已有的安全保护措施?如何考虑安全保护措施对风险等级的影响?

13. 如何在 HAZOP 分析工作表中记录事故剧情的事件序列,从而使得风险矩阵评估每个事故剧情的风险等级更加清晰、直观、层次分明?

14. 对一个大型化工集团公司而言,公司总部和下属各分公司是否有必要分别制定各自层面的风险矩阵?

第3章 HAZOP分析准备

要点导读

HAZOP分析团队的组成对于HAZOP分析的成败及质量起决定性作用。HAZOP分析对HAZOP分析团队的每个成员都有专业、能力和经验要求。HAZOP分析主席是HAZOP分析团队的组织者、协调者、指导者和总结者。HAZOP分析主席必须具有相当的经验、知识、管理能力和领导能力。

HAZOP分析前要明确HAZOP分析的对象和范围，要制定HAZOP分析的时间表。HAZOP分析会议准备工作主要是提供相应的文件和资料，其中最重要的是管道和仪表流程图，即P&ID。会议室应当大小合适且设施齐全。

HAZOP分析由多专业组成的团队以会议的方式进行，团队成员必须具有足够的经验和知识，这样大部分问题能够在分析会上得到解答。无论是业主还是承包商都应对HAZOP分析团队成员进行认真的选择，并赋予他们充分的权限。

3.1 HAZOP分析团队组建

HAZOP分析工作是一项团队工作，对于工艺装置的设计过程，没有任何其他工作比HAZOP分析更能体现团队协作的重要性。

HAZOP分析的目的是对工艺装置的本质安全性进行检查。本质安全是工艺装置的一个内在属性。如果工艺装置的本质安全方面存在缺陷和隐患，一旦工艺装置因此发生事故，那么这个事故就有可能是灾难性的。安全管理的决定性五个要素是人、机、料、法、环。HAZOP分析工作必须由一些“人”去完成，并且对这些人的能力、专业有相当的要求。要把这些人有效地组织起来，形成一个“团队”。这个“团队”的任务就是去查找工艺装置的危险源、分析安全措施的有效性，工作成果就是产生一份能够得到各方认可的、高质量的HAZOP分析报告。

现代的项目管理模式讲究事先策划。HAZOP分析工作是项目管理的一项至关重要的工作，是一个非常重要的环节。因此在对项目管理进行策划时，必须对HAZOP分析工作进行策划。而如何组建HAZOP分析团队是一项重要的策划工作，这必须在项目的早期阶段明确。HAZOP分析团队的组建主要有两种模式：

一是第三方主导模式。业主发起HAZOP分析工作，但该项工作的实施由业主委托第三方完成。由第三方负责代表业主组织和完成HAZOP分析工作，设计方或项目执行方配合HAZOP分析工作。在这种情况下HAZOP分析主席和记录员一般来自第三方。这种组织模式的好处是HAZOP分析工作具有一定的独立性。缺点是第三方往往对业主的管理模式、操作规程和实践经验不熟悉。这里的“业主”是相对的概念。有时业主会委托另外一方代替业主进行项目管理，那么代替业主进行项目管理的一方也可以称为“业主”。

二是自主完成模式。一些有实力的国际石油化工公司有时选择自己完成HAZOP分析工作。这些公司往往在过程安全管理方面，特别是HAZOP分析方面有长期积累的经验和长期培养的人力资源。在这种情况下，HAZOP分析团队的核心人物如HAZOP分析主席、操作专家往往从集团的某个现有工厂或某个部门抽调过来。这些人长期在该集团公司工作，通常具有相当的经验和知识。这种组建模式的优点是集团内部的经验能够共享，有利于不断增强HAZOP分析核心人员的能力。这种模式也能节省时间。

无论哪种模式，HAZOP分析工作的第一责任人都应该是业主，发起人也应该是业主。这项工作要么自己组织，要么通过正式的合同要求第三方完成。

HAZOP分析团队应该具有一定的独立性。这种独立性能够使HAZOP分析更严格、更客观。

3.2 HAZOP分析团队成员资格、能力与职责

一般而言，HAZOP分析团队至少包含以下成员：

(1) HAZOP分析主席

一个已经有计划的HAZOP分析能否按时完成，分析过程能否顺利进行，HAZOP分析的质量能否得以保证，往往取决于HAZOP分析主席的能力和经验。HAZOP分析主席是HAZOP分析团队的组织者、协调者、指导者和总结者。因此HAZOP分析工作要求HAZOP分析主席必须具有相当的专业知识、安全评价经验、管理能力和领导能力。

对HAZOP分析主席的基本要求是：熟悉工艺；有能力领导一支正式安全审查方面的专家队伍；熟悉HAZOP分析方法；有被证实的在石化企业进行HAZOP分析的记录，最好具有注册安全工程师专业资格或相当资格；有大型石化项目设计安全方面的经验。对于现役装置的HAZOP分析，可能要求HAZOP分析主席有装置运行和操作方面的经验。

HAZOP分析主席的任务是引导分析团队按照HAZOP分析的步骤完成分析工作。HAZOP分析主席负责HAZOP分析节点的划分，保证每个节点根据其重要性得到应有的关注。HAZOP分析主席在安排某一个特定的HAZOP分析进度时，应检查HAZOP分析所必需的文件是否已经准备好。因此，要求HAZOP分析主席熟悉一般的设计流程并了解一般设计文件的深度要求。在HAZOP分析开始前，HAZOP分析主席还要确认分析团队成员是否能够按时到位，并且已经明确了各自的任务。

在HAZOP分析会议进行过程中，HAZOP分析主席要指导记录员对分析过程进行详细且准确的记录，特别是对建议和措施的记录。在会议进行过程中，HAZOP分析主席一个很重要的任务是掌握会议的节奏和气氛，特别要避免出现“开小会”的局面。HAZOP分析主席应保证团队成员根据自己的专业特长对分析做出相应的贡献，而不能形成“一言堂”的局面。当团队成员之间就某个问题存在严重分歧而无法达成一致意见时，HAZOP分析主席应决定进一步的处理措施，如：咨询专业人员或建议进行进一步的研究等。

HAZOP 分析主席负责编辑和签署最终的 HAZOP 分析报告。

(2) 工艺工程师

工艺工程师来自于设计方、厂方或第三方。对于设计方，工艺工程师一般应是被分析装置的工艺专业负责人或主项负责人。有时候业主也会派出工艺工程师参加会议，他们一般来自相同装置或是在建装置的工艺工程师。对于在役装置的 HAZOP 分析，业主方参加 HAZOP 分析的工艺工程师应是熟悉装置改造、操作和维护的人员。在 HAZOP 分析过程中，工艺工程师的主要职责有：

- 负责介绍工艺流程，解释工艺设计目的，参与讨论；
- 落实 HAZOP 分析提出的与本专业有关的意见和建议。

(3) 工艺控制/仪表工程师

工艺控制/仪表工程师一般来自设计方，有时候业主也会派出工艺控制/仪表工程师。其主要职责有：

- 负责提供工艺控制和安全仪表系统等方面的信息；
- 落实 HAZOP 分析提出的与本专业有关的意见和建议。

(4) 专利商或供货商代表(需要时)

专利商代表一般由业主负责邀请。专利商代表负责对专利技术提供解释并提供有关安全信息，参与制定改进方案。

供货商代表主要指大型成套设备(如：压缩机组)的厂商代表。在进行详细工程设计阶段的 HAZOP 分析时，需要邀请供货商参加成套设备的 HAZOP 分析会。

(5) 操作专家/代表

一般由业主方派出。能力要求及主要职责是：

- 熟悉相关的生产装置，具有班组长及以上资历，有丰富的操作经验和分析表达能力；
- 提供相关装置安全操作的要求、经验及相关的生产操作信息，参与制定改进方案；
- 落实并完成 HAZOP 分析提出的有关安全操作的要求。

(6) 秘书或记录员

记录员的重要任务是对 HAZOP 分析过程进行清晰和正确的记录，包括识别的危险源和可操作性问题以及建议的措施。因此建议由设计方、厂方或第三方的一名工艺工程师担任 HAZOP 分析记录员。HAZOP 分析记录员应该熟悉常用的工程术语，如果用计算机辅助 HAZOP 分析软件进行记录的话，HAZOP 分析记录员应对软件进行熟悉并且具有快捷的计算机文字输入能力。在进行 HAZOP 分析的过程中，记录员在主席的指导下进行记录。

(7) 安全工程师

安全工程师主要是协助项目经理/设计经理计划和组织 HAZOP 分析活动，协调和管理 HAZOP 分析报告所提意见和建议的落实。负责跟踪并定期发布 HAZOP 分析报告意见和建议的关闭情况。

(8) 其他专业人员

- 按需参加 HAZOP 分析活动，负责提供有关信息；
- 落实 HAZOP 分析报告中与本专业有关的意见和建议。

3.3 HAZOP分析目标确定

HAZOP分析的目标是在一个既定的时间段内对被分析的工艺装置进行安全分析，识别工艺危险，检查相应安全措施的充分性。因此HAZOP分析是安全检查的一种，它的目的不是代替设计人员进行设计。

3.4 HAZOP分析范围确定

在HAZOP分析会议开始前，必须明确HAZOP分析范围。HAZOP分析范围往往是一套工艺装置、一个单元或一些设计变更等。HAZOP分析范围由业主与设计单位共同确定。

3.5 HAZOP分析时间进度表

HAZOP分析是需要时间的。HAZOP分析作为一项团队工作，需要几个人开会完成。因此需要对HAZOP分析会议进行准备，其中一项重要事情就是确定HAZOP分析会议的开始和结束时间。对于新建工艺装置，一般由业主委托有资质的设计单位进行工程设计。由于工期要求和设计单位各专业之间工作衔接的需要，确定合适的HAZOP分析时机和时间进度尤为重要。对于新建装置，一般都由业主、安全工程师与工艺工程师共同协商一个HAZOP分析时间进度表，经项目经理或负责人批准后方发布给相关方。相关方应根据自己所承担的任务开展准备工作。

3.6 HAZOP分析所需图纸和技术资料

一旦决定进行HAZOP分析，能否按时进行HAZOP分析主要取决于HAZOP分析所需的技术资料的准备程度。一般来讲，进行HAZOP分析需要以下技术资料：

(1) 项目或工艺装置的设计基础。主要包括装置的原辅材料、产品、工艺技术路线、装置生产能力和操作弹性、公用工程、自然条件、上下游装置之间的关系等方面的信息以及设计所采用的技术标准及规范。

(2) 工艺描述。工艺描述是对工艺过程本身的描述，一般是根据原料加工的顺序和操作工况进行表述。工艺描述是工艺装置的核心技术文件之一。工艺描述从工艺包阶段就已经生成。对于在役装置的HAZOP分析，由于工艺装置可能进行过改扩建或变更，因此能够获得完整、准确的工艺描述尤为重要。

(3) 管道和仪表流程图(P&ID)。在设计阶段，工艺专业会产生几个版次的P&ID。在基础设计阶段有内部审查版(A版)、提出条件版(B版)、供业主审查版(0版)，详细工程设计阶段有1、2、3版。主流程的HAZOP分析一般在基础设计阶段进行，P&ID的深度应该接近0版，一般项目组会单独出一版供HAZOP分析的P&ID。成套设备的HAZOP分析一般在详细工程设计阶段进行，P&ID应该包含所有的设备和管线信息及控制回路。对于在役装置的 HAZOP 分析，应该获得含有变更信息的最新 P&ID。

（4）以前的危险源辨识或安全分析报告。在基础设计阶段进行 HAZOP 分析时，要检查工艺包阶段的危险源辨识或安全分析报告是否有需要在基础设计阶段落实的建议或措施。在开展详细设计阶段的 HAZOP 分析时，分析团队首先要检查基础设计阶段的安全分析报告（如 HAZOP 分析报告）是否有需要在详细设计阶段落实的建议和措施。在进行在役装置 HAZOP 分析时，要回顾设计阶段完成的 HAZOP 分析报告。

（5）物料和热量平衡。物料平衡反映了工艺过程原料和产品的消耗量、比例、相态和操作条件。工程设计都是以物料平衡和热量平衡为基础开展的。在设计阶段，只要工艺路线和规模没有发生变化，物料和热量平衡就是不变的。

（6）联锁逻辑图或因果关系表。这里主要指安全仪表系统的逻辑图和因果关系表。通过这些资料，HAZOP 分析团队可以理解联锁启动的原因和执行的动作，也可以了解联锁系统的配置。

（7）全厂总图。全厂总图体现了工艺装置单元、辅助设施的相对关系和位置。

（8）设备布置图。在平面图上显示了所有设备的位置和相对关系。

（9）化学品安全技术说明书（MSDS）。MSDS 含有物料的物理性质和化学性质，是进行工艺设计和工程设计的重要过程安全信息。在 HAZOP 分析过程中，往往会查询相关物料的 MSDS。

（10）设备数据表。设备数据表包含了工艺设备的操作条件、设计条件、管口尺寸、设备等级等各种信息。

（11）安全阀泄放工况数据表。数据表包含了安全阀、爆破片等安全泄放设施的设计工况和有关工艺数据。

（12）工艺特点。即使是生产同一种产品的工艺装置，不同专利商的工艺技术可能有自己的工艺特点，因此要注意获得这方面的资料。HAZOP 分析团队要特别注意这一点，避免犯经验主义或低估某些过程安全风险。

（13）管道材料等级规定。规定了各种温压组合工况对材料的选择要求。

（14）管线规格表。包含管线的操作条件、设计条件、材质和保温方面的信息。

（15）操作规程和维护要求。新装置可以参考已有装置，对在役装置进行 HAZOP 分析时，应获得有效版本的操作规程。

（16）紧急停车方案。

（17）控制方案和安全仪表系统说明。

（18）设备规格书。含有材质、设计温度/压力、大小/能力的有关信息。

（19）评价机构及政府部门安全要求。如：《建设项目安全设立评价报告》和《职业卫生预评价报告》提出的建议措施。

（20）类似工艺的有关过程安全方面的事故报告。对于在役装置，要特别注意搜集本装置曾经发生过的事故和未遂事件。在设计过程中也应该吸取以前的或类似装置的事故教训，避免类似的事故再次发生。

以上技术资料在 HAZOP 分析中有的是必须的，有的是起参考作用的，这取决于 HAZOP 分析所涉及的问题类型和要求的深度。可能还有其他没有列入的技术资料，例如：当 HAZOP 分析中涉及某些标准或规范时，还需要仔细了解，以便正确地引用。

3.7　HAZOP 分析会议资料和信息审查

在 HAZOP 分析会议开始几天前，HAZOP 分析主席和记录员应该对准备的资料进行检查，看是否能满足 HAZOP 分析要求。最重要的就是检查 P&ID 图纸的版次、深度及完善程度。

在 HAZOP 分析开始时，团队成员会对已有的资料进行一些讨论，互相交流一些信息。对于很多国际公司来讲，HAZOP 分析只是他们众多安全管理的一项要求或工作，在 HAZOP 分析之前，很有可能已经开展过其他安全分析工作并有相应的分析报告。那么，HAZOP 分析团队要在 HAZOP 分析开始前和分析过程中审查这些报告，重点检查安全报告内是否有需要在当前设计阶段落实的建议和措施。

3.8　HAZOP 分析会场及条件

HAZOP 分析是一项重要的安全审核工作，它是一项正式的安全活动，因此在会议室准备方面也不能忽视。首先应根据参加 HAZOP 分析人员的多少估计会场的大小，一般要选择一个能容纳 12~13 人的会议室。会议室应尽量选择在安静的地方。会议室应该有投影仪、笔记本电脑、黑板、翻页纸、胶带等。有时候要考虑在墙上悬挂大号的 P&ID 图纸，所以要求会议室的墙壁不能有影响悬挂的物件。HAZOP 分析是一项非常耗费精力的工作，必须安排适当的休息时间。会议室一般要准备茶水、咖啡、水果和甜点等。

3.9　HAZOP 分析会议注意事项

为了保证 HAZOP 分析的顺利进行，在 HAZOP 分析会议开始前，特别是第一天，HAZOP 分析主席和记录员一般会稍早到会议室进行一些准备工作，检查所需的资料是否齐全，悬挂图纸等。

所有参会人员都应准时到会。在会议进行过程中不能“开小会”，不要窃窃私语，所表达的观点应清晰传递给所有参会人员。所有参会人员应在主席的引导下进行讨论，不可以藐视主席的权威和指示。

应该预先计划每个分析节点平均需要的时间，例如：每个节点大约 2~3 小时。建议每天会议时间 4~6 小时，并且每隔 1~1.5 小时休息 10 分钟。对于大型装置或工艺过程，可以考虑组成多个分析组同时进行。

会议过程中应关闭手机或将手机设为震动模式。

一般来讲，在进行 HAZOP 分析第一天的开始，HAZOP 分析主席应对参会人员进行一个简短的培训，介绍 HAZOP 分析的程序和注意事项。

3.10 先前事故资料的整理收集

从原则上讲，在设计过程中应该吸取以前的或类似装置的事故教训，避免类似的事故再次发生。HAZOP 分析提供了一个很好的机会。HAZOP 分析团队成员一般具有丰富的经验，了解很多事故信息，可以为 HAZOP 分析提供有益的帮助。特别是操作专家，他们一般对被分析的工艺装置有丰富的操作经验，不但了解一些事故，更了解一些未遂事件。这些未遂事件因为没有形成事故，而没有被彻底调查、公布和分析。

思 考 题

1. HAZOP 分析团队一般由哪些人组成？
2. HAZOP 分析主席的主要职责是什么？有哪些能力要求？
3. 一般来讲，HAZOP 分析的发起者是谁？
4. 对于 HAZOP 分析，业主一般会派什么人参加？
5. HAZOP 分析的主要目的是帮助设计人员进行设计吗？为什么？
6. 举例说明 HAZOP 分析的范围是什么？
7. HAZOP 分析时间进度表一般如何确定？
8. 进行 HAZOP 分析一般要准备哪些资料？哪些是必须的？
9. 在进行 HAZOP 分析会议时，参会人员要注意哪些事情？
10. 在进行 HAZOP 分析时，为什么要对以前或类似的事故进行回顾？

第 4 章　HAZOP 分析方法

要点导读

HAZOP 分析方法是一种被广泛应用的定性的工艺危险分析方法，是一个正式的、有组织的工作过程。HAZOP 分析通常由项目负责人启动，包括4个基本步骤：HAZOP 分析的界定、HAZOP 分析的准备、HAZOP 分析会议以及 HAZOP 分析文档、跟踪、关闭和审查。本章详细地阐述了如何进行 HAZOP 分析及 HAZOP 分析会议的步骤，并对每一步骤进行重点说明。给出了较为详细的中试装置操作阶段 HAZOP 分析应用实例。介绍了提高 HAZOP 分析质量和效率的经验技巧，以及 HAZOP 分析的常见问题与关注点。

HAZOP 分析通常由项目负责人(项目经理)启动。项目负责人应确定开展分析的时间，确定分析团队主席，并提供开展分析必需的资源。由于法律规定或公司政策要求，通常在正常的项目计划期间已确定需要开展此类分析。分析完成后，项目负责人应指派具有适当权限的人负责确保分析得出的建议或措施得以执行。HAZOP 分析包括 4 个基本步骤，见图 4.1。

4.1　HAZOP 分析的界定

4.1.1　确定 HAZOP 分析范围与目的

进行 HAZOP 分析的界定，首先要确定 HAZOP 分析范围，就是要确定对哪些工艺装置、单元和公用工程及辅助设施进行 HAZOP 分析。要明确 HAZOP 分析是对哪些管道仪表流程图(P&ID)和相关资料进行的分析。确定 HAZOP 分析范围要考虑多种因素，主要包括：

- 系统的物理边界及边界的工艺条件；
- 分析处于系统生命周期的哪个阶段；
- 可用的设计说明及其详细程度；
- 系统已开展过的任何工艺危险分析的范围，不论是 HAZOP 分析还是其他相关分析；
- 适用于该系统的法规要求或企业内部规定。

进行 HAZOP 分析的界定，要确定 HAZOP 分析的目的。HAZOP 分析的是检查和确认设计是否存在安全和可操作性问题以及已有安全措施是否充分，HAZOP 分析不以修改设计方案为目的，提出的建议措施是对原设计的补充与完善。将 HAZOP 分析的焦点严格地集中于辨识危险，能够节省精力，并在较短的时间内完成。确定 HAZOP 分析目的时要考虑以下因素：

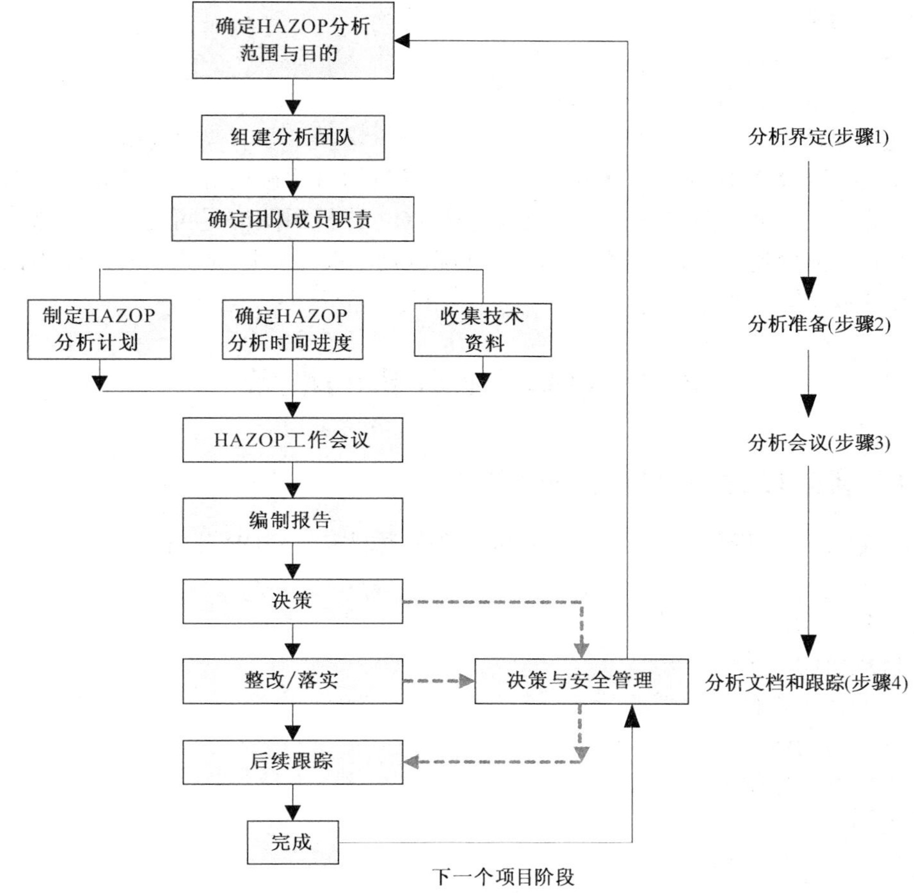

图 4.1 HAZOP 分析步骤图

- 分析结果的应用目的；
- 可能处于风险中的人或财产，如：员工、公众、环境、系统；
- 可操作性问题，包括影响产品质量的问题；
- 系统所要符合的标准，包括系统安全和操作性能两个方面的标准。

4.1.2 组建 HAZOP 分析团队

HAZOP 分析团队应主要包括业主、设计方和承包商等方面的人员。

HAZOP 分析团队一般具体包括以下成员：

- HAZOP 分析主席；
- 记录员(通常兼秘书职责)；
- 工艺工程师；
- 过程控制/仪表工程师；
- 操作专家/代表；
- 安全工程师；

- 设计工程师;
- 机械设备工程师;
- 专利商或供货商代表(需要时);
- 其他专业人员。

HAZOP 分析需要团队成员的共同努力，每个成员均有明确的分工。要求团队成员具有分析所需要的相关技术、操作技能以及经验。HAZOP 分析团队应尽可能小。通常一个分析团队至少 4 人，很少超过 8 人。团队越大，进度越慢。关于团队成员资格与能力的相关内容，详细参考本书第 3 章。

4.2 HAZOP 分析的准备

4.2.1 制定 HAZOP 分析计划和进度

在进行 HAZOP 分析前，由 HAZOP 分析主席负责制定 HAZOP 分析计划。具体应包括如下内容:

- 分析目标和范围;
- 分析成员的名单;
- 详细的技术资料;
- 参考资料的清单;
- 管理安排、HAZOP 分析会议地点;
- 要求的记录形式;
- 分析中可能使用的模板。

应提供合适的房间设施、可视设备及记录工具，以便会议有效地进行。第一次会议前，宜对分析对象开展现场调查，HAZOP 分析主席应将包含分析计划及必要参考资料的简要信息包分发给分析团队成员，便于他们提前熟悉内容。HAZOP 分析主席可以安排人员对相关数据库进行查询，收集相同或相似的曾经出现过的事故案例。

在 HAZOP 分析的计划阶段，HAZOP 分析主席应提出要使用的引导词的初始清单，并针对系统分析所提出的引导词，确认其适宜性；应仔细考虑引导词的选择，如果引导词太具体可能会限制思路或讨论，如果引导词太笼统可能又无法有效地集中到 HAZOP 分析中。

HAZOP 分析是一种有组织的团队活动，要求遍历工艺过程的所有关键“节点”，用尽所有可行的引导词，而且必须由团队通过会议的形式进行，是一种耗时的任务。因此，在进行 HAZOP 分析准备时，其中一项重要事情就是确定 HAZOP 分析会议的进度安排，即 HAZOP 分析会议的起始时间和工作日程安排。

此外，在 HAZOP 分析会议前，对 HAZOP 分析团队的人员应进行 HAZOP 分析培训，使 HAZOP 分析团队所有成员具备开展 HAZOP 分析的基本知识，以便高效地参与 HAZOP 分析。

4.2.2 收集 HAZOP 分析需要的技术资料

收集 HAZOP 分析需要的技术资料和数据，就是为了能对装置工艺过程本身进行非常精确的描述，使 HAZOP 分析范围明确，并使 HAZOP 分析尽可能地建立在准确的基础上。重要的技术资料和数据应当在分析会议之前分发到每个分析人员手中。

对于建设项目和科研开发的中试及放大装置，开展 HAZOP 分析所需的技术资料包括但不限于：

（1）建设项目自然条件；

（2）所有物料的危险化学品安全技术说明书（MSDS）数据；

（3）工艺设计资料：

- 工艺流程图（PFD）；
- 管道及仪表流程图（P&ID）；
- 工艺流程说明；
- 操作规程；
- 装置界区条件表；
- 装置的平面布置图；
- 爆炸危险区域划分图；
- 自控系统的联锁逻辑图及说明文件；
- 消防系统的设计依据及说明；
- 泄压、通风和排污系统及公用工程系统的设计依据及说明；
- 废弃物的处理说明；
- 设备设计的最大物料储存量；
- 工艺参数的安全操作范围
- 对设计所依据的各项标准或引用资料的说明；
- 同类装置事故案例；
- 其他相关的工艺技术信息资料。

（4）设备设计资料：

- 设备和管道数据表；
- 安全阀、爆破片等安全附件的规格书和相关文件；
- 自控系统的联锁配置资料或相关的说明文件；
- 安全设施设计资料（包括安全检测仪器、消防设施、防雷防静电设施、安全防护用具等的相关资料和文件）；
- 其他相关资料。

对于在役装置，除了上述列明的资料外，开展 HAZOP 分析还需要以下资料：

（1）装置分析评价的报告；

（2）相关的技改、技措等变更记录和检维修记录；

（3）本装置或同类装置事故记录及事故调查报告；

（4）装置的现行操作规程和规章制度；

（5）其他的资料。

收集 HAZOP 分析需要的技术资料时，应确保分析使用的资料是最新版的资料，资料应准确可靠。因为 HAZOP 分析的准确度取决于可用的技术资料与数据，这些资料与数据能准确表达所要分析的环境和相关装置。不正确的技术资料将导致不准确的结果。例如，如果北欧海上设施失效数据被用于东南亚海上设施的 HAZOP 分析，由于大气和水温不同，人的反应和设备性能也不同，那么，HAZOP 分析结果的可靠性将降低。因此，不能直接把一方面的信息数据应用于另一方面。

当所有的资料准备好时，就可以开始 HAZOP 分析。如果资料不够，会造成 HAZOP 分析进度拖延，同时不可避免地影响 HAZOP 分析结果的可信性。HAZOP 分析主席或协调者必须确保所有的资料文件在开始 HAZOP 分析之前一周准备好，所有的文件需经过校核，并具备进行 HAZOP 分析的条件。一般采用 A0 图纸作为 HAZOP 分析记录版，A3 图纸可供 HAZOP 分析团队中的其他成员使用。

HAZOP 分析所用资料和数据的详细介绍参见第 3 章相关内容。

4.3 HAZOP 分析

4.3.1 基本步骤

HAZOP 分析主席按照分析计划，组织分析会议。HAZOP 分析会议开始时，HAZOP 分析主席应进行以下工作：概述分析计划，确保分析成员熟悉系统以及分析目标和范围；概述设计描述，并解释要使用的建议偏离；审查已知的危险和可操作性问题及潜在的关注区域。

分析应沿着与分析主题相关的流程或顺序，并按逻辑顺序从物流输入端到输出物流端进行分析。HAZOP 分析的优势源自规范化的逐步分析过程。分析顺序一般采用“参数优先”。“参数优先”顺序如图 4.2 所示，可描述如下：

(1) 划分节点。HAZOP 分析主席选择某一节点作为分析起点，并做出标记。随后，由设计工程师解释该节点的设计意图，确定相关参数及要素(要素即系统一个部分的构成因素，如：物料等)。

(2) HAZOP 分析主席选择其中一个参数或要素，确定首先使用哪个引导词。

(3) 将选择的引导词与分析的参数或要素相结合，检查其解释，以确定是否有合理的偏离。如果确定了一个有意义的偏离，则分析偏离发生的原因及后果。分析后果时应假设任何已有的安全保护措施都失效，所导致的最终不利后果。

(4) HAZOP 分析团队识别系统设计中对每种偏离现有的保护、检测和显示装置(措施)，这些现有安全措施可能包含在当前节点或者是其他节点设计意图的一部分。

(5) 按照后果的潜在严重性或根据风险矩阵评估风险等级。如果认为现有安全措施已经可以把风险从降至可接受的程度，那么此危险剧情的分析到此结束。否则分析团队要提出建议安全措施使风险降至可接受的程度。风险矩阵的使用在第 2 章中有详细论述。

(6) HAZOP 分析主席应对记录员记录的文档结果进行总结。当需要进行相关后续跟踪工作时，也应记录完成该工作的负责人的姓名。

(7)然后依次将其他引导词和该参数或要素相结合，重复以上步骤(3)~(6)；然后依次对分析节点每个工艺参数或要素重复步骤(3)~(6)。一个节点分析完成后，应标记为“完成”。重复进行以上过程，直到系统所有节点分析完毕。见图 4.2。

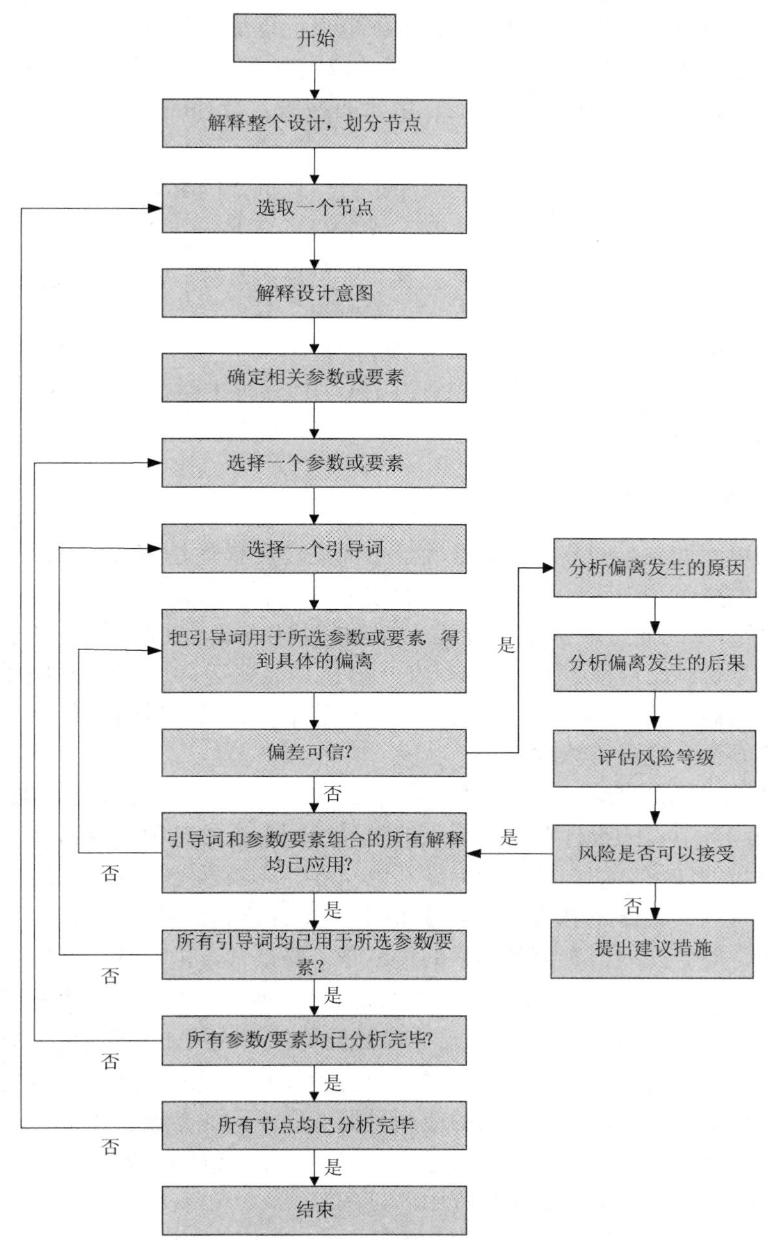

图 4.2　HAZOP 分析程序流程——“参数优先”顺序

4.3.2　节点划分

HAZOP 分析的基础是“引导词检查”，它是仔细地查找与设计意图背离的偏离。为便于分析，可将系统分成多个节点，各个节点的设计意图应能充分定义。对于连续的工艺操作过程，HAZOP 分析节点可能为工艺单元；而对于间歇操作过程来说，HAZOP 分析节点可能为操作步骤。所选节点的大小取决于系统的复杂性和危险的严重程度。复杂或高危险系统可分成较小的节点，简单或低危险系统可分成较大的节点，以加快分析进程。

对于连续工艺过程，分析节点划分时主要考虑设计意图的变化、过程化学品状态的变化、过程参数的变化、单元的目的与功能、单元的物料、合理的隔离/切断点、划分方法的一致性等因素。

节点的划分一般按照工艺流程的自然顺序进行，从进入的 P&ID 管线开始，继续直至设计意图的改变，或继续直至工艺条件的改变，或继续直至下一个设备。

上述状况的改变作为一个节点的结束，另一个节点的开始。

划分节点时要注意如果划分的范围太大，分析团队有可能陷入困境，无法深入讨论，从而忽视产生危险剧情的某个重要原因。如果划分的范围太小，则可能把时间浪费在为参数或要素重复应用引导词上。分析节点范围一般由 HAZOP 分析主席在会前进行初步划分，具体分析时与分析团队成员讨论确定。划分节点后，可用不同的颜色在 P&ID 图上加以区别。

4.3.3 设计意图描述

对需分析的单元和划分的节点进行准确且全面的设计描述是完成 HAZOP 分析的先决条件。设计描述可以是对物理设计或逻辑设计的描述，其描述内容应清晰。

HAZOP 分析结果的质量取决于设计描述(包括设计意图)的完整性、充分性和准确性。因此，在收集信息资料时应注意：如果 HAZOP 分析在装置运行、停用和拆除阶段进行，应注意确保对体系所做过的任何变更均体现在设计描述中。开始分析前，分析团队应再次审查信息资料，若有必要，应进行修改。

HAZOP 分析是对系统与设计意图偏离的缜密查找过程。为便于分析，将系统分成多个节点，并充分明确各节点的设计意图。节点的设计意图可通过各种参数和要素来表示，参数是要素定性或定量的性质，如：压力、温度和电压等。而要素是指节点的构成因素，用于识别该节点的基本特性，要素的选择取决于具体的应用，包括所涉及的物料、正在开展的活动、所使用的设备等。此外，参数和要素的关系是，要素常通过定量或定性的性质做更明确的定义。例如，在化工系统中，“物料”要素可以进一步通过温度、压力和成分等参数定义。对于“运输活动”要素，可通过行驶速率或乘客数量等性质定义。参数和要素既代表了该节点的自然划分，也体现了该节点的基本特性。分析参数和要素的选择在某种程度上是一种主观决定，为达到分析目的，可根据不同的应用目的选择不同的参数和要素。参数和要素可能是构成节点因素的定性或定量的性质，或是工艺程序中不连续的步骤或阶段，或是控制系统中的单独信号和设备元件，或是工艺过程中的设备等。

有些情况下，可以用如下方式表示划分的某一节点的设计意图：

(1) 物料的输入；

(2) 物料的处理；

(3) 产物的输出。

因此，设计意图可包含以下要素和参数：物料、生产活动、可视为该节点要素的输入原料和输出产品以及这些因素定性或定量的性质。下面将举例(本例选自《危险与可操作分析(HAZOP 分析)应用导则》)说明如何通过参数和要素对设计意图进行描述。

假设一个简单的工厂生产过程，如图 4.3 所示。物料 A 和物料 B 通过泵连续地从各自的供料罐输送至反应器，在反应器中合成并生成产品 C。假定为了避免爆炸危险，在反应器中 A 总是多于 B。完整的设计描述将包括很多其他细节，如：压力影响、反应和反应物的温度、搅拌、反应时间、泵 A 和泵 B 的匹配性等，但为简化示例，这些因素将被忽略。工厂中待分析的节点用粗线条表示。

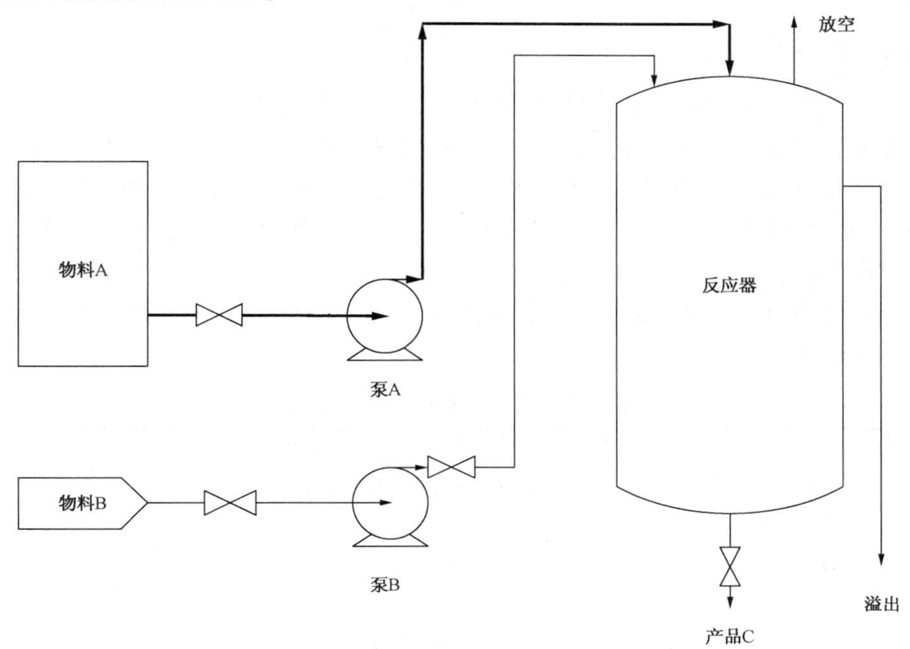

反应：A+B=C

反应器中组分 A 必须总是多于组分 B，以避免爆炸。

图 4.3　简化的工厂生产过程

分析节点是从盛有物料 A 的供料罐到反应器之间的管道，包括泵 A。节点的设计意图是连续地把物料 A 从罐中输送到反应器，A 物料的输送速率(流量)应大于 B 物料的输送速率。根据本节建议的参数和要素，设计意图可通过表 4.1 给出。

表 4.1　设计意图

物料	活动	来源	目的地
A	输送(转移)(A 速率>B 速率)	装有物料 A 的供料罐	反应器

在确定了能描述设计意图的参数和要素后，将各个引导词依次用于这些参数和要素，产生偏离，结果记录在 HAZOP 分析工作表中。在分析完此节点的所有偏离后，再选取另一节点(如：物料 B 的输送管路)，重复该过程。最终，该系统的所有节点都会通过这种方式分析完毕，并对结果进行记录。

“设计意图”构成分析的基准，应尽可能准确完整。设计意图的验证(参见 IEC61160)虽然不在 HAZOP 分析范畴内，但 HAZOP 分析主席应确认设计意图准确完整，使分析能够顺利进行。通常，HAZOP 分析所需的技术资料中对设计意图的叙述多局限于正常运行条件下系统的基本功能和参数，而很少涉及可能发生的非正常运行条件和不利的活动(如：强烈的振动、管道的水击、可能引发失效的电涌)。但是，在 HAZOP 分析期间，对这些非正常条件和不利活动应予以识别和考虑。此外，设计意图的描述中也未明确说明功能失效机理，如：老化、腐蚀和侵蚀，以及造成材料特性失效的其他机理。但是，在 HAZOP 分析期间必须使用合适的引导词对这些因素进行识别和考虑。

4.3.4 产生偏离

对于每一节点，HAZOP 分析团队以正常操作运行的参数和要素为标准值，分析运行过程中参数和要素的变动(即偏离)，这些偏离通过引导词和参数/要素组合产生。确定偏离最常用的方法是引导词法，即："偏离 = 引导词 + 参数/要素"。在 HAZOP 分析的准备阶段，HAZOP 分析主席应提出要使用的引导词的初始清单。HAZOP 分析主席应仔细考虑引导词的选择，并对提出的引导词进行验证并确认其适宜性。如果引导词太具体可能会影响分析思路或讨论，如果引导词太笼统可能又无法有效地集中到 HAZOP 分析中。不同类型的偏离和引导词及其示例见表 4.2。

表 4.2 偏离类型及其相关引导词的示例

偏离类型	引导词	过程工业实例
否定	无，空白(NO)	没有达到任何目的。如：无流量
量的改变	多，过量(MORE)	量的增多。如：温度高
	少，减量(LESS)	量的减少。如：温度低
性质的改变	伴随(AS WELL AS)	出现杂质 同时执行了其他的操作或步骤
性质的改变	部分(PART OF)	只达到一部分目的。如：只输送了部分流体
替换	相反(REVERSE)	管道中的物料反向流动以及化学逆反应
	异常(OTHER THAN)	最初目的没有实现，出现了完全不同的结果。如：输送了错误物料
时间	早(EARLY)	某事件的发生较给定时间早。如：冷却或过滤
	晚(LATE)	某事件的发生较给定时间晚。如：冷却或过滤
顺序或序列	先(BEFORE)	某事件在序列中过早的发生。如：混合或加热
	后(AFTER)	某事件在序列中过晚的发生。如：混合或加热

上述引导词有多种解释。除上述引导词外，还可能有对辨识偏离更有利的其他引导词，这类引导词如果在分析开始前已经进行了定义，就可以使用。"引导词+参数/要素"组合在不同系统的分析中、在系统生命周期的不同阶段以及当用于不同的设计描述时可能会有不同的解释。有些组合在分析中可能没有实际物理意义，应不予考虑。应明确并记录所有"引导词+参数/要素"组合的解释。如果某组合在设计中有多种解释，应列出所有解释。另一方面，有时会出现不同的组合具有相同的解释。在这种情况下，应进行适当的相互参考。

"引导词+参数/要素"的组合可视为一个矩阵，其中，引导词定义为列，参数/要素定义为行，所形成的矩阵中每个单元都是特定引导词与参数/要素的组合。为全面进行危险识别，参数和要素应涵盖设计意图的所有相关方面，引导词应能引导出所有偏离。并非所有组合都会给出有意义的偏离，因此，考虑所有引导词和参数/要素的组合时，矩阵可能会出现空格。

附录 3 给出的常用偏离表与偏离说明，供进行 HAZOP 分析时参考。

HAZOP 分析的主要目的是识别危害和潜在的危险事件序列(即事故剧情)。借助引导词与相关参数和要素的组合，分析团队可以系统、全面地识别各种异常工况，综合分析各种事故剧情，涉及面非常广泛，符合安全工作追求严谨缜密的特点。引导词的运用还有助于激发分析团队的创新思维，弥补分析团队在某些方面的经验不足。

4.3.5　后果识别

后果是指偏离造成的后果。分析后果时应假设任何已有的安全保护(如安全阀、联锁、报警、紧停按钮、放空等)，以及相关的管理措施(如作业制度、巡检等)都失效，此时所导致的最终不利后果。也就是说，分析团队应首先忽略现有的安全措施，分析在偏离所描述的事故剧情出现之后，可能出现的最严重后果。这样做的目的是能够提醒分析团队关注可能出现的最严重的后果，也就是最恶劣的事故剧情。

偏离造成的最终事故后果一般分为以下几类：

(1) 安全类。如：爆炸、火灾、毒性影响。

(2) 环境影响类。如：固相、液相、气相的环境排放，噪音影响。

(3) 职业健康类。如：对操作人员及可能影响人群的短期与长期健康影响。

(4) 财产损失类。如：设备损坏，装置停车、对下游装置的影响等。

后果也可能包括操作性问题，如：工艺系统是否能够实现正常操作、是否便于开展维护和维修、是否会导致产品质量问题或影响收率、是否增加额外的操作与检维修难度等。另外，根据不同的 HAZOP 分析对象，后果识别可能也包含对公众的影响、企业声誉的影响及工期的延误等。

从安全角度讲，后果识别时人身伤害的事故后果需要特别关注。

后果识别需要发挥 HAZOP 分析团队的知识和经验，以便 HAZOP 分析团队能够在 HAZOP 分析会议上快速地确定合理、可信的最终事故后果，而不能过分夸大后果的严重程度。此外，有的公司在标准中规定，在 HAZOP 分析的估计后果时应该保守一些，其目的是为了保证必须考虑更安全的措施。例如：假设工艺设备由于超压而发生大口径的破裂，那么危险的工艺物料将发生泄漏。在发生火灾或蒸气云爆炸前，泄漏持续的时间可能是几分钟，也可能是半个小时，甚至是 1 个小时。假设根据统计知道，类似的泄漏 80%能持续几分钟，20%是半个小时以上，那个在 HAZOP 分析过程中，HAZOP 分析团队应该假设泄漏时间在 20%的范围内。这样，可能发生火灾或爆炸的工艺物料的量就会增加，据此估计的事故是偏向保守的，据此设计的安全措施更多，装置更安全。本书附录 5 提供了常见不利后果严重度分级，可供后果识别和严重度分级参考。

另外，在某些场合下，由于初始原因直接导致的事故后果(例如容器失效、法兰/连接失效等)称为无法抑制的后果。无法抑制后果的详细描述详见第 10 章“HAZOP 分析方法的局限及进展”。

4.3.6　原因分析

原因是指引起偏离发生的原因，是产生某种影响的条件或事件。例如，对仪表信号通道的干扰事件、管道破裂、操作人员失误、管理不善或缺乏管理等。原因分析是 HAZOP 分析的重要环节，原因分析过程可以增进对事故发生机制和各种原因的了解，同时有助于确定所需要的安全措施。当一个有意义的偏离被识别，HAZOP 分析团队应对其原因进行分析。偏离可能是由单一原因或多个原因所致，通常原因可以分为以下几种：

(1) 直接原因

是指直接导致事故发生的原因。直接原因是一种简单的情况，如果直接原因得到纠正，则在同一地点再度发生相同事故时，可能加以避免。但是无法防止类似事故发生。

(2) 起作用的原因

是指对事故的发生起作用，但其本身不会导致事故发生。与起作用的原因相同的原因还有使能原因或条件原因。纠正起作用的或使能原因有助于消除将来发生的类似事故，但是解决了一次不等于所有问题都能解决。

(3) 根原因

根原因如果得到矫正，能防止由它所导致的事故或类似的事故再次发生。根原因不仅应用于预防当前事故的发生，还能适用于更广泛的事故类别。它是最根本的原因，并且可以通过逻辑分析方法识别和通过安全措施加以纠正。

为了识别根原因，可能要识别一个导致另一个的一系列相互关联的事件及其原因。沿着这个因果事件序列应当一直追溯到根部，直到识别出能够矫正错误的根原因(通常根原因是管理上存在的某种缺陷)。识别和纠正根原因将会大幅度减少或消除该事故或类似事故复发的风险。

(4) 初始原因

在一个事故序列(一系列与该事故关联的事件链)中第一个事件称为初始原因，初始原因就是在大多数安全评价方法中所指的原因，又称为初始事件或触发事件。近年来，在 HAZOP 分析和保护层分析领域将所识别的原因明确界定为初始原因或初始事件(《安全评价方法指南》，CCPS，2008)。附录 4 列出了典型初始事件发生频率，可供 HAZOP 分析时如果采用半定量的方法对初始事件及偏离可能产生的后果进行分级参考。

有关原因分析的详细描述，参见第 8 章。

此外，本书附录 8 提供了五类设备的典型事故原因以及后果的简要描述，可供 HAZOP 分析时参考。

4.3.7 现有安全措施分析

现有安全措施是指设计的工程系统、调节控制系统以及管理系统，用以避免或减轻偏离发生时所造成后果的可能性与严重度。在分析现有安全措施时，HAZOP 分析团队应关注可能出现的最严重的后果，也就是最恶劣的事故剧情，进而分析已经存在的有效安全措施。现有安全措施应是实际投用或执行的措施，应有书面材料证明其可发挥作用。安全措施应独立于偏离产生的原因，如：某个流量控制回路发生故障是造成流量高的原因，则从该控制回路获得信号的仪表或报警不能视为现有安全措施。应优先考虑硬件的现有安全措施，如本质更安全设计、基本过程控制系统、关键报警和人员响应、安全仪表系统、安全阀和爆破片、防火堤等。分析讨论的现有安全措施，在得到团队的一致确认后，应进行详细的记录。石油化工企业典型安全措施描述、说明与示例见表 4.3。

表 4.3　石油化工企业典型安全措施

安全措施	描　　述	说　　明	示　　例
本质更安全设计	从根本上消除或减少工艺系统存在的危险		容器设计可承受高温、高压等
基本过程控制系统（BPCS）	BPCS 是执行持续监测和控制日常生产过程的控制系统，通过响应过程或操作人员的输入信号，产生输出信息，使过程以期望的方式运行。由传感器、逻辑控制器和最终执行元件组成	BPCS 可以提供三种不同类型的安全功能作为独立保护层（IPL）： ① 连续控制行动。保持过程参数维持在规定的正常范围以内，防止初始事件（IE）发生。 ② 报警行动。识别超出正常范围的过程偏离，并向操作人员提供报警信息，促使操作人员采取行动（控制过程或停车）。 ③ 逻辑行动。行动将导致停车，使过程处于安全状态	压力、温度、流量、液位等 BPCS 控制
关键报警和人员响应	关键报警和人员响应是操作人员或其他工作人员对报警响应，或在系统常规检查后，采取的防止不良后果的行动		
安全仪表功能（SIF）	安全仪表功能通过检测超限（异常）条件，控制过程进入功能安全状态。一个安全仪表功能由传感器、逻辑控制器和最终执行元件组成，具有一定的安全完整性等级（SIL）	安全仪表功能 SIF 在功能上独立于 BPCS。SIL 分级可见 GB/T 21109	① 安全仪表功能 SIL1； ② 安全仪表功能 SIL2； ③ 安全仪表功能 SIL3
物理保护	提供超压保护，防止容器的灾难性破裂	包括安全阀、爆破片等，其有效性受服役条件的影响较大	① 单个簧式安全阀，处于清洁的服役环境，未出现过堵塞或污垢，安全阀前后无截止阀或截止阀的开/关是可以监控的状态。 ② 双冗余弹簧式安全阀，处于清洁的服役环境，安全阀尺寸应满足危险场景发生时的泄放量要求，安全阀前后无截止阀。 ③ 为满足泄放量要求安装多个安全阀。 ④ 单个弹簧式安全阀，处于潜在堵塞的服役环境。 ⑤ 先导式安全阀，处于清洁的服役环境，未出现过堵塞或污垢。 ⑥ 和爆破片串联的弹簧式安全阀等

续表

安全措施	描　述	说　明	示　例
释放后保护设施	释放后保护设施是指危险物质释放后，用来降低事故后果(如大面积泄漏扩散、受保护设备和建筑物的冲击波破坏、容器或管道火灾暴露失效、火焰或爆轰波穿过管道系统等)的保护设施		如可燃气体和有毒气体检测报警系统、便携式可燃气体和有毒气体检测报警器、火灾报警系统、电视监视系统、紧急切断阀、防火堤、防爆墙或防爆舱、耐火涂层、阻火器、隔爆器、水幕、自动灭火系统等
工厂和社区应急响应	在初始释放之后被激活，其整体有效性受多种因素影响		主要包括固定灭火系统、消防队、人工喷水系统、工厂撤离、社区撤离、避难所和应急预案等

4.3.8　评估风险等级

评估风险等级是 HAZOP 分析的重要环节，因为 HAZOP 分析团队要判断一个危险剧情的现有安全措施是否充分，从而判断是否已经把风险降低到了可以接受的程度。如果认为现有安全措施已经可以把风险从降至可接受的程度，那么此危险剧情的分析到此结束。如果 HAZOP 分析团队认为现有安全措施不能使风险降至可接受的程度，那么分析团队要提出一个或若干个建议安全措施。这种判断很大程度上要依靠 HAZOP 分析团队的经验、知识和能力，并且要最终取得一致意见。

对于偏离导致的每一种后果，都应进行风险等级评估。进行 HAZOP 分析时最常用的风险等级评估工具就是风险矩阵。风险矩阵的详细介绍参见第 2 章。此外，对于评估出的高后果或高风险危险事件，宜开展保护层分析(LOPA)和安全仪表功能的安全完整性等级(SIL)评估。

4.3.9　提出建议措施

建议措施是指改进设计、操作规程，增加或减少安全保护措施，或者进一步进行分析研究等。在 HAZOP 分析过程中，当发现现有安全措施不能使风险降至可接受的程度，即现有安全措施不充分时，HAZOP 分析团队应提出建议措施。这些建议措施可以是有助于消除危险的本质安全策略、工程措施、行政管理措施或个人防护措施等，也可以建议对某个方面开展专项评估，还可以建议进一步开展半定量或定量的评估。当 HAZOP 分析团队提出建议措施，还需确认这些建议是有效的、可度量的、可以接受的、能够实现的及可以跟踪的。任何建议措施的表述必须与分析过程有相关性，内容清楚、毫不模糊。建议措施的责任方可能并未参加会议，如果存在对记录内容的误解，就会浪费时间和精力。应根据风险等级评估结果确定是否提出建议措施。提出建议措施后，应得到整个团队成员的共同认可，并制定相应的责任人和完成时间。第 9 章所述内容可以为 HAZOP 分析时分析现有安全措施及提出建议安全措施提供参考。

4.4　HAZOP 分析文档、跟踪和审查

HAZOP 分析的主要优势在于它是一种系统、规范且文档化的方法。为从 HAZOP 分析中得到最大收益，应做好分析结果记录、形成文档并做好后续管理跟踪。HAZOP 分析主席负责确保每次会议均有适当的记录并形成文件。

4.4.1　HAZOP 分析表

分析记录是 HAZOP 分析的一个重要组成部分，负责会议记录的人员应根据分析讨论过程提炼出恰当的结果，记录所有重要的信息。通常 HAZOP 分析会议采用表格形式记录，表格示例如表 4.4 所示。

表 4.4　HAZOP 分析记录表(一)

公司名称		装置名称		日期	
工艺单元		分析组成员		图纸号	
节点编号					
节点名称					
节点设计意图					

表 4.4　HAZOP 分析记录表(二)

序号	引导词与参数	偏离	原因	后果	现有安全措施	*S*	*L*	*RR*	建议编号	建议类别	建议	负责人

注：*S* 表示严重度，*L* 表示可能性，*RR* 表示风险等级。

HAZOP 分析可以分为以下 2 种记录方法：

(1) 原因到原因记录法

在原因到原因记录法中，原因、后果、现有安全措施、建议安全措施之间有准确的对应关系。分析团队可以找出某一偏离的各种原因，每种原因对应着某个(或几个)后果及其相应的现有安全措施设施。原因到原因记录法的优点是记录准确，减少歧义；缺点是费时，有较多重复记录，记录文件繁琐。原因到原因记录法如表 4.5 所示。

表 4.5　原因到原因的 HAZOP 分析记录表

偏离	原因	后果	现有安全措施	建议安全措施
偏离 1	原因 1	后果 1 后果 2	现有安全措施 1 现有安全措施 2 现有安全措施 3	不需要
	原因 2	后果 1	现有安全措施 1	建议安全措施 1
	原因 3	后果 2	无	建议安全措施 2

（2）偏离到偏离记录法

在偏离到偏离记录法中，所有的原因、后果、安全保护、建议措施都与一个特定的偏离联系在一起，但该偏离下单个的原因、后果、保护装置之间没有对应关系，因此，对某个偏离所列出的所有原因并不一定产生所列出的所有后果。采用偏离到偏离记录法得到的 HAZOP 分析记录表需要阅读者自己推断原因、后果、保护设施及建议措施之间的关系。偏离到偏离记录法的优点是省时、记录文件简短；缺点是容易产生歧义。偏离到偏离记录法如表 4.6 所示。

表 4.6　偏离到偏离的 HAZOP 分析记录表

偏离	原因	后果	现有安全措施	建议安全措施
偏离 1	原因 1 原因 2 原因 3	后果 1 后果 2	现有安全措施 1 现有安全措施 2 现有安全措施 3	建议安全措施 1 建议安全措施 2

无论采用哪种 HAZOP 分析记录方法，记录的信息都应符合以下要求：

（1）应分条记录每一个危险与可操作性问题。

（2）应记录所有的危险和可操作性问题产生的原因，以及不考虑系统中现有安全措施的情况下所能导致的最终事故后果。应记录分析团队提出的需会后研究的每个问题以及负责答复这些问题的人员姓名。

（3）应采用一种编号系统以确保每个危险、可操作性问题、疑问和建议等有唯一的标识。

（4）分析文档应存档以备需要时检索。

4.4.2　HAZOP 分析报告

HAZOP 分析报告一般包括以下部分：

（1）封面。包括编制人、编制日期、版次等。

（2）目录。

（3）正文。至少包括以下内容：

- 项目概述；
- 工艺描述；
- HAZOP 分析程序；
- HAZOP 分析团队人员信息；
- 分析范围、分析目标和节点划分；
- 风险可接受标准；
- 总体性建议；
- 建议措施说明。

（4）附件。至少包括以下内容：

- 带有节点划分的 P&ID；
- 建议措施汇总表；
- 技术资料清单；
- 分析记录表。

HAZOP 分析报告编制完成后，还应注意检查是否包含以下内容：

- 识别出的危险与可操作性问题的详情，以及相应的保护措施的细节；
- 如果有必要，对需要采取不同技术进行深入研究的设计问题提出建议；
- 对分析期间所发现的不确定情况的处理行动；
- 基于分析团队具有的系统相关知识，对发现的问题提出的建议措施(若在分析范围内)；
- 对操作和维护程序中需要阐述的关键点的提示性记录；
- 参加每次会议的团队成员名单；
- 所有分析节点的清单以及排除系统某部分的基本原因；
- 分析团队使用的所有图纸、说明书、数据表和报告等的清单(包括引用的版本号)。

HAZOP 分析的报告初稿完成后，应分发给 HAZOP 分析团队成员审阅，HAZOP 分析主席根据团队成员反馈意见进行修改。修改完毕，经所有成员签字确认后，提交给项目委托方、后续行动/建议的负责人及其他相关人员。

4.4.3 后续跟踪和职责

项目委托方应对 HAZOP 分析报告中提出的建议措施进行进一步的评估，并做出书面回复。对每条具体建议措施选择可采用完全接受、修改后接受或拒绝接受的形式。如果修改后接受或拒绝接受建议，或采取另一种解决方案、改变建议预定完成日期等，应形成文件并备案。

出现以下条件之一，可以拒绝接受建议：

- 建议所依据的资料是错误的；
- 建议不利于保护环境、保护员工和承包商的安全和健康；
- 另有更有效、更经济的方法可供选择；
- 建议在技术上是不可行的。

HAZOP 分析的目的并非要对系统进行重新设计。通常，HAZOP 分析主席没有权限确保分析团队的建议能得到执行。

依据 HAZOP 分析结果提出的重大变更执行前，一旦具有可用的变更(修订)文件，项目负责人(项目经理)应考虑再召集 HAZOP 分析团队进行变更分析，以确保不会出现新的危险与可操作性问题或维护问题。

在某些情况下，项目经理可授权 HAZOP 分析团队执行建议并开展设计变更。在这种情况下，可要求 HAZOP 分析团队完成以下额外工作：

- 在关键问题上达成一致意见，以修订设计或操作和维护程序；
- 核实将进行的修订和变更，并向项目管理人员通报，申请批准；
- 对将进行的修订开展进一步的 HAZOP 分析。

4.4.4 HAZOP 分析的关闭

在 HAZOP 分析完成后，由项目负责人(项目经理)等负责完成如下关闭任务：

- 向建议措施的负责人追踪每一条建议措施的落实情况、关闭状态。
- 召开 HAZOP 分析建议措施的关闭会议，对照更新后的 P&ID 和其他文件，逐条进行验证。

• 全部建议关闭后，签署终版的 HAZOP 分析报告。终版的 HAZOP 分析报告一般应经业主书面认可，该项工作正式结束。

• 保留记录。要根据项目要求对 HAZOP 分析报告和审查用的 P&ID 等资料进行归档保存。

4.4.5 HAZOP 分析审查

HAZOP 分析的程序和分析结果可接受公司内部或监管部门的审查。审查的标准和事项应在公司的程序中列明，其中包括：人员、程序、准备工作、记录文档和跟踪情况。审查还应包括对技术方面的全面检查。审查的内容包括：

• HAZOP 分析团队人员组成是否合理；

• 分析所用技术资料的完整性和准确性；

• 分析方法的应用是否正确，包括节点的划分、偏离的选用、偏离的原因分析、偏离导致的后果分析、现有安全措施的识别、风险分析和风险等级，以及建议措施的明确性与合理性等内容；

• 分析报告的准确性和可理解程度；

• HAZOP 分析提出的建议措施的关闭情况等。

4.5 提高 HAZOP 分析质量和效率的经验

4.5.1 有关提高 HAZOP 分析会议效率的经验

（1）HAZOP 分析主席和记录员应当在 HAZOP 分析会议前确定分析节点；

（2）HAZOP 分析主席与记录员应训练有素、有 HAZOP 分析实践经验；

（3）HAZOP 分析主席必须依靠团队成员的集体智慧，必须有分析装置的操作专家和工艺工程师参加；

（4）HAZOP 分析会议每天不超过 8 小时；项目间隔应当有一周空余；在分析会议过程中每 60~80 分钟休息一次；休息时提供冷热饮和水果，可以保持组员精力充沛；

（5）一旦一个事故剧情已经讨论清楚，HAZOP 分析主席应及时结束并转向另一个分析内容；

（6）进行 HAZOP 分析时，使用有效的软件；

（7）采用“参见×××”的方法(特别是连续系统)表达复杂剧情的路径，节省时间。

4.5.2 有关提高 HAZOP 分析报告质量的经验

（1）确认报表的每一个偏离有一个重大的危险与可操作性问题。即，首先确认后果是否为重大的危险与可操作性问题，如果不是，注明“无重大后果”立即进入下一个偏离或节点。

（2）反向流通常是可信的剧情，即使在管路中设置了止逆阀。

（3）采用“参见×××”的方法(特别是连续系统)表达复杂剧情的路径，提高记录速度。

（4）如果有液体内部阻塞，考虑热膨胀(三阀组现象)。

（5）不要将外部火灾作为温度超高的原因（是使能条件）。

（6）在同一管路中，高压导致高流量。因此，“泵超速”如果是可能发生的话，“泵超速”是一个高压的原因，并且导致高流量。

（7）在同一管路中低压导致低流量。因此“停泵”是低压的原因，于是“停泵”会导致流量低/无（假定所有这些会导致一个重要后果）。

（8）热膨胀阀（TRV）可能不是高温这一偏离的有效措施（热膨胀阀往往是停车，或关断后防止热膨胀超压的措施）。

（9）如果安全阀（PSV）对于所分析的事故剧情来说口径太小、背压过高、不能有效校验，则安全阀不能作为有效的安全措施。

（10）安全措施只列写在直接应用它的偏离和节点处。

（11）一个安全措施如果与这一事故剧情的原因存在共因失效，则这个安全措施不做为安全措施。如：FIC 流量控制失效，造成流量过高，FIC 上的 FAH 流量高报警则不是有效安全措施。

（12）如果一个措施没有适当地试验/维护/检查/测试，则不列为安全措施。

（13）安全阀有时是防止超压的安全措施，但却不是应对反应失控的安全措施（应进一步分析安全阀的口径、设定点、校验要求等）。

（14）在进入建议阶段前先评估风险。如果风险等级为不可接受，必须提出建议措施。

（15）所有涉及操作规程（SOP）及修改操作规程的建议汇总为一个建议文档，以便复查或实施。

（16）所有涉及 P&ID 和其他技术图纸的校正/修改的建议汇总为一个建议文档，以便复查或实施。

（17）确认所给出的建议是可操作的（可信的、可执行的）。

4.6　某中试装置 HAZOP 分析案例

本案例选自《安全评价方法指南》（CCPS，2008），个别内容进行了删改。案例工艺过程属于尚未建成的中试装置，潜在的危险隐患比较多，可能更适合于设计阶段和从未实施过 HAZOP 分析的在役工厂。案例给出了 HAZOP 分析团队会议的讨论发言记录，有助于读者深入理解 HAZOP 分析方法的精髓。考虑到我国化工企业的国情，还应当具体问题具体分析，案例内容仅供参考。案例中计量单位保留英制。

4.6.1　HAZOP 分析对象

（1）背景

本案例 HAZOP 分析对象是一个已开展了一年的氯乙烯（VCM）风险投资项目，简化的部分 P&ID 如图 4.4 所示。工程上设计了一套氯乙烯中试装置，用于生产二氯乙烷（EDC）和 VCM。该公司计划每次仅运行中试装置几天时间，在这几天时间里，装置工程师在可控条件下改变不同工艺参数（例如进料率、炉温等），并对 EDC 和 VCM 进行取样分析，以优化工艺性能并发现可能出现的生产问题。VCM 生产过程中的副产物及废气送入焚烧炉进行焚烧处理。

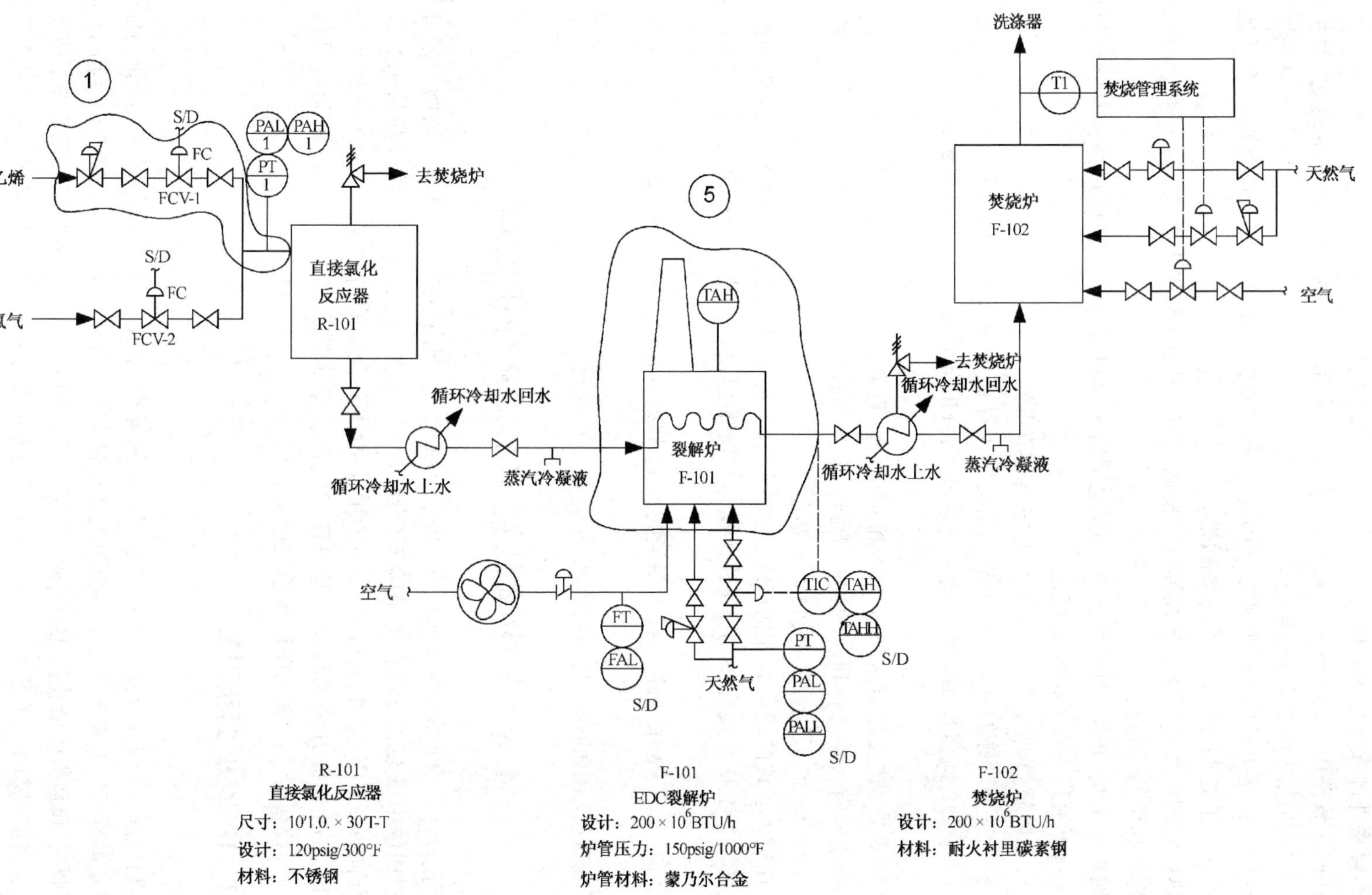

图 4.4 HAZOP 分析对象 P&ID

该公司将在某地区建造该中试装置，世界级规模的 VCM 生产厂都将在此建设。该公司想现在就着手让社区居民和工厂员工能够适应这个新项目。此外，尽管该中试装置的运行主要依靠该公司工程技术开发中心的工程师和化学师，但该地区其他工厂的操作人员也可协助中试装置的操作运行。因此，该中试装置也可为其他世界级规模 VCM 生产厂的操作人员提供一些培训。

该公司化工与 VCM 项目组要求中试装置在开车前要进行危险评估。以前进行的危险评估已经为保证和提高 VCM 过程安全提供了很多有用的信息。项目组认为再进行另外一些类似这样的评估也很有必要，并肯定会卓有成效。此外，项目组希望通过采用合适的危险评估技术，确保有效减少中试装置操作阶段的事故。因为，在此阶段，任何一起重大事故都会给社会造成负面影响，从而影响项目进度。因此，该公司当务之急要向社区居民、员工和承包商证明这个中试装置是可以安全运行的。

(2) 可用的资源

过去的一年，该公司获得了大量有关 VCM 的知识与实验室经验。该公司从事这个项目的工程师和化学师非常熟悉 VCM 生产过程中的各种危险。此外，该公司收集了大量 VCM 工艺的信息资料。以下资料可用于中试装置的危险评估：

- 工艺流程图(PFD)，包括操作参数及上下限；
- 管道仪表流程图(P&ID)；
- 机械完整性数据，如：施工材料和泄放系统设计；
- 实验室的实验报告和经验；
- 装置平面图和设备布置图；
- 先前的故障假设分析和预危险分析报告(以及在这些分析中用到的信息——MSDS、实验报告、有关 VCM 文献等)；
- 现有的操作程序(裂解炉和焚烧炉的开车程序)；
- 主要部件的设计规格。

所有这些信息资料都可用在这次危险评估中。在这些资料中，最为重要的是操作参数及其上下限，以及一套准确的 P&ID。

(3) 危险评估技术的选择

项目组的化学师负责此次危险评估项目，他委派该公司工艺危险分析团队的危险分析工程师来领导这次评估，并要求他选择合适的危险评估方法。

中试装置定义明确，有足够的细节可用于危险评估方法的选择。虽然中试装置与未来的 VCM 工厂相比规模较小，但在工艺上与 VCM 工厂有相似的压力、温度和流量等，这些参数作为中试装置设计的一部分，目前都是已知的。

本次评估将检查整个中试装置，以确定过程安全隐患。危险分析工程师经过慎重考虑排除了故障树分析、事件树分析、原因-后果分析和人员可靠性分析等方法。他认为这些方法对一些特定类型事故的评估更有效。同时排除了相对危险分级的方法，因为中试装置规模较小，而且所有主要设备都要评估。预危险分析方法在之前的评估中已经用过，而且预危险分析更适合审查宽泛的问题，如：工厂选址等。因此，本次评估中也排除了该方法。由于该公司没有这类装置或材料的综合检查表(虽然部分采用适用规范和标准的设施已有检查表)，因此排除了检查表分析法。

最终，危险分析工程师将选择范围缩小到故障假设、FMEA 和 HAZOP 分析这几种危险评估方法。这几种方法都适合这次特定的危险评估。该工程师具有相当丰富的 HAZOP 分析经验，因此他选择 HAZOP 分析方法进行中试装置的危险评估。

(4) 分析准备

首先，危险分析工程师需要选择参与 HAZOP 分析的人员。他认为以下具有相关经验的人是成功进行 HAZOP 分析所必需的。

HAZOP 分析主席：富有经验，能够引导进行 HAZOP 分析。危险分析工程师将作为 HAZOP 分析主席。

记录员：技术熟练，能够快速准确地记录信息。某工程师具有两次该地区其他氯气装置 HAZOP 分析记录的经验，将作为记录员(HAZOP 分析主席优先选择具有 HAZOP 分析经验的人参与这项工作)。

工艺设计师：具有中试装置设计知识和设计规范基础，知道其对工艺参数变化如何响应。中试装置的首席设计工程师将担任这个角色。

化学师：熟悉 VCM 工艺中化学进料、中间产品、废蒸汽与设备材质间可能发生的化学反应。化学师将负责中试装置的运行，在本次 HAZOP 分析中担任化学师角色，另外他也负责与 VCM 项目组的联络工作。

操作代表：富有经验，清楚操作人员怎样发现工艺波动及怎样处理这些异常情况。该公司还没有富有经验的 VCM 工艺操作工，因此，具有 10 年氯气装置操作经验的某操作人员将作为 HAZOP 分析团队中的操作代表。

仪表与控制工程师：熟悉装置的控制系统与停车策略，能帮助 HAZOP 分析团队成员理解中试装置对工艺偏离的响应。来自公司工程师办公室的自控工程师将担任这个角色。

安全专家：熟悉该地区装置安全和应急响应程序。安全工程师将作为安全专家，他也参加了之前的预危险分析。

环境专家：了解目前该地区装置运行的环境限制，以及装置运行对环境的潜在影响，环境工程师具有这样的基础，适合这个角色。

在 HAZOP 分析会议开始前，HAZOP 分析主席和工艺设计师将中试装置划分为若干部分，这些部分也叫做 HAZOP 分析“节点”。他们在 P&ID 上划分了约 13 个节点，用不同颜色对这些节点标记进行了标记，并将每一套标记过的 P&ID 分发给团队每一个成员。在划分节点时，主要考虑工艺条件、流体组成和设备功能发生的重大改变，以此进行节点划分。他们将中试装置划分为以下节点：

- 乙烯进料管线；
- 氯气进料管线；
- 直接氯化反应器；
- EDC 进裂解炉管线；
- 裂解炉；
- 空气进裂解炉管线；
- 裂解炉副燃烧器燃料气管线；
- 裂解炉燃料气总管；
- VCM 进焚烧炉管线；

- 焚烧炉；
- 空气进焚烧炉管线；
- 焚烧炉副燃烧器燃料气管线；
- 焚烧炉燃料气总管。

HAZOP 分析主席基于以往的经验，估计每个节点的 HAZOP 分析需要 4h，整个中试装置的 HAZOP 分析大约需要 6 天时间。

随后，HAZOP 分析主席向 HAZOP 分析团队每个成员都发送了 E-mail，告诉大家何时何地进行中试装置的 HAZOP 分析，并简要地说明了此次 HAZOP 分析的目的和目标。HAZOP 分析主席将中试装置的 PFD 图纸发送给了大家。考虑到团队的一些成员从来没有参加过 HAZOP 分析，邮件中还包括关于 HAZOP 分析方法的简要描述。同时，HAZOP 分析主席还列出了将要分析的节点以及每个节点的最初设计意图。最后，他提醒团队成员在会议时带一些对本次 HAZOP 分析有参考价值的信息资料。

为了充分准备本次分析会议，HAZOP 分析主席和记录员制定了空白的 HAZOP 分析表格，包括工艺节点的名称等。HAZOP 分析主席计划使用某软件公司 HAZOP 分析软件来建立 HAZOP 分析文档，因此表格被保存为电子文件。这些准备工作能够使 HAZOP 分析会议更有条不紊的进行。划分的节点并不是一成不变的，随着 HAZOP 分析的进行，HAZOP 分析主席应该依据分析情况，随时准备调整分析节点或增加新的节点。HAZOP 分析主席安排了一间会议室并配备投影仪，分析结果可以展示在大屏幕上，使所有的参与者都能够看到分析进程的记录。

4.6.2　HAZOP 分析描述

HAZOP 分析会议周一早上 8 点开始。会议开始之前，HAZOP 分析主席要求每个团队成员进行了自我介绍，包括自己的专长领域等。然后他介绍了接下来三天的日程安排，包括会间休息和午餐安排。同时，他告知 HAZOP 分析团队全体成员，每一天结束的时候可能会非常疲劳，鼓励大家顶住压力，按期完成分析(通常的 HAZOP 分析会议，HAZOP 分析主席安排每天只分析 4~6h，本次会议将超过三天。但是很多团队成员都来自城外，最多参加三天。而且，HAZOP 分析主席一般会组织 HAZOP 分析团队一起参观所分析的装置，但本中试装置还没有建造)。最后，HAZOP 分析主席重申了此次 HAZOP 分析的目标(识别中试装置所有有关安全和运行的问题)和此次评价的基本原则：

(1) 所有团队成员有平等发表观点的权利；

(2) 每个人都应该关注可能的潜在问题，而不是解决方案；

(3) 所有的工艺偏离都可以被分析。

HAZOP 分析会议开始前，HAZOP 分析主席与团队成员一起用 30 分钟回顾了 HAZOP 分析技术。他告诉整个 HAZOP 分析团队，分析采用“基于偏离”的分析方法，并且描述了这种法。他会将团队的建议专门记录在一个活动挂图上(记录员也会将所有的建议记录在 HAZOP 分析软件中的 HAZOP 分析表格中)，确保所有的建议都被准确地记录。然后，HAZOP 分析主席请工艺设计师描述了整个设计、工艺流程和中试装置设备的运行情况。在回答了团队的一些简单的问题后，他们开始分析第一部分，与直接氯化反应器相连的乙烯进料管线。HAZOP 分析主席和工艺设计师已经将中试装置按照工艺物料在装置中的流程顺序进行了节点划分。

下面是分析讨论过程的一段摘录：

HAZOP 分析主席：乙烯进料管线的设计意图是在 100psi 和室温条件下将乙烯蒸气输送到直接氯化反应器(研发部门认为液态的乙烯/氯气反应难以控制，而且大规模试验的产量也比预期低很多，此外，之前的危险分析团队也建议使用氯气和气态乙烯，因为这样可以从更少的物料中获得更高的安全性，因此他们选择使用气态反应)。进料速率用流量控制阀调节，流量是 1100scfm。让我们使用 HAZOP 分析引导词来确定一系列需要分析的偏离。引导词是：“无、少、多、部分、伴随、相逆和异常”。得出的偏离是什么?

工艺设计师：将这些词应用到设计意图中去，将获得以下偏离：“无流量、流量过低、流量过高、压力过低或过高、温度过低或过高。

HAZOP 分析主席：好。那么引导词“相逆、异常、伴随或部分”呢?

工艺设计师：是的，引导词“相逆”会引导出一个偏离是“逆流”。引导词“异常”引导出的偏离是“乙烯异常”，这个需要考虑么?

HAZOP 分析主席：当然，非常好的偏离！记住我们的基本原则，所有的偏离都是可以考虑的对象，还有其他偏离吗?【长时间沉默】“压力反”，就是真空呢?

工艺设计师：只要有乙烯存在，就不会发生。常温下，乙烯的蒸气压很高，不会发生真空。但是我认为它是一个偏离。

HAZOP 分析主席：有没有“伴随”和“部分”的偏离?【长时间沉默】

仪表控制师：乙烯和污染物是一个偏离。我不知道在乙烯中会有什么污染物。

HAZOP 分析主席：当我们分析那个偏离的时候，我们会去定义污染物。还有其他的偏离吗?【没人回答】好，我们从第一个偏离开始，假设装置正常运行时，某个原因导致没有乙烯流动，会产生什么后果?

化学师：设计的工艺是在直接氯化反应器中消耗掉所有的氯气，如果乙烯被切断，那么纯净的氯气会通过裂解炉和焚烧炉，进入装置的洗涤器。

HAZOP 分析主席：所以潜在的影响是什么?

化学师：短时间洗涤器可以承受，但最终将会耗尽缓蚀剂，氯气会从洗涤器中泄漏。另外，大量的氯气流或许会毁坏裂解炉炉管。我不了解炉管对氯气的金属性能，所以很难讲。

HAZOP 分析主席：好，所以我们的后果是潜在的氯气泄漏和裂解炉炉管的损坏。如果一个裂解炉炉管破裂，那么在这个区域会有氯气泄漏，对吗?【点头同意】那么可能造成没有乙烯流量的原因是什么?

仪表控制师：从 P&ID 上看，我想压力控制阀故障关闭，或者流量控制阀(FCV-I)故障关闭都是可能的原因。

工艺设计师：乙烯上游供料出现问题也会导致这个问题。

HAZOP 分析主席：还有其他的吗? 安全措施有什吗?

操作代表：P&ID 上显示压力传感器在反应器的供料管线上，有一个低压报警(PAL-I)和一个保护系统，当供给的乙烯压力过小时，保护系统会关闭氯气。此外，从图上我们看不到装置的氯气洗涤器设有检测氯气泄漏的报警。

HAZOP 分析主席：记录员请记录下，让某个人去确认这个报警存在并且正常工作。

记录员：好的。是否需要检查裂解炉炉管对现有纯氯气量的金属性能?

HAZOP 分析主席：对，说的很好，请记录下。还有其他安全措施吗？

工艺设计师：我们计划在运行过程中 30min 取样 1 次。我们会看看氯气在这些样品中的含量。

化学师：如果是纯氯气，操作工在取样过程中会有危险吗？

工艺设计师：应该没有，他们在取样过程中被要求佩戴合适的个人防护用具，包括防毒面具。

安全师：等一下，我们装置使用的防毒面具可能不适用于如此高浓度的氯气。我们建议当取样的时候应该使用新鲜空气型防毒面具。我们也应该就取样过程中的高浓度氯气检测和应急处理对操作人员进行培训。

HAZOP 分析主席：还有其他的安全措施吗？

工艺设计师：我在观察这个低压报警器(PAL-I)，我不确定它会在没有乙烯流量时报警。看起来仅仅是氯气就足以保持足够的压力使这个报警器在乙烯无流量时也不报警。不管怎样，我建议找人去看看这个报警器，并且确认这个报警器设定了合适的压力。

HAZOP 分析主席：仪表控制师，你怎么想。

仪表控制师：我赞成，我们应该检查它的设定值。

HAZOP 分析主席：还有其他建议吗？

环境工程师：或许我们也应该考虑一下在炉体上安装氯气检测器，或者在工艺管线上安装气相色谱来检测高浓度氯气。

HAZOP 分析主席：好主意，我们不用设计一个具体的解决方案，我们仅仅需要注意我们应该在焚烧炉的下游找出一些方法来检测出高浓度的氯气。还有其他建议吗？【没人有建议了】好的，这些措施足够应对无乙烯进料这个偏离了，乙烯进料管线的其他偏离是什么？

工艺工程师：等一下，我还有一个建议，我们应该检查高浓度的氯气是否会损坏洗涤器。

记录员：我来解决。你的建议是检查高浓度的氯气对洗涤器的影响。你是在担心氯气腐蚀穿透洗涤器和高浓度氯气反应损坏洗涤器吗？

工艺工程师：两者都有，但是主要是后者。

HAZOP 分析主席：好，下一个偏离是什么？

操作代表：根据我们最初制定的这个偏离列表，是乙烯的“低流量”。

HAZOP 分析主席：乙烯的“低流量”所带来的后果是什么？

工艺设计师：和无乙烯进料量的情形基本一样，潜在的腐蚀洗涤器导致氯气泄漏和对裂解炉炉管可能造成的破坏。

HAZOP 分析主席：造成这种情形的原因是什么？

操作代表：乙烯压力调节器故障关小，流量控制阀故障关小，和低进料压力。另外，装置停电也会造成无乙烯进料，因为装置停电，阀门会故障关。

HAZOP 分析主席：有什么保护措施？

工艺设计师：和前面偏离的一样。【工艺设计师又重复了一遍安全措施，其他人都同意】

HAZOP 分析主席：有建议措施吗？【没人有建议了】下一个偏离是“高流量”，有什么后果？

化学师：充足的乙烯在直接氯化反应器中反应。乙烯流量过高意味着我们浪费了过多的乙烯，但我不认为会有什么安全问题。

HAZOP 分析主席：焚烧炉能够处理过高流量的乙烯吗?

工艺设计师：我检查了焚烧炉设计说明书。应该没问题。焚烧炉可以处理最大可能的乙烯流量。

HAZOP 分析主席：我们继续下一个偏离："逆流"。有什么后果?

工艺设计师：当然，那会污染进料管线。那将造成很大的财产损失。而且没有人知道氯气和 EDC 会在管线中逆流到什么位置。这肯定将是一个安全问题。举例来说，另一个处在下游的使用人员可能会接触到氯气并可能发生爆炸。或者氯气可能与其他反应过程中水混合，腐蚀管线，造成泄漏。会后我们会更加详细的研究这个问题。

HAZOP 分析主席：造成这个偏离的原因是什么?

操作代表：乙烯进料压力过低，或者反应器压力过高。

HAZOP 分析主席：还有其他原因吗?【没人回答】保护措施有什么?

工艺设计师：还是在进料管线上设有压力报警和紧急切断系统(PAL/H-I)。并且乙烯的进料压力非常高，这些可以防止逆流。实际上，反应器的安全阀应该可以在反应器将物料压回乙烯进料管线之前启跳。此外，乙烯进料压力过低，及因此导致的乙烯流量过低，操作人员应该可以很容易的检测到这个问题，并且在逆流发生之前将乙烯的进料关闭。

仪表控制师：压力报警不能表明逆流，并且不应该视为保护措施。但操作人员的控制干预是个好的安全措施。

HAZOP 分析主席：我赞成。还有其他保护措施吗?【暂停一下】其他行动呢?【暂停一下】仪表控制师，你还有其他建议吗?

仪表控制师：我们想在乙烯进料管线上安装一个止回阀。

HAZOP 分析主席：好。

记录员：这是建议措施吗?

HAZOP 分析主席：是的，还有其他建议吗?

讨论进行了一天，基于上述讨论，HAZOP 分析主席决定先分析所有高的偏离，然后分析所有低的偏离，等等。他发现团队在一个偏离的类型中花费了过多的时间坚持彻底地找出原因。接下来是第二天的讨论中的一部分简要的摘录。

HAZOP 分析主席：咱们下面进行第 5 部分：裂解炉。工艺设计师，你能给我们就裂解炉有关操作做一个快速的介绍吗?

工艺设计师：裂解炉的设计意图是将二氯乙烷加热到 900℉，然后将其化学键打开形成氯乙烯。裂解炉温度越高，化学键的断裂打开过程越完全，生成的副产物越多。我们将调整温度来寻找到最合适的温度。总之，裂解炉是由出料口的 TIC 阀门控制燃料气来加热。出料温度超高将关闭 TIC 阀门，同时与直接氯化反应器相连的进料阀门也将关闭。燃料气压力超低或者非常低的空气流量也会使阀门这样动作，装置跳车。我们也在裂解炉炉管中设置了一个配有高温报警的热电偶，但不会关闭阀门。

HAZOP 分析主席：第一个偏离是二氯乙烷流量过高，是什么原因导致?

操作代表：好的，正如我们之前所说，乙烯或氯气流量大将提高系统流入量，乙烯或氯气进料流量控制阀由于故障打开是一个原因。

HAZOP分析主席：让我们注意一下，其实这就是截止到我们之前讨论过的直接氯化反应器压力高(例如上游设备的高压力导致进裂解炉EDC高流量)。记录员，记录下了吗？【点头同意】还有其他的原因吗？【现场安静】好的，那么导致的后果是什么？

化学师：如我们昨天所说的，通过裂解炉的EDC流量过高，如果裂解炉燃烧不完全会导致EDC转化率过低，并且如果大量EDC进入焚烧炉中，可能会导致EDC泄漏到环境中，如果裂解炉燃烧不完全，也会导致工艺物料温度过低。

HAZOP分析主席：有没有保护措施？【没有回答】有什么建议措施？

安全师：我想我们应该确定焚烧炉能力是否满足EDC转化率低时EDC的燃烧处理要求。或许我们应该安装EDC监测。

环境工程师：我们的装置通常只运行如此短的时间，从环境影响角度讲EDC流量监测并不是必须设置的。

仪表控制师：TIC报警能显示运行异常。此外，无论EDC流量怎么高，焚烧炉都能处理。

HAZOP分析主席：好，我们暂停一下，我们从设计上考虑了解决方案，现在我们从工程措施角度考虑这是否是个问题，并想办法解决这个问题，有什么建议措施？下一个偏离是燃料气流量高。

操作代表：燃料气流量控制阀故障开大会导致燃料气流量高。这可能是TIC的热电偶故障(错误的低流量信号)导致的。

安全师：燃料气供应压力高会导致工艺过程温度高。

工艺设计师：不可能发生，工艺过程温度过高，TIC控制会降低燃料气流量，此外，如果燃料气流量控制阀开度过大，温度高报TAH将会超高报警。

HAZOP分析主席：请稍等，我们来看看这些原因，现在我们假设针对这些原因和后果的保护措施都失效，还有其他的原因吗？【没有】在这种情况下，燃料气控制阀故障开大的后果是什么？

工艺设计师：如果我们不能很快做出响应，炉管可能被烧坏，造成火灾，即使不会烧坏炉管，也可能发生局部过热而使副产品堵塞炉管，并造成安全阀启跳。我觉得这也可能导致火焰升高，脱离燃烧器并熄灭，这会引起爆炸。

HAZOP分析主席：当温度高报警TAH和紧急停车不可用，如果TIC热电偶失效，会引起燃料气流量过高吗？

仪表控制师：是的，TIC误指示偏低会导致这种情况。考虑安装独立的温度高高报警和裂解炉排放温度高停车。

HAZOP分析主席：记录员，记下这个建议了吗？【点头，是的】还存在什么保护措施呢？

工艺设计师：刚才我们说过裂解炉出口设有温度高报及高高报，炉管表面设有温度高报。同时，炉管设计能承受很高温度，只要炉管内流体是流动的，炉管需要很长时间才能被烧坏。

HAZOP分析主席：记录员，记下这些温度过高的保护措施，这些保护措施直接适用于这个偏离，并可参考前面分析的燃料气流量过高。

安全师：我们可设置一个区域的火焰监测，并建立一个训练有素应急响应团队。另外，你也可以在控制室切断氯气与乙烯进料。

操作代表：燃料气供料管线上的TIC控制是一个保护措施吗？

工艺设计师：是的，这是燃料气供气压力高的一个保护措施，但不是热电偶失效的保护措施。顺便问一下，燃料气流量控制阀能实现紧急切断吗？

安全师：通常类似这样的阀门无法实现这样的功能，我建议考虑增设燃料气管线高压报警和紧急切断阀。

HAZOP 分析会议就以这种形式进行，直到分析团队分析完他们能想到的裂解炉的每个工艺参数的所有偏离。然后，HAZOP 分析主席又领导团队对裂解炉开车操作程序进行了分析，在分析前，他首先要求工艺设计师审查了裂解炉的开车程序(表 4.7)。随后分析团队开始假设开车过程中的可能出现的偏离，并询问通常的 HAZOP 分析问题：偏离的原因、后果和保护措施是什么？保护措施足够吗？以下是部分 HAZOP 分析的简要摘录。

表 4.7 裂解炉开车程序

步骤	行动内容
1	启动裂解炉鼓风机，炉膛置换 10min
2	确认裂解炉副燃烧器被点燃(视觉观察)
3	确认焚烧炉正常运行
4	开始进乙烯，并通过裂解炉进入焚烧炉
5	裂解炉燃料管线通入燃料气(慢慢调节 TIC 至设定值)
6	确认主燃烧器点燃(工艺温度上升)

HAZOP 分析主席：让我们从第 1 步的偏离开始。假设裂解炉吹扫时间“过长”(more)，会有什么后果？

安全师：我认为裂解炉吹扫时间过长除了浪费时间外，不会出现什么问题。【其他人都同意】

HAZOP 分析主席：那吹扫时间“过短”(less)或“没有”(no)吹扫呢？

安全师：那可能会有问题，如果裂解炉内有可燃气积聚，可能发生爆炸。这里我们需要一个紧急切断阀防止可燃气泄漏到裂解炉。

HAZOP 分析主席：记录员已经将这条保护措施作为建议记录下来，并且我们反复提到这条措施。现在我们回过来看原因是什么。

工艺设计师：可能鼓风机停机，或者烟道挡板故障关闭，也可能是鼓风机电力故障。

安全师：操作人员可能不经意的遗忘这些步骤。

HAZOP 分析主席：还有其他原因吗？【没有动静】保护措施是什么？

安全师：空气管线上设有低流量报警并有机械限位装置保证空气最小流量，同时，若出现电力故障，所有阀门将跳至安全阀位。

工艺设计师：如果让我操作这个单元，我会在燃料气管线上采取安全措施，例如：设紧急切断阀，并且保持空气连续吹扫裂解炉。

HAZOP 分析主席：这些都是好的建议，我们为什么不建议在工程上设计一套可检测的裂解炉吹扫系统呢？这个系统把你们的好建议都考虑进去。还有其他的建议措施吗？【没有动静】那么下个引导词，裂解炉开车第 1 步“异常”(other than)呢？

仪表控制师：这个偏离看起来和“没有”吹扫是相同的问题。【其他人都同意】

HAZOP 分析主席：那么执行了“部分”第一步的偏离就可以理解为吹扫时间过短了？【团

队成员点头同意】进行第 2 步时我们将使用“相反”(reverse)引导词查找偏离，还有一个引导词是“伴随”(as well as)，如果进行裂解炉开车第 1 步时，伴随着其他步骤的发生，会发生什么后果?

仪表控制师：进行第 1 步时伴随发生第 2、3、4 步看起来不会有什么问题，但是如果伴随着第 5 步的进行，看起来可能出现的后果与“没有”吹扫偏离导致的后果相同。

HAZOP 分析主席：那什么原因导致的?

仪表控制师：操作人员的误操作。

HAZOP 分析主席：其他还有吗?【没有人提出】那么有什么保护措施?【没有人提出】建议措施呢?

仪表控制师：也许我们应该设置燃料气流量联锁，达不到 10min 吹扫则无法进燃料气。

HAZOP 分析主席：好的，记录员，记下了吗?【点头，是的】下一步是检查裂解炉副燃烧器被点燃。先看一下“过多”的检查或燃烧时间过长的后果是什么?

仪表控制师：我们希望副燃烧器一直是燃着的，因此，这不会有什么问题，对副燃烧器额外的检查更是好的做法。

HAZOP 分析主席：好的，其他偏离呢?没有或过少的检查或燃烧会有什么后果?

安全师：如果副燃烧器无论如何都是点燃的，那就不会出现问题。如果熄灭了，那么一旦可燃气积聚遇点火源则可能发生爆炸。

HAZOP 分析主席：副燃烧器熄灭的原因是什么?

操作代表：燃料气压力低；副燃烧器 PCV 阀故障关闭；操作人员不经意堵塞管线；燃料气压力过高吹灭副燃烧器。

HAZOP 分析主席：操作人员如果忘记检查副燃烧器并同时存在一些因素，可能导致一个重大安全问题——潜在的爆炸。有什么安全措施?

工艺设计师：燃料气供应管线设有高低压力报警和紧急切断。

安全师：我建议我们考虑安装火焰扫描和熄火停车。

记录员：我记下了。

HAZOP 分析主席：还有其他建议措施吗?

仪表控制师：我们可以考虑在副燃烧器管线上设高低压报警。

HAZOP 分析主席：很好的建议。还有其他吗?【没有】让我们分析“相反”的第二步这个偏离，就是说，执行次序错了。

操作代表：这取决于执行次序错到什么程度，如果首先检查副燃烧器，然后空气吹扫，则可能吹灭副燃烧器，可能发生前面我们分析过的问题。假设副燃烧器是熄灭的，如果操作人员在这种次序下检查的太晚，并且试图再次点燃副燃烧器，那么即使不造成死亡，也可能造成严重的人员伤害。

HAZOP 分析主席：有什么保护措施?

安全师：我认为我们应该在操作员工培训中强调作业程序的重要性。我们也需要训练操作员工务必在点裂解炉副燃烧器前要进行炉膛置换吹扫。实际上，我们应该编制一个裂解炉开车程序检查表。

HAZOP 分析就这样继续，直到中试装置所有偏离都被分析完。焚烧炉日常运行程序和紧急停工程序也会被分析。在每天分析的最后，HAZOP 分析主席都会回顾他记在活动挂图板中的建议措施，以确定建议措施被准确的记录并且不会遗漏。在 HAZOP 分析会议最后，他感谢了团队成员积极的参与，并会在接下的几个星期将 HAZOP 分析报告发给他们，要求他们对报告进行审查。

4.6.3 结果讨论

表 4.8 和表 4.9 给出了 HAZOP 分析结果示例。表 4.12 中列出了分析团队分析的裂解炉正常操作情况下的偏离，以及团队辨识出的偏离的原因、后果和保护措施。表格采用偏离到偏离(DBD，Deviation By Deviation)的形式，也就是对于一个特定的偏离，原因、后果和保护措施之间并不是一一对应的。表 4.8 列出了团队给出的建议措施的编号，其具体定义见表 4.9。

表 4.8 VCM 中试装置 HAZOP 分析结果示例(偏离到偏离)

图纸号：VCM 中试装置，版本 0			团队成员：HAZOP 分析主席、记录员、工艺设计师、化学师、操作代表、仪表与控制工程师、安全专家、环境专家		
会议时间：					
页码：56/124					
序号	偏离	原因[①]	后果[②]	保护措施	建议措施序号
5 裂解炉——VCM 裂解炉(正常操作；使 EDC 在 900°F，160psi 下生成 VCM，处理量 1200 lb/h)					
5.1	EDC 流量高	DC 反应器压力高	(1) EDC 转化率低。大量 EDC 进入焚烧炉，EDC 可能泄漏到环境中。 (2) VCM 裂解炉压力低(见 5.8)		1
5.2	燃料气流量高	(1) FCV 阀故障开大，燃料气供应压力高； (2) TIC 故障(低流量信号)	潜在的爆炸，VCM 裂解炉温度高，潜在的炉管损坏，如果炉管破裂，可能造成火灾。产品中副产品过量	过去 15 年中燃料气供应非常可靠，TIC 控制气体输送	2，3，4
5.3	空气流量高	空气挡板故障全开，裂解炉炉体泄漏	(1) 裂解炉燃烧不完全。EDC 转化率低。大量 EDC 进入焚烧炉，EDC 可能泄漏到环境中。 (2) VCM 裂解炉压力低(见 5.8)	TIC 控制气体输送，固定速度风扇	1
5.4	EDC 流量低	(1) DC 反应器压力低； (2) EDC 采样连接(上游)未关； (3) EDC 冷却器污染	(1) VCM 裂解炉压力高(见 5.7)； (2) EDC 裂解过程中副产品产量高。潜在的炉管破坏，如果炉管破裂可能造成火灾； (3) EDC 泄漏到环境中(见 5.12)	EDC 取样连接使用时操作员在场	5

续表

<table>
<tr><td colspan="3">图纸号：VCM 中试装置，版本 0
会议时间：
页码：56/124</td><td colspan="3">团队成员：HAZOP 分析主席、记录员、工艺设计师、化学师、操作代表、仪表与控制工程师、安全专家、环境专家</td></tr>
<tr><td>序号</td><td>偏离</td><td>原因[①]</td><td>后果[②]</td><td>保护措施</td><td>建议措施序号</td></tr>
<tr><td>5.5</td><td>燃料气低流量</td><td>（1）FCV 阀故障关闭；
（2）燃料气供应压力低；
（3）TIC 故障（高流量信号）</td><td>（1）EDC 转化率低。大量 EDC 进入焚烧炉，EDC 可能泄漏到环境中；
（2）VCM 裂解炉压力低（见 5.8）</td><td>（1）过去 15 年中燃料气供应非常可靠；
（2）燃料气供应管路压力低报警 PAL；
（3）TIC 控制气体输送</td><td>1</td></tr>
<tr><td>5.6</td><td>空气流量低</td><td>（1）空气挡板故障关；
（2）空气过滤器堵塞；
（3）空气鼓风机故障关</td><td>（1）VCM 裂解炉压力低（见 5.8）；
（2）裂解炉燃烧不完全。EDC 转化率低。可能造成裂解炉火焰熄灭，潜在的火灾或爆炸（裂解炉内空气积聚）；
（3）大量 EDC 进入焚烧炉，EDC 可能泄漏到环境中</td><td>（1）空气挡板最小开度；
（2）TIC 控制气体输送；
（3）空气低流量报警停车</td><td>1</td></tr>
<tr><td>5.7</td><td>温度高</td><td>（1）燃料气流量高（见 5.2）；
（2）EDC 流量低（见 5.4）。</td><td>（1）VCM 裂解炉炉管压力高（见 5.9）；
（2）EDC 裂解过程中副产品产量高。潜在的炉管破坏，如果炉管破裂可能造成火灾。裂解炉破坏（见 5.12）</td><td>（1）裂解炉炉管表面温度高报警；
（2）排放产物温度高报警和高高报警停车；
（3）裂解炉炉管设计可承受非常高的温度</td><td>3</td></tr>
<tr><td>5.8</td><td>温度低</td><td>（1）EDC 流量高（见 5.1）；
（2）空气流量高（见 5.3）；
（3）燃料气流量低（见 5.5）；
（4）空气流量低（见 5.6）</td><td>EDC 转化率低。大量 EDC 进入焚烧炉，EDC 可能泄漏到环境中</td><td></td><td>1</td></tr>
<tr><td>5.9</td><td>压力高</td><td></td><td>无重要安全后果。
温度高（见 5.7）</td><td></td><td></td></tr>
<tr><td>5.10</td><td>压力低</td><td></td><td>无重要安全后果</td><td></td><td></td></tr>
<tr><td>5.11</td><td>污染</td><td></td><td>无重要安全后果</td><td></td><td></td></tr>
</table>

续表

图纸号：VCM 中试装置，版本 0			团队成员：HAZOP 分析主席、记录员、工艺设计师、化学师、操作代表、仪表与控制工程师、安全专家、环境专家		
会议时间：					
页码：56/124					
序号	偏离	原因①	后果②	保护措施	建议措施序号
5.12	炉管泄漏/破裂	（1）污染； （2）腐蚀； （3）焊接质量差； （4）燃料气流量高（见 5.2）； （5）EDC 流量低（见 5.4）； （6）温度高（见 5.7）	裂解炉火灾，EDC 泄漏到环境中，潜在的重大设备破坏	（1）裂解炉区域火灾监测； （2）应急响应团队消防培训； （3）乙烯和氯气供应远程切断； （4）服役前炉管检查和焊接质量 X 射线检查； （5）明年裂解炉运行时间短（几天）； （6）污染轻微； （7）炉管材质满足 EDC，氯气和乙烯要求	6
5.13	裂解炉壁泄漏/破裂		无重要安全后果		

注：①所有的原因不是所有后果产生的必要原因。②所有原因或后果不一定被所有保护措施阻止或减缓。

表 4.9　VCM 中试装置 HAZOP 分析行动(建议措施)示例

序号	考虑的行动(建议措施)	责任	状态
1	确定燃烧炉能力是否满足 EDC 转化率低时 EDC 的燃烧处理要求。考虑安装 EDC 监测（5.1，5.3，5.5，5.6，5.8）		
2	考虑燃料气高压报警和切断阀高压切断（5.2）		
3	考虑安装独立的温度高高报警和裂解炉排放温度高停车（5.2，5.7）		
4	考虑安装火焰扫描和熄火停车（5.2）		
5	考虑安装氯化反应器低压报警（5.4）		
6	验证对于所有裂解炉炉管有足够的质量保证方案		

以下是 HAZOP 分析中一些更为重要的发现：

- 对于中试装置的所有单元，应进行开车步骤的危险评估（团队发现裂解炉开车步骤中有潜在的致命事故情形）。
- 需要验证焚烧炉焚烧大量 EDC 的能力。
- 裂解炉控制和停车应更加自动化。
- 对于中试装置，应考虑独立的洗涤器（中试装置运行不正常可能导致氯气装置洗涤器跳车，从而影响氯气装置）。
- 需建立中试装置采样处理步骤（出于环境考虑）。
- 取样人员应根据所取样品的危险性和可能出现的标准步骤偏离佩戴个人防护用品。

报告由 HAZOP 分析主席编写。报告内容包括团队成员，职务，他们参加的会议，分析中用到的图纸和步骤，团队发现和建议的概述以及详细的 HAZOP 分析表格。在将 HAZOP

分析报告提交给化工与 VCM 项目组前，报告分发给团队成员审核。

4.6.4　后续跟踪

HAZOP 分析过程中，团队提出的一些问题无法立即解决。这些问题经常是一个部件的结构强度问题(例如：储罐能否承受全真空)、安全阀尺寸设计基础、仪表传感器范围。在会议期间，HAZOP 分析团队成员可联系有关人员解决这些问题。在提交 HAZOP 分析报告给化工与 VCM 项目组前，HAZOP 分析主席尝试获得会议期间未解决问题的答案。未解决问题作为后续跟踪需解决的发现列在了 HAZOP 分析报告中。

VCM 项目组评估 HAZOP 分析团队的所有发现和建议。大多数被接受，作为后续行动项。项目组将这些行动项按优先次序分为两类：一类是中试装置开车前必须执行的行动，一类是尽可能快执行的行动。项目组记录拒绝 HAZOP 分析团队一些建议的原因。这些原因和 HAZOP 分析报告一起作为 VCM 项目文件。

对于项目组接受的行动项，化学工程师负责后续跟踪。他负责指派合适的人员执行这些行动并报告结果。公司有一套计算机化跟踪系统，化学工程师可利用该系统跟踪行动执行状态。一般每月检查一次行动项状态。化学工程师在收到解决结果后对每一个解决方案添加描述。

4.6.5　结论和观察

本次 HAZOP 分析进行得非常好，主要是因为 HAZOP 分析主席是个非常好的团队领导，知识非常丰富。他使团队成员专注于相关的项目和设计方案。他鼓励团队成员参与讨论。

HAZOP 分析团队辨识安全、可操作性和环境问题。HAZOP 分析的范围越集中完成 HAZOP 分析所需的时间就越少，花费也越少(例如：仅检查安全问题)。但是，公司认为可操作性问题和环境问题在早期阶段的辨识将节省大量的花费。另外，辨识出的可操作性问题也可用于安全应用。因此，HAZOP 分析可使装置更加安全，运行更加平稳。

HAZOP 分析软件用于记录评估结果。这并不是必要的，但是 HAZOP 分析主席选择使用软件以节省 HAZOP 分析会议时间。HAZOP 分析主席概括了 HAZOP 分析团队对每一个偏离的评论，记录员输入电脑中。随着会议的进行，记录员将变得更加熟练。采用软件可帮助 HAZOP 分析主席更高效地准备 HAZOP 分析报告。在团队评估前，HAZOP 分析主席先评估和编辑 HAZOP 分析表格。但是，如果会议比较短或两次会议之间间隔时间比较长(如：每隔一天一次 HAZOP 分析会议)，HAZOP 分析主席将要求团队成员评估每天的表格。进行 HAZOP 分析所需的时间见表 4.10。HAZOP 分析会议讨论过程摘录见表 4.13。

表 4.10　VCM 中试装置 HAZOP 分析人员所需时间

人员	准备时间/h	评估时间/h	记录时间/h
HAZOP 分析主席	32	40	20
记录员	8	40	16
团队成员*	4	40	2

* 指每个团队人员平均。

4.6.6　原因到原因方法

原因到原因(CBC，Cause By Cause)的方法是一种更明确的基于剧情的 HAZOP 偏离分析和记录的方法，更符合基于风险的剧情分析方法。采用原因到原因分析，表 4.8 分析的结果表达形式将有所不同。是按照一次分析一个原因对应的所有后果，以及单一的初始原因/后果事件对偶对应的保护措施的方式表达。HAZOP 分析的识别内容和建议示例见表 4.11，采用原因到原因的部分 HAZOP 分析结果见表 4.12。注意，对于第一个初始原因，有三个不同的损失事件，每一个具有不同严重性的后果和初始原因/后果事件对偶对应着各自的保护措施。如果可能带来严重的商业或设备损坏影响，并且其在研究范围之内的话，非计划停车可作为第四个损失事件。HAZOP 分析原因到原因方法的部分会议讨论记录见表 4.13。

表 4.11　VCM 中试装置 HAZOP 分析行动项示例(原因到原因方法)

序号	行　动	责任	状态
1	确定乙烯压力低保护措施能否有效防止乙烯进入反应器的流量低，考虑氯气压力阻止报警和停车被激活		
2	检查裂解炉管材质在纯氯气蒸气存在情况下的有效性。如果有影响，确定在意识到裂解炉管损坏前，2 次/h 的反应器取样能够防止乙烯流量低		
3	验证氯气装置洗涤器报警能够检测到损坏；更新 P&ID		
4	检查焚烧炉下游管线氯气流量高的检测方法		
5	考虑安装足够的独立于 BPCS 的乙烯进料压力或流量传感器		

表 4.12　VCM 中试装置 HAZOP 分析结果示例(原因到原因方法)

图纸号：VCM 中试装置，版本 0			团队成员：HAZOP 分析主席、记录员、工艺设计师、化学师、操作代表、仪表与控制工程师、安全专家、环境专家		
会议时间：					
页码：1/124					
序号	偏离	原因①	后果②	保护措施	行动
1 乙烯进料管线(提供 1100scfm 乙烯蒸气到 DC 反应器，100psig，环境温度)					
1.1.1	乙烯无流量	FCV-1 故障关或误关	裂解炉中氯气未反应；可能导致炉管损坏	(1) PT-1 低压报警；停车；(2) 在炉管损坏前通过 2 次/h 反应器取样检测乙烯流量低	1，2
			裂解炉中氯气未反应；可能导致炉管损坏；热氯气蒸气泄漏	(1) PT-1 低压报警，停车；(2) 在炉管损坏前通过 2 次/h 反应器取样检测乙烯流量低	1，2
			未反应的氯气通过裂解炉和焚烧炉进入装置洗涤器；最终氯气泄漏	(1) PT-1 低压报警，停车；(2) 2 次/h 取样；(3) 洗涤器泄漏报警	1，3，4
1.1.2		PCV-1 故障管或误关	裂解炉中氯气未反应；可能导致炉管损坏	在炉管损坏前通过 2 次/h 反应器取样检测乙烯流量低	2，5
			裂解炉中氯气未反应；可能导致炉管损坏；热氯气蒸气泄漏	在炉管损坏前通过 2 次/h 反应器取样检测乙烯流量低	2，5
			未反应的氯气通过裂解炉和焚烧炉进入装置洗涤器；最终氯气泄漏	(1) 2 次/h 取样；(2) 洗涤器泄漏报警	3，4，5
1.1.3		乙烯供应无			
1.1.4		乙烯进料线或连接失效			
……					

表 4.13　HAZOP 分析原因到原因方法会议讨论过程摘录

HAZOP 分析主席	乙烯进料线用于向 DC 反应器供应乙烯蒸气，在 100psig 和环境温度下。 （R&D 确定液体乙烯/氯气反应难以控制，而且大尺度实验产率比预计的要低得多。预工艺危险分析团队也建议采用氯气和乙烯气体，因为更少的物料质量可增加安全性。因此，他们选择使用气相反应。） 供料速率由流量控制阀 FCV-1 控制，为 1100scfm。让我们用 HAZOP 分析引导词和此设计意图来确定一系列偏离。引导词是："无、少、多、部分、伴随、相逆和异常"。偏离都有哪些？
工艺设计师	将这些引导词和设计意图结合可得到："无流量、低流量、高流量、低压和高压、低温和高温"。
HAZOP 分析主席	好的。相逆、异常、伴随和部分这些引导词呢？
操作代表	对，还有"逆流"。"乙烯异常"我们需要考虑吗？
HAZOP 分析主席	当然，非常好。记住我们的基本规则——任何偏离都应该被分析。还有其他偏离吗？（长时间停顿）压力相逆，也就是负压呢？
工艺设计师	只要乙烯存在，负压就不会发生。在环境条件下，乙烯的压力足够高，不会产生负压。但是，我觉得它可以作为一个偏离。
HAZOP 分析主席	"伴随"或"部分"呢？（长时间停顿）
仪表控制师	乙烯伴随污染是一个偏离。尽管我不知道乙烯中会有什么污染物。
HAZOP 分析主席	当我们分析到这个偏离的时候我们会确定污染物。其他人还有建议的偏离吗？（无人回答）好的，让我们从第一个偏离开始。如果装置运行不正常，发生乙烯无流量会导致什么样的后果？
化学师	工艺设计假设所有的氯气在直接氯化反应器中。如果切断乙烯，纯氯气将通过裂解炉和焚烧炉进入装置洗涤器中。
HAZOP 分析主席	会导致什么潜在后果？
化学师	洗涤器将处理一段时间的氯气。最终将耗尽缓蚀剂，氯气将过量。大量的氯气将破坏裂解炉管。我不知道炉管金属性能能否满足要求。
HAZOP 分析主席	好的，那后果是潜在的氯气泄漏和可能的裂解炉破坏。如果炉管破裂，氯气将发生泄漏，对吗？（点头表示同意）好的，乙烯无流量的原因是什么？
仪表控制师	从 P&ID 上看，压力控制阀关闭或流量控制阀 FCV-1 关闭会导致乙烯无流量。
HAZOP 分析主席	非常好。我们逐个原因的来讨论已有的保护措施或者需要什么保护措施？
仪表控制师	好的，最明显的无流量原因是 FCV-1 关闭。
HAZOP 分析主席	好！现在有什么保护措施防止 FCV-1 被关闭，或流量减小？
工艺设计师	工程设计表上显示这是一个故障关阀。这还是一个自动阀，操作人员一般不会动这个阀门。这减少了这个阀门被误关闭的可能性。
操作代表	P&ID 显示在反应器进料管线上有压力传感器，有低压报警 PAL-1 和乙烯供应压力低时氯气切断。还有，虽然没有显示在 P&ID，但是我们有洗涤器氯气检测报警。
HAZOP 分析主席	记录员，请记录下，让某个人去确认这个报警存在并且正常工作
记录员	好的。需要建议在纯氯气存在的条件下检查炉管金属性能吗？
HAZOP 分析主席	是的。很好的建议。还有其他保护措施吗？
工艺设计师	我们计划在运行期间每隔 30min 取一次样。我们将检查样品中氯气含量。

续表

HAZOP 分析主席	对于潜在的后果，大家觉得这些措施够吗?(点头表示同意)好的，下一个原因是什么?
化学师	压力控制阀 PCV 可能故障关闭，导致乙烯无流量。
工艺设计师	是的，但是这个阀也是自动的，在这个剧情中我们有相同的阻止措施。
仪表控制师	但是保护措施是不同的，因为低压力报警和停车控制回路使用相同的传感器。对于报警和停车系统，应该各安装一个独立的压力或流量传感器，以确保检测到乙烯供应量减少。
HAZOP 分析主席	非常好。让我们确认一下阻止措施是与原因和后果相对应的。(讨论继续，记录员在众人注视下完成无流量剧情记录)
HAZOP 分析主席	大家都看到原因到原因分析是怎么进行的了吧?(点头表示同意)。无流量还有其他原因吗?(停顿)
工艺设计师	乙烯供应减少也会导致这个问题。
HAZOP 分析主席	好的，已经有什么保护措施或需要什么保护措施防止乙烯供应减少?
操作代表	操作人员通过 DCS 监控供应压力，每班三次检查就地压力表。管道公司将给我们预警。因此，没有警报就发生乙烯供料完全中断不太可能。
HAZOP 分析主席	如果压力控制阀关闭保护措施也是一样的。都同意吗?(点头表示同意)乙烯无流量还有其他可信的原因吗?
仪表控制师	如果维护工作后管线失效或有未关闭的地方呢?
HAZOP 分析主席	如果管线有漏点会导致什么样的后果?漏点是否是由于维护工作后管线失效或有未关闭的地方造成的?
工艺设计师	就管线这一部分会产生氯气或乙烯泄漏，这取决于此时的工艺情况。这会导致严重的氯气危险或造成乙烯爆炸。
HAZOP 分析主席	好的。在这种情况下我们有什么保护措施，或者如何防止管线有漏点?
工艺设计师	我们的管道按照适当的工程规范设计，可以防止任何形式的管道超压，可防止车辆撞击损坏，对管道日常检查。对于维护后管道，我们防止管线破裂的安全操作规程包含了检查的职责。如果发生事故，工艺区域有喷淋系统和固定式监测喷嘴，区域装备了可燃气体报警仪和氯气传感器，以检测可燃蒸气或氯气。
HAZOP 分析主席	看上去我们有许多阻止和减缓措施。对于潜在后果这些措施足够吗?(点头表示同意)好的，无流量还有其他原因吗?(沉默) 好的，开始分析下一个偏离——低流量。控制点是 1100scfm，低流量表示乙烯流量低于 1100scfm。

注：scfm 为英制流量单位，即标准立方英尺每分钟，$1Nm^3/min=35.315scfm$。

HAZOP 会议以这种形式继续，直到裂解炉每一个工艺参数所有偏离分析完毕。裂解炉开车操作模式下也采用同样方法进行分析。

4.6.7 原因到原因方法的扩展——估计剧情风险

表 4.14 阐明了团队采用第 2 章中介绍的剧情风险分析方法如何开发原因到原因剧情。原因频率采用每年频率指数表示，例如表 4.14 中频率值-1 代表初始原因频率值为$10^{-1}/a$，或每 10 年发生 1 次。

三个损失事件(需要早期更换或维修的炉管破坏、炉管失效导致热氯气泄漏、氯气由洗涤器泄漏)有不同的影响(后果严重性)。第一个损失事件不在分析范围内，不进行进一步评估。第二个损失事件比第三个后果严重，等级分别为 4 和 3。注意，对于每一个剧情，现场人员的健康影响，现场外的公众影响和环境影响应当分别进行评估。

初始事件发生后，每一个保护措施防止损失事件发生所提供的风险降低的数量级记录在方框内。1 代表 1 个数量级的风险降低因子。如果某个保护措施不是初始事件的独立保护层，风险降低因子为 0。保护措施总的风险降低因子为每个保护措施的风险降低因子相加。因此，对于例子中的第二个剧情，剧情风险被两个独立保护层(PT-1 低压报警和切断，风险降低 1 个数量级；每小时 2 次的反应器取样检测乙烯流量减少，风险降低 2 个数量级)降低了 3 个数量级。

总的剧情频率 *SFreq* 为原因频率因子 *Freq* 与保护层总的风险降低因子相减。因此，对于表 4.14 中的第二个剧情，*SFreq*=-1-([1]+[2])=-4。这代表剧情频率为每年 10^{-4}，或者氯气泄漏的频率为 10000 年 1 次。

对于每一个剧情，剧情风险大小为后果和频率的组合。剧情风险大小可由风险矩阵确定。表 4.14 显示有三个剧情在中风险区域(*SRisk*=-1 或 0)，需要用合理可行的降低风险原则(ALARP)确定是否要采取行动。有一个剧情在高风险区域(*SRisk*>0)，需要风险降低行动。

除了指出哪些剧情需要进一步的风险降低外，这些剧情风险降低的计算也可用于确定风险降低行动的优先级。因此，降低在高风险区域风险的行动优先于低风险区域的行动。

表 4.14 中的数据仅用于举例说明目的，并不是特定的初始事件，后果和保护措施的发生频率或失效概率的规范值。

表 4.14 VCM 中试装置 HAZOP 分析结果的剧情风险估计示例

图纸号：VCM 中试装置，版本 0				团队成员：HAZOP 分析主席、记录员、工艺设计师、化学师、操作代表、仪表与控制工程师、安全专家、环境专家					
会议时间：									
页码：1/124									
序号	偏离	初始原因	频率	后果	严重程度	保护措施	剧情频率(10^x)	剧情风险	建议措施
1 乙烯进料管线(提供 1100scfm 乙烯蒸气到 DC 反应器，100psig，环境温度)									
1.1.1	乙烯无流量	FCV-1 故障关或误关	-1	(1) 裂解炉中氯气未反应； (2) 可能导致炉管损坏	不在研究范围	(1) PT-1 低压报警； (2) 停车； (3) 在炉管损坏前通过 2 次/h 反应器取样检测乙烯流量低	—	—	1，2
				(1) 裂解炉中氯气未反应； (2) 可能导致炉管损坏； (3) 热氯气蒸气泄漏	4	(1) PT-1 低压报警； (2) 停车； (3) 在炉管损坏前通过 2 次/h 反应器取样检测乙烯流量低	-4	0 (中风险)	1，2
				(1) 未反应的氯气通过裂解炉和焚烧炉进入装置洗涤器； (2) 最终氯气泄漏	3	(1) PT-1 低压报警； (2) 停车； (3) 2 次/h 取样； (4) 洗涤器泄漏报警	-4	0 (中风险)	1，3，4

续表

<table>
<tr><td colspan="4">图纸号：VCM 中试装置，版本 0</td><td colspan="6" rowspan="3">团队成员：HAZOP 分析主席、记录员、工艺设计师、化学师、操作代表、仪表与控制工程师、安全专家、环境专家</td></tr>
<tr><td colspan="4">会议时间：</td></tr>
<tr><td colspan="4">页码：1/124</td></tr>
<tr><td>序号</td><td>偏离</td><td>初始原因</td><td>频率</td><td>后果</td><td>严重程度</td><td>保护措施</td><td>剧情频率(10^x)</td><td>剧情风险</td><td>建议措施</td></tr>
<tr><td rowspan="3">1.1.2</td><td rowspan="3">乙烯无流量</td><td rowspan="3">PCV-1 故障关或误关</td><td rowspan="3">-1</td><td>(1) 裂解炉中氯气未反应；
(2) 可能导致炉管损坏</td><td>不在研究范围</td><td>在炉管损坏前通过 2 次/h 反应器取样检测乙烯流量低</td><td>—</td><td>—</td><td>2，5</td></tr>
<tr><td>(1) 裂解炉中氯气未反应；
(2) 可能导致炉管损坏；
(3) 热氯气蒸气泄漏</td><td>4</td><td>在炉管损坏前通过 2 次/h 反应器取样检测乙烯流量低</td><td>-3</td><td>1
(高风险)</td><td>2，5</td></tr>
<tr><td>(1) 未反应的氯气通过裂解炉和焚烧炉进入装置洗涤器；
(2) 最终氯气泄漏</td><td>3</td><td>(1) 2 次/h 取样；
(2) 洗涤器泄漏报警</td><td>-3</td><td>0
(中风险)</td><td>3，4，5</td></tr>
</table>

4.7 HAZOP 分析的常见问题与关注点

在进行 HAZOP 分析时，应特别注意以下方面及问题：

(1) 管路和管段。

(2) 储罐和压力容器。

(3) 反应器和异常化学反应。

(4) 泵的安全压力评估。

(5) 设备安装形式。

(6) 物料和介质的特性。

(7) 危险存量的隔离。

(8) 高温系统、低温系统。

(9) 有毒气体的检测。

(10) 火灾下的钢架承重。

(11) 消防系统的完备性。

(12) 消防水能力是否足够？

(13) 是否存在小事件大后果？

(14) 人员的防护、防毒、防火。

(15) 安全措施本身是否有隐患?

(16) 安全措施的独立性判定。

(17) 安全措施的优先选择原则。

(18) 事故高发设备类型排序。

(19) 潜在事故第一爆发点周边环境调查。

进行HAZOP分析时,需对一些重点内容给予特别关注。如下:

4.7.1 安全措施的独立性

安全措施又称为保护层,其独立性判断原则是对于同一个危险剧情而言的。同一个安全措施可能在多个危险剧情中起作用,需要分别考虑。当HAZOP分析使用风险矩阵时,必须判断安全措施的独立性,非独立的安全措施降低风险的效果不确定(风险降低因子为"0"),详细内容见第9章。以控制系统为例,以下安全措施都不满足独立性要求。

(1) 采用了测量初始原因的传感器作为安全措施。

(2) 两个安全措施采用了同一个传感器。

(3) 将导致初始原因的阀门作为安全措施的执行部件(最终原件)。

(4) 两个安全措施共用同一个执行部件。

(5) 将导致初始原因的控制器当作安全措施的逻辑控制器。

(6) 采用同一个逻辑控制器当作两个安全措施(在低要求安全模式下,也可能采用同一个PLC完成两个安全措施的逻辑控制)。

4.7.2 安全措施的优先选择原则

当安全措施降低风险的效果基本上相当时,可以参考如下优先原则权衡:

(1) 防止型安全措施优先于减缓型安全措施;

(2) 在多个危险剧情中起作用的安全措施优先;

(3) 基本过程控制系统(BPCS)优先于安全仪表系统(SIS);

(4) 非用功能安全仪表不可时,SIL等级低的功能安全仪表优先;

(5) 降低高风险剧情作用大的安全措施优先。

无论选择哪种安全措施,重要的是它们能使装置在全部操作条件范围内和当误操作时仍是安全的,并且在装置改造后仍保持有效。

4.7.3 事故高发设备类型的排序

以下排序根据美国重大事故统计数据,仅供参考。排在前面的为事故高发设备。

(1) 管道系统;

(2) 储罐和过程储罐;

(3) 反应器;

(4) 热交换器;

(5) 塔;

(6) 阀门;

(7) 压缩机;

(8) 泵。

4.7.4 化学反应和异常化学反应

(1) 化学反应类型的危险性排序

所有化学反应都应考虑为有危险性，除非证明其无危险性。在已有的事故报告中聚合反应的事故率最高，其他依次是硝化反应、硫化反应和水解反应。即使在手册中未被列出，也不意味着该反应无危险性。

(2) 化学反应危险的来源

化学反应的危险来自于：内在的热分解、迅速地放热、迅速地汽化。如果没有适当的控制，化学反应的失控可能在反应的任何时刻发生。

(3) 化学反应防止型安全措施设置要领

采用防止型安全措施应当在故障发生前识别过程危险。此时应说明相关的界限条件或一个范围，即过程操作应当维持在这个范围之内才是安全的。并且防止措施应能保证过程维持在这个范围之内。

反应过程的安全范围受多种因素影响，这些因素主要是：

① 温度/压力　反应要求的最高/最低温度和压力应当定义。

② 加入量　以正确的化学物料，正确的时间和速率加入反应器是重要的。

③ 搅拌　如果搅拌器失效，未反应的物料会积累或分离成不同的相(层)，可能导致暂时反应速率减缓的假象。

④ 系统的涤气和气体排放　应当确定在正常和非正常反应中蒸发/汽化的速率，保证系统容量和承压是充分的。

⑤ 安全时间　任何参与反应的物料量在最大反应时间内的反应温度的升高，必须限制在可控的范围内，温升速率、高限及高高限应当加以确定。

⑥ 人员　操作人员应当训练有素，应提供良好的操作规程和指导，包括在非正常工况时的处理方法。

⑦ 仪表控制　对关键参数应当具有调整功能，一旦需要时，应当能产生正确有效的控制作用。

(4) 要确保安全措施能正常工作

当建议安全措施时，熟悉有关反应动力学的知识是很重要的，以便这些措施在运行时能足够快捷、有效，并且使用时不会引发进一步的危险。例如，关闭阀门的响应速度既包括引入反应抑制剂的作用，也包括将反应物卸载的速度，应当确保在反应器中的反应失控之前反应被终止，或反应物被卸光。

用于一旦发生爆炸时的释放设施及其下游的任何设备和管道，应当设计得能够应对反应物释放的速度。应当能够及时疏散掉装置内的气体/蒸气、液体、固体或任何它们的混合物。

(5) 反应装置维护时的预防措施

实施有效的和定期的预防性维护能使反应装置平稳运行，也是防止误操作的一个重要途径(需要操作人员操作的时间减少了)。然而。当维护执行得不适当时，其本身也有危险。

因此，应当建立一个正规的维修团队，以保证实施维护或维修时的安全。

4.7.5 潜在事故第一爆发点的周边环境

潜在事故第一爆发点是一个“顶上事件”，或称“第一后果”，是由系统内部的危险诱发和传播所导致的一个危险“释放”处，又称为失事点。潜在事故第一爆发点与装置的三维结构和空间分布有关，必须详细调查了解装置现场的实际情况。关注以下因素会有助于确定不利后果的严重度(以下潜在事故第一爆发点简称失事点)。

(1) 失事点周边人员存在的概率?

(2) 失事点物质的性质?(易燃、易爆、有毒、易挥发等)

(3) 失事点物质的存量大小?(包括周边有否大容量危险化学品储罐等)

(4) 失事点物质的状态?(流束、蒸气云、火焰等)

(5) 失事点的压力和温度?(包括周边环境的压力和温度)

(6) 失事点危险是否会增强?(三维位置。例如：中心位置，牵连周边危险环境，难于灭火等)

(7) 失事点危险是否会叠加?(例如：引发多种不利后果)

(8) 失事点周边有否可燃物?

(9) 失事点周边有否明火或危险设施?(例如：加热炉、反应器、氢气或烃类压缩机等)

(10) 失事点周边有否高温高压设施或管线?(例如：反应器、蒸汽管线等)

(11) 失事点周边有否其他危险源?

(12) 失事点周边有否防火、防爆设施?

4.7.6 危险物料存量的隔离

事故中，快速地隔离过程工厂的储罐容器是一种最有效的防止泄漏(跑料)和限制泄漏的方法。确定隔离范围时，应当设计得使过程处于安全状态，并减少泄漏。

对于所有大容量存量部位的紧急隔离措施和程序应当包括在应急计划中。应当对操作人员和维护工作人员进行培训，让在岗人员掌握有关的知识，知道应急计划的内容，包括在发生事故时，他们应当执行的特殊响应(动作)。

实现紧急隔离的系统如下：

(1) 手动操作的隔离阀门

在某些情况下，当某些主危险不需要快速隔离时，可以采用手动隔离。手动隔离阀应当方便于操作并有明显的标识。应考虑到在需要紧急停车的情况下，现场可能发生的混乱状况和遇到的困难。当操作人员在任何危险情况下，都能有效地实现手动隔离时，则不必考虑采用遥控切断阀。这是确定是否要选择遥控切断阀的一个主要原则。

然而，通常手动隔离阀常常安装在那些主要用于维修工作而不是提供安全或最有效实施隔离操作的位置。因此，任何用于减缓和隔离作用的阀门的安装位置都需要仔细斟酌和考虑。

(2) 自动联锁停车阀

此类阀由过程测量传感器和控制器闭环自动控制。在检测到非正常的过程或设备条件时，例如压力或温度超高时阀门动作。该系统通常是联锁停车系统的一个组成部分。它们可以设计成一种附加的功能以便实现危险隔离。然而，此种系统需要仔细地考虑，这些阀门应当能够提供严密地关闭功能，阀门防火可能是必须的，以便能在危险状态下正常工作。

(3) 遥控切断阀(ROSOVs)

管网上安装遥控切断阀，在危险时能够实现快速关闭，可以有效地减小由主危险引发的风险。它的安装位置对危险物质的释放应当是可预测的。通过快速地隔离能大大减少主危险的发生和其后果的严重度。虽然遥控切断阀是首选，也不排除选择其他合适的方法。这些方法能为操作人员提供保护。

遥控切断阀可以在与该阀有安全距离的地方，通过安装按钮实施手动操作。泄漏检测可以联锁一个报警，操作人员在现场或控制室都能对报警进行响应，操作遥控切断阀，如果有必要也能同时操作其他系统。

手动操作遥控切断阀的优点：

- 发挥了操作人员的分析判断能力，优点在于操作人员考虑了最适用的方法来处理泄漏，包括隔离；
- 避免虚假报警；
- 避免自动控制设备的潜在故障。

一种更为有效的针对潜在危险的响应，可以采用由检测系统驱动遥控切断阀的方法(例如，安装在危险现场周围的有毒、可燃气体或烟雾的检测)。这种具有自动作用的遥控切断阀系统的优点是：

- 消除了潜在的操作错误；
- 能更加快速地隔离；
- 减少了风险评估时所计算预测的释放量和对工厂外部不利后果的影响。

设置手动操作遥控切断阀时，应当同时提供备份(冗余)的自动作用的设施，这种设施在某些情况下可能得到更快的响应。例如，在工厂现场危险逃生的路径上设置。

(4) 遥控切断阀的设计考虑

危险隔离系统应当规划得适合于工厂设计和操作实践。遥控切断阀可能需求安装在流程中的容器、泵、其他辅助设备或管道上。应当仔细考虑释放的位置，例如：设备的接口、进料口和转动设备(入口)。它们应安装在尽可能地靠近容器或现场装置，并且易于巡回检查和维护的位置。通常阀门的关闭应尽可能快捷。还应考虑到系统设计的限制。

对于复杂的相互关联的装置，遥控切断阀的位置需要仔细地考虑。由于潜在的内部存量，例如当温度升高时将导致管路超压。可能的虚假的联锁影响应也要加以考虑。对此类设计应当采用正规的安全评估，例如 HAZOP 分析。通常，安全评估是基于合理的标准来选择可行的隔离和减缓措施。经评估后，识别出具体的释放“剧情”是十分重要的。

(5) 遥控切断阀特性的选择

选择遥控切断阀时，需要考虑以下一些重要因素：

- 应当对阀门的安全限度进行评估分类，遥控切断阀必须得到适当的检查和维护，经常试验阀门的功能是否正常。特别是那些操作频繁的阀门，应当根据设计和应用的需要确定试验的频度和检查的内容。当没有这种评估时，建议至少三个月要检查和维修一次。

• 应用“失效-安全原理”，选择遥控切断阀通常要考虑关闭失效的可能性，当现场不允许其发生关闭失效时，应该提供备用电源/气源。

• 阀门一旦动作，应当具有保持“失效-安全”状态的能力，直到手动复位。

• 在危险的全过程中，能够提供有效的关闭度。

• 具有防止外部火灾或爆炸危险的功能。例如，该处主危险是火灾或爆炸，该阀会受到火焰的烧烤。

思　考　题

1. HAZOP 分析的简要分析步骤和要领是什么？
2. HAZOP 分析团队主要应当由哪几个专业技术人员组成？
3. HAZOP 分析团队成员主要职责是什么？
4. HAZOP 分析的主要优点是什么？能解决何种安全问题？
5. HAZOP 分析和传统的检查表法的主要区别和联系是什么？
6. 进行 HAZOP 分析需要收集哪些必备信息资料？
7. HAZOP 分析会议的基本步骤是什么？
8. 划分节点需要注意什么？
9. 怎样选择引导词和参数/要素组合得出偏离？
10. 怎样进行不利后果和原因的识别？
11. 怎样进行现有安全措施的识别，建议措施的选定？
12. 怎样编制 HAZOP 分析报告？
13. HAZOP 分析跟踪和关闭需要注意什么？
14. 怎样提高 HAZOP 分析会议效率？
15. 怎样提高 HAZOP 分析报告质量？
16. 试列举 5~10 个 HAZOP 分析时的关注点。

第 5 章　工程设计阶段的 HAZOP 分析

要点导读

工程设计阶段开展 HAZOP 分析能分析安全措施的充分性，检查强制性标准在设计中的落实情况。在设计阶段进行 HAZOP 分析是最理想的选择。本章介绍了基础工程设计阶段开展 HAZOP 分析工作的关键步骤和分析要点，对“七环节”方法和“七问”方法进行了详细介绍。本章还通过实例讲解了 HAZOP 分析全过程的管理方法。

5.1　工程设计阶段 HAZOP 分析的目标

近十多年来，我国完成了中海壳牌、赛科、扬巴一体化、福建炼化一体化等多个世界级的大型合资项目。且每个项目的设计阶段都进行了 HAZOP 分析。工程设计阶段的 HAZOP 分析一般在基础设计的后期和详细设计阶段进行。基础设计阶段的 HAZOP 分析主要针对工艺流程。详细设计阶段的 HAZOP 分析主要针对设备和重大的设计变更。在工程设计阶段开展 HAZOP 分析对未来二三十年内工艺装置的安全性和可操作性有着至关重要的影响。

工程设计阶段开展 HAZOP 分析的目标主要有以下方面：

(1) 检查已有安全措施的充分性，保证工艺的本质安全；

(2) 控制变更发生的阶段，避免发生较大的变更费用。

一般来说，产品的安全性能和设施主要是在设计阶段决定的。就像人们在购买汽车时会特别注意安全方面的配置，而这些配置都是在汽车的设计阶段决定的。石油化工的设计阶段是石油化工厂的孕育阶段，这一阶段直接决定了工艺装置在未来生命周期内的安全性和可操作性。

5.1.1　检查已有安全措施的充分性，保证工艺的本质安全

现代的石油化工厂的安全防护策略基本上是按“洋葱模型”进行的。如图 5.1 所示，由于安全保护层是由里到外的包裹层状结构，故此得名“洋葱模型”。保护层由里到外的排列顺序是：限制和控制措施、预防性保护措施和减缓性保护措施，详见第 2 章有关内容。

洋葱模型从里层到外层分别代表如下安全防护策略。

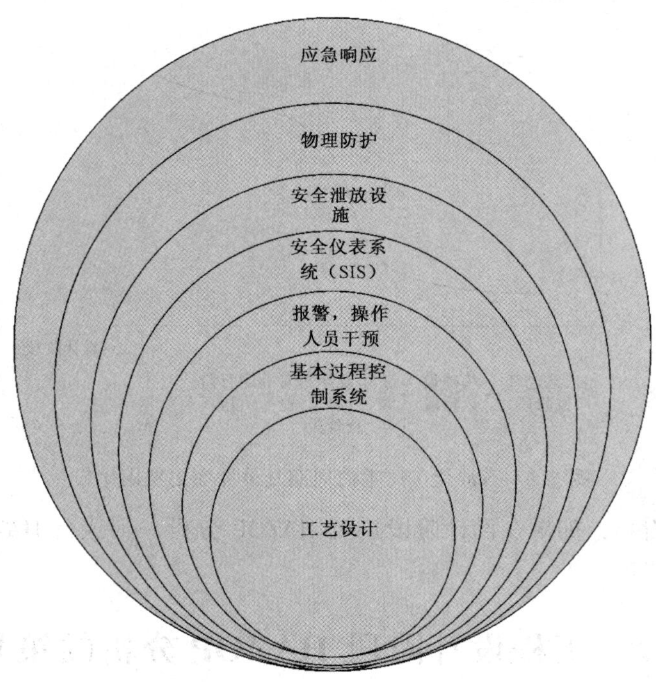

图 5.1　安全防护策略的“洋葱模型”

（1）工艺设计；

（2）基本过程控制系统；

（3）报警，操作人员干预；

（4）安全仪表系统(SIS)或紧急停车系统(ESD)；

（5）安全泄放设施；

（6）物理防护；

（7）应急响应(水喷淋、应急预案)。

目前先进的、具有国际水平的工艺装置基本上都采用了洋葱模型的防护策略。HAZOP 分析最主要的分析对象是工艺设计的管道仪表流程图即 P&ID。P&ID 几乎包含了洋葱模型的所有安全措施，显示了所有的设备、管道、工艺控制系统、安全联锁系统、物料互供关系、设备尺寸、设计温度、设计压力、管线尺寸、材料类型和等级、安全泄放系统、公用工程管线等关于工艺装置的关键信息。

因此通过分析 P&ID，几乎可以分析所有安全措施的充分性，检查强制性标准规范在设计中的落实情况。

5.1.2　控制变更发生的阶段，避免发生较大的变更费用

HAZOP 分析的主要目的是检查已有安全措施的充分性。在 HAZOP 分析过程中往往会提出大量的建议安全措施，这些措施的落实需要产生变更费用。工艺装置生命周期和变更导致的费用关系如图 5.2 所示。

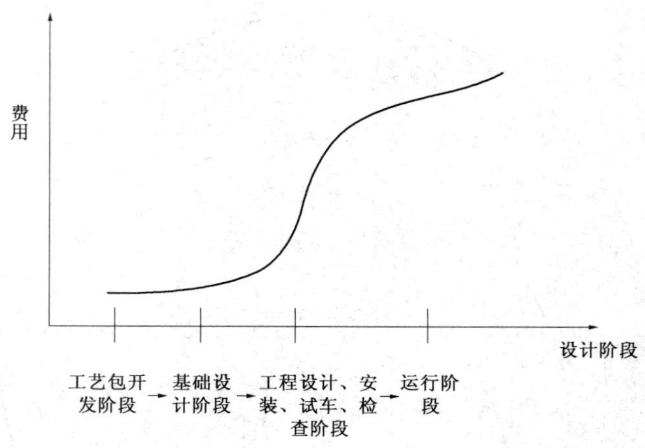

图 5.2　石油化工厂生命周期及设计变更费用比较

从图 5.2 可以看出，如果在设计阶段进行 HAZOP 分析，则执行 HAZOP 分析建议所产生的变更费用是最少的。

5.2　工程设计阶段 HAZOP 分析的策划

HAZOP 分析是设计阶段的工艺危险分析工作之一。设计阶段的工艺危险分析基本上分为如下几个阶段，如图 5.3 所示。

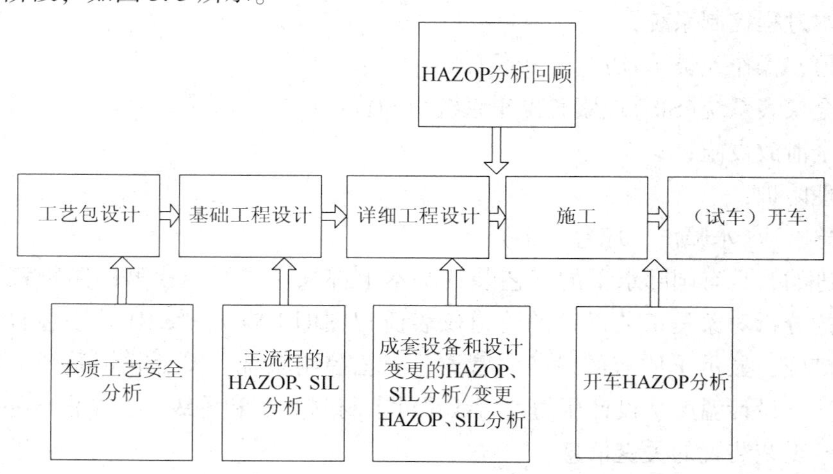

图 5.3　设计阶段的工艺危险分析

一套工艺装置从立项到投产大概经历工艺包设计、基础工程设计、详细工程设计、施工和试车几个阶段。

工程设计阶段包含基础工程设计阶段和详细工程设计阶段。

基础工程设计是在工艺包的基础上进行工程化的一个工程设计阶段。其主要目的是为提高工程质量、控制工程投资、确保建设进度提供条件。在基础设计阶段结束时，所有的技术原则和技术方案均应确定。对于国内一般的设计院或工程公司，在基础工程设计阶段，参加设计的主要专业是工艺专业、自控和设备专业。

详细工程设计是在基础工程设计的基础上进行的，其内容和深度应满足通用材料采购、设备制造、工程施工及装置运行的要求。

基础工程设计阶段的 HAZOP 分析主要是确定安全设施是否存在以及如何设置和设计。因此基础工程设计阶段的 HAZOP 分析至关重要。基础工程设计阶段的 HAZOP 分析主要是针对主流程；详细工程设计阶段的 HAZOP 分析主要是针对成套设备(如压缩机)以及基础设计阶段 HAZOP 分析后发生的设计变更。基础设计阶段的 HAZOP 分析安排在基础设计完成后、政府或上级单位审查前的这一段时间进行，详细设计阶段的 HAZOP 分析应该在详细设计结束前完成。

从安全管理的完整性来讲，在安装施工前应该进行一个 HAZOP 分析回顾。这项工作的目的主要是在现场开始安装之前，对此前完成的 HAZOP 分析进行回顾，从而尽可能避免安装施工阶段可能出现的变更(因为在图纸阶段进行变更要比在安装后再作变更经济得多)。进行 HAZOP 分析回顾的主要工作内容包括：(1)回顾此前 HAZOP 分析提出的建议措施，特别是对未能及时关闭的有关设计的建议措施进行讨论，必要时可以对原有的建议措施进行补充、修改甚至删除。(2)回顾此前 HAZOP 分析工作完成后所发生的设计变更，必要时对变更部分重新进行 HAZOP 分析。(3)更新 HAZOP 分析报告，形成一份新版报告。此项工作通常由原 HAZOP 分析团队负责完成。工作过程中，主要参考此前完成的 HAZOP 分析记录表进行讨论(讨论过程与正常的 HAZOP 分析类似)。在安装施工前开展的 HAZOP 分析回顾通常适用于规模较大的项目，或者是 HAZOP 分析后经历重大变化的项目。此阶段的工作只对 HAZOP 分析记录表中有建议项的事故剧情进行讨论，因此可以节约大量的讨论时间。

开车阶段是危险性较大的一段时间，很多重大过程安全事故发生在这个阶段。有些公司会在开车前，针对开车方案进行 HAZOP 分析，检查开车流程和开车设施的安全性。

5.3　工程设计阶段 HAZOP 分析的步骤

在工程设计阶段开展 HAZOP 分析的关键步骤如下：

(1) 确定是否进行 HAZOP 分析

HAZOP 分析的需求往往来自于业主，有时候来自专利商。这种需求一般是正式的，而且应当体现在双方的合同里。在合同谈判时要明确是否要进行 HAZOP 分析，因为 HAZOP 分析需要人员、工时及费用的投入，参与人员包括设计、业主、操作专家、专利商和厂商人员等各个方面。一般专利商和操作专家由业主方派出。还要注意与设备的供应商事先就 HAZOP 分析工作在合同里明确，特别是约定人员的派出和落实 HAZOP 分析建议措施方面的内容。HAZOP 分析对项目的进度安排会产生影响。

(2) 确定 HAZOP 分析所依据的标准

要明确设计标准，这些标准包括工艺设计标准、设备设计标准、控制系统设计标准、安全仪表系统设计标准等。这些标准是设计的基础，也是 HAZOP 分析的依据。安全措施是否充分、如何落实 HAZOP 分析提出的意见和建议，主要是以这些标准为依据。设计标准在项目一开始就要确定，业主和设计方要达成一致意见。

在工程设计阶段的初期要确定风险承受标准或可接受的风险标准。这是非常关键的。不同的行业、不同的国家、不同的公司可能有不同的可接受风险标准。可接受的风险标准水平将影响装置的安全水平。

从风险角度来看，任何一个组织面临的风险要么是可以接受的，要么是不可以接受的。许多国际大公司对于自己的风险承受标准有详细的规定和表述，并且在业务活动中执行这些标准。为了方便 HAZOP 分析，很多公司采用风险矩阵。图 5.4 是一个公司采用的风险矩阵，很多公司采用的风险矩阵基本上与此类似。

后果严重等级	事故后果					发生的可能性				
	人员	财产	环境	声誉	法律法规	从未听说过	在国内曾发生过	在行业内发生过	在公司内曾发生过	在工作场所经常发生(次/年)
	People	Assets	Environment	Reputation	Law	A(1)	B(2)	C(3)	D(4)	E(5)
0	无伤害	无损失	无影响	无影响	完全符合					
1	轻微受伤，采取急救措施，不影响工作	经济损失 8~80 万元	局部轻微污染	本公司内部影响	不符合本公司标准		低风险区			
2	中度伤害，正常工作受影响	经济损失 80~800 万元	区域中等污染，但无持续影响	本省市或本行业内影响	不符合行业标准			中风险区		
3	部分丧失劳动力，造成部分残疾或职业病	经济损失 800~8000 万元	区域严重污染或受到投诉	国内范围的媒体影响	潜在的不符合法律法规				高风险区	
4	终身残疾，或造成人员死亡	经济损失 >8000 万元	超过国标的大范围污染	国际互联网影响	违反国家法律法规					

图 5.4 风险矩阵实例

(3) 确定 HAZOP 分析程序

设计方一般采用业主的或业主认可的 HAZOP 分析程序。HAZOP 分析程序应详细规定如何进行 HAZOP 分析。在该程序里还要规定用何种方法进行 HAZOP 分析。一般认为 HAZOP 分析专指采用“引导词”的分析方法。但有的项目采用“基于经验”的分析方法。一般说来“引导词法”对 HAZOP 分析主席的要求较低一些。“基于经验”的方法对 HAZOP 分析主席要求高，一般是过程安全专家，最好具有实际操作经验。

(4) 确定谁来发起 HAZOP 分析

HAZOP 分析工作一般由业主发起，设计单位给予配合。近年来完成的中海壳牌、赛科、扬巴一体化、福建炼化一体化等项目，其 HAZOP 分析都是由业主组织的。

如果业主缺乏组织 HAZOP 分析的经验，也可以由设计单位组织。在这种情况下，业主不仅要密切配合，更要高度重视这项工作，特别是需要得到业主方高层的关注和支持。

设计阶段的 HAZOP 分析也可以由业主委托第三方机构进行，业主及设计单位派人参加。

无论何种情况，设计方都要有一个有经验的人专门负责此事，一般由过程安全工程师负责。

（5）确定哪些人参加 HAZOP 分析

前面已经对 HAZOP 分析团队的组成进行了详细的介绍。一般来说，工程设计阶段的 HAZOP 分析至少需要以下人员参加：

- HAZOP 分析主席：要具有相对的对立性(第二方、第三方)；
- HAZOP 分析记录员：最好是工艺人员；
- 业主(操作专家)；
- 工艺设计人员；
- 安全工程师；
- 专利商；
- 成套设备制造商(当进行成套设备 HAZOP 分析时)。

（6）确定 HAZOP 分析时间进度计划

HAZOP 分析的组织者要根据装置的规模、P&ID 的数量和难易程度估算 HAZOP 分析的时间。HAZOP 分析的时间长短直接决定了 HAZOP 分析本身需要的费用。这项工作一般由业主、HAZOP 分析主席、过程安全工程师完成。根据经验，对于中等复杂程度的 P&ID，在采用“引导词法”进行 HAZOP 分析时，平均每天大概能完成 3.5 张。在策划 HAZOP 分析工作时，可以据此对花费的时间进行估计。

HAZOP 分析的耗时一直是国内外关注的问题。传统的 HAZOP 分析采用引导词法，对每一个节点的每一个工艺参数的偏离进行检查和讨论，这是非常消耗时间的过程。以某大型化工工艺装置为例，如果采用传统的 HAZOP 分析，历时在 1 个月以上，这还要考虑采取多团队并行分析的方式。因此，对于比较成熟的工艺过程，即 HAZOP 分析团队成员非常熟悉被分析项目的工艺及设计要求，并且具有专家水平，可以不必采取大范围的引导词法 HAZOP 分析，可以考虑采取更加灵活的，如基于经验的 HAZOP 分析方法。一般情况下，采用基于经验的 HAZOP 分析方法至少可以节省一半的时间。

由于 HAZOP 分析的对象是工艺设备、工艺管线和仪表，HAZOP 分析的结果对于下游专业有很大的影响。这意味着只要 HAZOP 分析没有完成，工艺方面很有可能产生变化。所以在安排工程进度的时候，必须考虑 HAZOP 分析工作对工程进度的影响，提前做好 HAZOP 分析策划和关闭等工作安排的策略。仅仅完成 HAZOP 分析，从 HAZOP 分析的工作量看，还不到一半。更重要的是相关方如何去落实 HAZOP 分析所提的建议。只有落实了 HAZOP 分析建议，HAZOP 分析才有意义。因此关闭的时间也要进行考虑。

（7）确定 HAZOP 分析需要准备哪些文件

HAZOP 分析所需要的最主要的文件就是 P&ID，一般情况下设计单位需要单独出一版供 HAZOP 分析的 P&ID 文件。

5.4　工程设计阶段 HAZOP 分析的要点及注意事项

5.4.1　HAZOP 分析的要点

对于一个项目而言，进行 HAZOP 分析前要制定一个作业程序，在进行 HAZOP 分析时按作业程序开展工作。这样的一个程序通常由业主制定或由业主认可。前面5.2节主要讨论如何策划一个工程设计阶段的HAZOP分析工作，侧重于HAZOP分析工作的宏观管理。本节主要讨论HAZOP分析作业程序内容，也就是工程设计阶段HAZOP分析的要点。

(1) 明确HAZOP分析的组织者

作业程序要明确项目经理是HAZOP分析工作的第一责任人。在实际工作中，项目经理关注此事，体现了项目管理层对此项工作的重视。HAZOP分析的具体协调与安排等工作，一般由安全工程师、HSE经理、HSE工程师、项目工程师等人负责。

(2) 明确HAZOP分析的研究范围

在HAZOP分析程序里要确定对哪些工艺装置、单元和公用工程及辅助设施进行HAZOP分析。在作业程序里要明确HAZOP分析的主要对象是工艺管道及仪表流程图(P&ID)和相关资料。设计阶段产生的文件种类成百上千，但HAZOP分析的对象主要是工艺设计的核心文件，这些文件是过程安全设计最主要的信息载体。

(3) 明确HAZOP分析的时间段

工艺装置和公用工程主流程的HAZOP分析应安排在基础工程设计工作基本完成之后，上级主管部门审查之前进行。这种安排，可以使HAZOP分析的结果以及对设计所作的变动能体现在基础工程设计审查文件中。主管部门审查主要是确定投资，因此在主管部门审查前进行，可以考虑HAZOP分析带来的投资影响。但是，现在的项目进度安排往往很紧张，特别是国内项目，有些项目的HAZOP分析放在详细设计阶段的初期，这就要求准备工作必须充分，并且对HAZOP分析提出的建议的关闭策略达成一致意见。

(4) 确定HAZOP分析组成员

前面已经介绍过，HAZOP分析主席、HAZOP分析记录员、工艺工程师、仪表工程师、专利商代表、安全工程师、生产及操作人员代表(业主代表)等是工程设计阶段HAZOP分析团队的主要成员。

(5) 准备HAZOP分析所需资料

HAZOP分析所需要的主要资料是管道仪表流程图(P&ID)、工艺流程图(PFD)、物料平衡和能量平衡、设备数据表、管线表、工艺说明等文件。这些图纸和资料需要在HAZOP分析会开始前准备好。特别是P&ID，应保证与会人员每人一套。P&ID要信息完整、符合设计深度要求，以保证分析的准确性。

(6) 选择HAZOP分析的管理软件

现在的HAZOP分析一般都要采用专门的HAZOP分析软件，进行记录和管理。要在程序里明确用哪一种HAZOP分析软件。国内外都有专业化开发的计算机辅助HAZOP分析软件。这些管理软件能有效地帮助记录HAZOP分析过程，管理HAZOP分析的有关信息，提高分析工作的效率。当然，也可以用普通的办公软件如Word或Excel进行记录和管理。

(7) HAZOP分析会议前的准备

在进行HAZOP分析会议之前，HAZOP分析主席和记录员应当提前几天开始工作。他们的主要任务是：检查HAZOP分析所需资料是否齐全；与工艺设计人员沟通以便了解更多的信息；初步划分HAZOP分析节点(注：有时候划分节点的工作也可以在分析会上进行)；向HAZOP分析记录软件里输入一些必要的信息。

（8）进行 HAZOP 分析

前面所述的几点实际上都是准备工作。在 HAZOP 分析会议的第一天，在分析工作正式开始前，HAZOP 分析主席最好对参会人员进行一个简短的 HAZOP 分析方面的培训，即使参会人员已经有很多经验。简短培训完毕后，参会人员一般会介绍自己，让大家知道各成员的工作经验、专业特长以及在 HAZOP 分析中的角色。在接下来的时间里，HAZOP 分析团队成员在 HAZOP 分析团队主席的领导下按 HAZOP 分析程序要求的步骤开展工作。HAZOP 分析基本上按图 5.5 所示步骤进行。

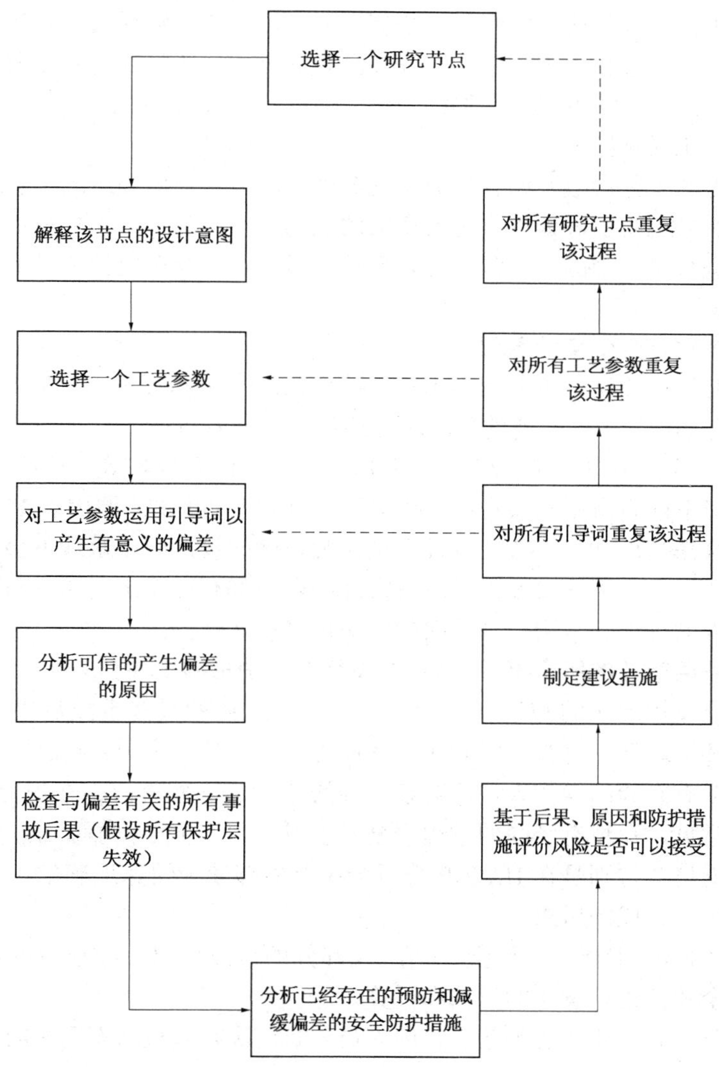

图 5.5　HAZOP 分析步骤

5.4.2　HAZOP 分析注意事项

前面的章节已经对 HAZOP 分析的步骤进行了详细的介绍，这里不再重复。下面根据图

5.5 简单介绍工程设计阶段 HAZOP 分析的要点和一些需要注意的地方。

(1) 选择一个分析节点

分析节点由 HAZOP 分析主席确定，可以在 HAZOP 分析会之前划分，也可以在开会时当场划分，以参会人员都没有异议为准。分析节点要标在大号的 P&ID 图纸上。大号的 P&ID 图纸一般应悬挂在黑板上或墙上，有时候也平铺在会议桌上，这样参会人员都可以看得见。

(2) 解释该节点的设计意图

由设计方的工艺工程师简短解释每一个节点的设计意图。解释时要简洁明了，解释清楚工艺过程即可。在介绍过程中可以随时回答参会者提出的一些问题。要特别注意介绍不同操作工况下的设计意图。HAZOP 分析记录员要记录节点的设计意图。

(3) 选择一个工艺参数

一般从最常见的工艺参数开始，如流量、温度、压力、液位和组成等。

(4) 对工艺参数运用引导词以产生有意义的偏离

前几章已经进行了详细的介绍，由工艺参数和引导词组合形成偏离，如“流量”+“低”形成“流量低”的偏离。

(5) 分析可信的产生偏离的原因

这项工作需要发挥团队的知识和经验。尽管 HAZOP 分析是一个“头脑风暴”的讨论过程，但分析团队仍然要寻找“可信的”的原因，而不是不着边际。比如说，造成管道“流量低”的原因一般有：管路上的阀门误关、控制阀故障、上游泵故障等。这些都是“可信的”原因。但假设天上掉下陨石击中管线造成“流量低”就是“不可信的”原因。参会人员的经验越多，在这方面越容易达成共识。有些设计人员认为正确的设计应该永远不会出问题，其实这是理想化了。操作人员会告诉设计人员所有设计的东西都有可能出问题，理想和现实总是有很大的差距。原因的种类和常用识别原因的方法详见第 8 章。

(6) 检查与偏离有关的所有事故后果(假设所有保护措施失效)

这项工作需要发挥团队的知识和经验。一个偏离造成的最终事故后果主要包括人身伤害、财产损失、环境破坏、声誉下降和违反法律等几种。从安全角度讲，人身伤害的后果需要特别关注。很多有经验的操作人员都会亲身经历或知道一些事故，在进行 HAZOP 分析时要多听取他们的意见。一位有经验的过程安全专家或过程安全工程师在分析事故后果时能给予很大的帮助和支持，特别是在 HAZOP 分析会议上能够较为快速地确定一个较为合理的火灾、爆炸、泄漏可能造成的后果。

HAZOP 分析团队一般能在会议上评估绝大部分的事故后果。在很少的情况下，需要在会后借助专业安全软件进行量化的评估和计算。

在进行后果分析时，要注意工艺装置内人员分布情况在事故状态和平时是有区别的。比如，当装置一台工艺物料输送泵发生大量泄漏时，现场操作人员报警后，有可能设备人员、仪表人员或其他人员到现场检查或了解情况。如果此时发生闪爆，伤亡人数可能会比平常多。在进行后果分析时，要特别注意这一点。有的公司专门有这方面的规定。

需要指出的是，在寻找最终的事故后果时，要假设所有防护措施失效或不起作用，否则就不能正确分析出事故后果。例如，对于丙烯精馏塔，在分析偏离“压力高”可能带来的后果时，即使 P&ID 上已经有了仪表安全联锁系统、安全阀，但在分析后果时要假设联锁系统、安全阀不存在或失效，这样才能得出“压力高”可能导致的后果是“塔系统超压，可能导致设备或管线破裂，工艺物料泄漏，发生火灾或爆炸事故，造成一人或多人伤亡”的后果。通过这种方式，能够对某种工艺危害的本质安全后果进行正确的分析和评价，从而可以检查已有安全措施(如联锁系统、安全阀等)的充分性，有助于进一步提出建议的安全措施。

和前面分析偏离产生原因类似，在分析偏离可能造成的后果时也要寻找“可信的”后果，而不能过分夸大后果的严重程度。

(7) 分析已经存在的预防和减缓偏离的安全防护措施

人们都知道“安全第一、预防为主”这句安全管理的至理名言，过程安全管理更是如此。危险源、事件、事故、控制措施的关系如图 5.6 所示。

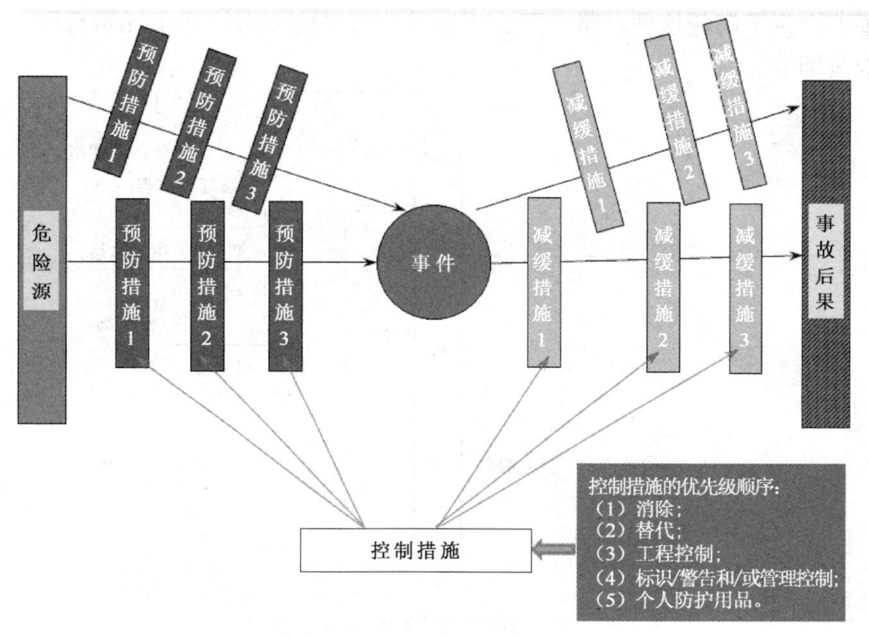

图 5.6　危险源、事件、事故、控制措施的关系图

从危险源到事故发生并不是一蹴而就的。如果仔细分析工艺装置经常发生的火灾和爆炸事故，可以发现其发生路径一般如下：

① 存在危险源(如工艺设备或管线里存在的危险物料)→②某种可以导致“偏离”的原因产生(如容器出口阀门关闭)→③工艺操作状态产生“偏离”(如容器内“压力高”、“液位高”等)→④危险“事件”发生(如容器因超压而破裂导致危险物料泄漏)→⑤泄漏的物料遇到点火源(如静电、明火、高温表面等)→⑥着火、爆炸→⑦造成人员伤害、财产损失、环境破坏等各种后果。

简化一下，事故发生即是按如下“七环节”进行，

① 危险源→②“原因”→③“偏离”→④“事件”→⑤点火源→⑥火灾、爆炸→⑦后果

事故“七环节”的演变路径就是一种简单的链状事故剧情，详见第2章有关内容。

工程设计阶段解决安全问题的出发点一定要放在④“事件”之前的三个环节。在HAZOP分析过程中也是这个思路，即预防措施优先于减缓措施(详见第8章和第9章相关内容)。无论是检查现有安全措施是否充分，还是提出建议措施，HAZOP分析团队成员要尽量按以下思路考虑，我们简称为“7问”法。

① 能否从根本上消除该危险源？→②如果不能消除“危险源”，能否用一种危险性更小的物料代替目前的物料？→③能否减少“危险源”的数量？→④能否消除产生“偏离”的“原因”？→⑤能否减少“原因”产生的频率？→⑥能否消除“偏离”？→⑦能否减少“偏离”的程度？

从风险控制策略的角度，上述优先级是从高到低的。这种风险控制策略不仅仅是HAZOP分析人员需要掌握的，也是一个工艺设计人员需要掌握的。

下面举一个例子解释这种思路。图5.7是一个丙烯精馏塔操作单元示意图。为了方便，本图省略很多细节。

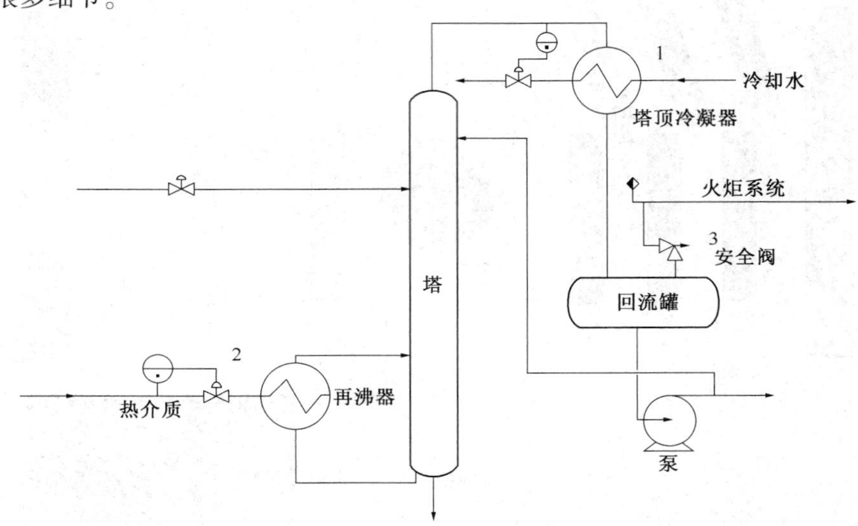

图5.7 丙烯精馏塔操作单元示意图

如果对该操作单元进行HAZOP分析，分析的偏离是“压力高”。

根据上面介绍的“七环节”方法，描述事故发生的事件序列如下：

① 危险源(塔系统存在大量丙烯)→②“原因”(塔顶冷却水丧失而热介质继续向再沸器提供热量，见图中“1”、“2”处)→③“偏离”(塔系统发生“压力高”)→④“事件”(由于系统超压塔系统某处发生大量泄漏)→⑤点火源(装置存在点火源)→⑥火灾、爆炸(泄漏的物料在装置内发生蒸气云爆炸)→⑦后果(造成人员伤害和财产损失)。

在检查已有安全措施和提出建议的安全措施时，根据“7问”方法进行分析：

① 能否从根本上消除该危险源？(不能。该系统的危险源是丙烯，是产品之一，显然无法消除)→②如果不能消除“危险源”，能否用一种危险性更小的物料代替目前的物料？(不能。理由同上)→③能否减少“危险源”的数量？(有可能。HAZOP分析人员要检查塔釜和回流罐的停留时间是否合适，如果停留时间过长，则系统可能存在更多的物料，因此可以考虑

缩短停留时间增加安全性)→④能否消除产生“偏离”的“原因”?(塔顶冷却水丧失这种情形是可能发生的，无法消除；但可以在“偏离”发生前阻止热介质继续向再沸器提供热量，因此 HAZOP 分析人员可以检查设计有无这种措施)→⑤能否减少“原因”产生的频率?(“塔顶循环水丧失”这种“原因”，无法消除，但是可以设计更加可靠的循环水系统，使这种情形发生的频率大大降低)→⑥能否消除“偏离”?(“偏离”是一个相对量。这里的“偏离”是“压力高”，是指相对于塔系统的操作压力或设计压力而言的。如果能够提高设备的设计压力，那么这个“偏离”就会相对减小甚至消失，所以 HAZOP 分析人员要检查在设计上能否通过提高设计压力的方式消除“偏离”；前面已经分析过可以采取及时切断热介质继续向再沸器提供热量的方式，消除“偏离”。那么 HAZOP 分析人员要检查是否有这方面的安全措施，比如说可以设置联锁系统进行切断)→⑦能否减少“偏离”的程度?(这里的“偏离”是“压力高”，为了降低系统压力，可以设计安全泄压设施如安全阀、爆破片等安全设施；在事故工况下继续向塔内进料加剧了“压力高”的程度，因此可以考虑设计联锁设施切断塔的进料)。

通过采取这种方式，HAZOP 分析团队能够对关键的安全措施进行详细的检查和分析，从而保证 HAZOP 分析的质量，大大提高工艺装置的本质安全性。从工艺装置的生命周期来看，①、②、③在工艺包开发或工艺包设计阶段有更多的实现机会；一旦进入基础工程设计或详细工程设计阶段，较为现实的解决方案主要是从④、⑤、⑥、⑦的角度考虑问题了。

(8) 基于后果、原因和预防措施评价风险是否可以接受

这是很重要的一个环节，因为 HAZOP 分析团队要判断一个危险源的已有安全措施是否充分，从而判断是否已经把风险降低到了可以接受的程度。目前国际上进行 HAZOP 分析时最常用的一个工具就是风险矩阵。风险矩阵方法是一种半定量的方法，经大量实践证明是有效的，已经广泛被业界接受。有关内容详见第 2 章。

(9) 制定建议措施

在 HAZOP 分析过程中，当发现已有安全措施不充分时，HAZOP 分析团队应给出建议措施。所提出的建议措施应该遵循设计方的标准。例如，如果设计标准明确规定在压力容器上必须考虑双安全阀，那么当 HAZOP 分析团队发现设计图纸缺少一个安全阀时，建议增加一个安全阀会得到所有人的同意。在有些情况下，标准规范并没有规定如何去做，HAZOP 分析团队就要通过讨论确定建议的安全措施。因此，如前所述，HAZOP 分析团队成员必须有相当的经验、知识并且熟悉设计惯例，以及在会议过程中有做出决定的能力。有时候，在参会人员无法达成一致时，HAZOP 分析主席往往会决定会后由相关方对该问题进行专题研究。这样可以使 HAZOP 分析得以继续进行。

(10) 用尽其他引导词重复前述步骤

有时候不同的引导词产生的事件和后果是一样的，为了节省时间，可以直接在记录表格里注明，如“见上面‘流量低’工况”。

(11) 对所有工艺参数重复上述步骤

即对所有的工艺参数重复上述步骤(3)~(10)。

(12) 遍历所有节点重复上述步骤。

HAZOP 分析会议是非常消耗精力的过程，因此要在每天的会议过程中安排适当的会间休息。每天 HAZOP 分析的时间以不超过 4~6 小时为宜。在每天 HAZOP 分析会议的结尾，

HAZOP 分析主席一般会组织参会人员审核当天的工作，重点是审核 HAZOP 分析发现的问题及建议，确保当天的分析成果得到参会人员的认可。在接下来的几天甚至几周的时间里，除了简短的培训外，HAZOP 分析的主要工作基本上和第一天是一样的。

(13) 编制 HAZOP 分析报告

HAZOP 分析结束后，应尽快编制 HAZOP 分析报告。HAZOP 分析主席是 HAZOP 分析报告编制的负责人。但实际的整理和文字工作一般由记录员完成，HAZOP 分析主席负责报告的审查工作。HAZOP 分析报告初稿完成后，要征求所有参会人员的意见。在吸收采纳参会人员的意见后，更改后的报告再次发给与会人员审核，直至没有意见。

(14) 追踪建议措施的落实

HAZOP 分析建议的落实对于整个 HAZOP 分析工作来讲是最重要的一项工作，也是最难的工作。在 HAZOP 分析的过程中，分析团队提出的任何建议都应该分配给某一个参会的人员并明确建议落实的完成时间。HAZOP 分析建议一般涉及到 P&ID 的更新，因此 HAZOP 分析完后设计组应出一版新的 P&ID。属于设计阶段的建议必须在设计阶段关闭，属于制定操作规程方面的要正式移交给业主。一般来说，业主方和设计方都要有一个 HAZOP 分析工作的协调人。特别是设计方要有一名专人负责 HAZOP 分析建议的关闭工作。这项工作一般由设计团队的过程安全工程师或 HSE 工程师担任。他们的主要工作是检查建议的责任方对 HAZOP 分析提出的某项建议的落实情况并进行记录。负责定期发布建议措施的跟进报告，向业主、HAZOP 分析参会人员、项目管理层汇报哪些建议已经关闭、哪些建议仍然处于开放状态。这是一项长期的工作，有些建议在设计阶段的末期才能关闭。总之，在设计阶段必须落实那些应该在设计阶段解决的建议。

(15) 发布终版的 HAZOP 分析报告

在所有建议都得以落实后，在适当的时机，项目组应召开 HAZOP 分析建议的关闭会议，一般由业主、工艺工程师、安全工程师参加。他们对照 HAZOP 分析所提出的建议和更新后的 P&ID 和其他文件，逐条进行验证。全部建议得到验证并确认落实后，项目组应出最终版的 HAZOP 分析报告，报告应含有建议的落实情况。终版的 HAZOP 分析报告一般应经业主书面认可。这意味着设计阶段的 HAZOP 分析工作正式结束。

(16) 保留记录

要根据项目要求对 HAZOP 分析报告和分析用的 P&ID 进行归档保存。完整报告应交给业主。一方面，业主要继续落实需要在操作阶段执行的建议。另一方面，HAZOP 分析报告是业主操作、培训和制定操作规程的重要文件之一，也是在役装置进行 HAZOP 分析的基础文件之一。

5.5 工程设计阶段 HAZOP 分析案例

以下案例说明了在工程设计阶段如何进行 HAZOP 分析的策划和开展 HAZOP 分析工作。本案例的目的不是介绍 HAZOP 分析步骤和细节，而是介绍如何在一个项目里管理 HAZOP 分析工作。

背景：国外某大型石油公司与国内某大型石油公司组成的合资公司(称为甲方)合作建

设一座年产百万吨的乙烯装置。乙烯装置下游还有聚丙烯、聚乙烯、环氧乙烷等 8 套工艺装置。由甲方负责向不同的工艺包提供商购买 9 套工艺装置的专利技术。甲方委托国内某大型工程建设公司(称为乙方)进行基础工程设计。

(1) 项目前期的策划

首先要确定是否进行 HAZOP 分析。甲方要建设具有国际先进水平的石油化工厂，安全问题是他们最为关注的问题之一。业主的外方具有 100 多年的发展历史，发展过程中经历过几次大的过程安全事故，付出了惨痛的代价。他们对过程安全非常重视，他们的安全策略是：无论在世界的任何地方进行投资，他们的安全标准都是一样的，即高标准、严要求。他们要求所有新建项目都进行 HAZOP 分析。

确定 HAZOP 分析依据的标准。HAZOP 分析是一项严格的系统化与结构化的安全检查工作。安全措施是否恰当取决于所使用的标准。乙方项目组就此问题与甲方进行了充分的讨论，双方在基础设计合同里明确了各专业特别是工艺专业要执行的设计标准，这些标准包括适用的中国标准、国际标准和业主标准。

确定谁来发起 HAZOP 分析。由于业主要求进行 HAZOP 分析工作，因此业主就是发起方。业主明确他们将选派 HAZOP 分析主席和记录员以及有经验的操作专家、专利商代表。这点在合同里也进行了确认。由于是业主购买的工艺包，他们与工艺包提供方有合同关系，因此业主出面邀请专利商参加会议是方便的。

确定哪个阶段进行 HAZOP 分析。双方认识到 HAZOP 分析是一项全面的检查工作，要求有完备的过程安全信息和设计资料。因此这项工作在基础设计末期进行比较合适。

确定哪些人参加 HAZOP 分析。业主明确他们提供 HAZOP 分析主席和记录员以及有经验的操作专家。乙方的参加人员主要是工艺和仪表专业人员。

确定需要多长时间。HAZOP 分析工作是一项非常耗时的工作，特别是引导词方法。根据以往装置的 HAZOP 分析经验以及估计的 P&ID 图纸的数量，初步估计了每套工艺装置需要耗费的时间，也大体确定了每套装置 HAZOP 分析的起止时间。由于几套工艺装置进度不同，业主决定组建三个分析团队进行 HAZOP 分析，业主将派出三个主席和记录员。

确定 HAZOP 分析需要准备哪些文件。这在 HAZOP 分析程序里已经有规定了。确定 HAZOP 分析的地点。双方在合同里约定，HAZOP 分析在乙方公司进行。由乙方负责提供会议室、投影仪等设施。

总之，在项目前期要了解业主的要求，澄清和确定影响 HAZOP 分析工作的主要因素。这些内容一般应该在合同里明确规定。由此产生的费用问题也要在合同里确认。有些内容即使不能在合同里明确，也要在后续的对接过程中确定并形成会议纪要。

(2) 开展 HAZOP 分析工作

经过 8 个月的基础工程设计，其中一套工艺装置的各种设计文件基本上已经完成了，也到了 HAZOP 分析的开始时间点。项目经理在项目例会上就此项工作向各专业人员进行了通报，要求各专业准备好设计文件和安排参加人员。根据参加人数，要保证参加人员每人一套 P&ID 小图。还要准备一套大图用来悬挂和做标识。

在 HAZOP 开始一周前，乙方项目组向业主方发了一封关于 HAZOP 分析的正式信函，告知 HAZOP 分析的时间、地点及安排等。一天后业主回信，并把参会人员的名单及相关信息提供给了乙方。并告知 HAZOP 分析主席和记录员将提前三天到达乙方办公室，以便进行 HAZOP 分析前的一些准备工作。

HAZOP 分析会三天前，来自甲方的主席和记录员到达乙方。甲方的主席是一位老专家，来自德国，具有丰富的操作经验、安全知识和工程设计经历。HAZOP 分析记录员来自业主的工程部门，是一名具有 5 年经验的工艺工程师。在接下来的三天里，在乙方安全专家的协助下，主席和记录员检查了所需资料的准备情况，与项目经理及设计人员进行了沟通。HAZOP 分析主席和记录员在一些 P&ID 上划分了节点。本次 HAZOP 分析用了专门的记录软件。

HAZOP 分析工作按计划在某天的上午 9 时开始。甲方派出了工艺操作专家，该专家是甲方在美国某相同工艺装置的厂长，具有 30 多年的操作经验，非常熟悉甲方的操作规程。甲方还派出了一名过程安全专家，该专家来自于甲方安全委员会，曾经负责甲方某些过程安全标准的制定和审查工作。工艺包提供商的工艺工程师也参加了会议。乙方的项目经理、工艺专业负责人、仪表专业负责人、安全专家参加了会议。

HAZOP 分析主席利用大概 40 分钟向参会人员介绍了 HAZOP 分析的流程和注意事项。这个简短的培训对于乙方的工艺专业负责人、仪表工程师特别有帮助，因为之前他们都一直在国内的工程项目中工作，这些项目没有开展过 HAZOP 分析，因此之前他们对 HAZOP 分析流程不熟悉。

在参会人员做完相互介绍后，HAZOP 分析主席宣布了每天的会议时间安排、会议纪律，特别强调所有参会人员要积极参与讨论，分享自己的知识和经验，不要开小会等要求。

接下来就是按照 HAZOP 分析程序的要求开展 HAZOP 分析。HAZOP 分析进行了一天，上下午各进行了一次休息。在 HAZOP 分析主席的指导下，HAZOP 分析记录员对利用 HAZOP 分析记录软件对 HAZOP 分析的过程进行了详细的记录。

下午 4 时，HAZOP 分析团队利用大约 30 分钟的时间回顾了当天 HAZOP 分析的成果。第一天共审查了 3 张 P&ID，提出了 15 条建议措施。与会人员一起确认了当天的工作，特别是所提出的建议措施，对此没有异议。

在第一天，项目经理开始后不久离开了 HAZOP 分析会议，工艺专业负责人、仪表专业负责人全程参加了会议。项目经理主要是负责协调工作，保证 HAZOP 分析工作得以按时开展和顺利完成。因此一般来讲，项目经理并不需要全程参加 HAZOP 分析会议。技术方面的问题由设计人员负责即可。

按时间安排，第二天上午，同一时间进行 HAZOP 分析。

就这样，经过两周的辛苦工作，本工艺装置的 HAZOP 分析得以顺利完成。对于工艺装置里的成套设备，如压缩机和化学品注入单元，由于在详细设计阶段才能有详细的厂家资料，因此在 P&ID 和 HAZOP 分析记录里注明这部分的 HAZOP 分析工作将在详细工程设计阶段开展。

(3) HAZOP 分析会议后的工作

在完成了两周的 HAZOP 分析工作后，业主的参加人员按计划返回了自己的公司。一周后业主的 HAZOP 分析主席发来了 HAZOP 分析报告的初稿。在 HAZOP 分析报告里，除了必要的背景介绍外，主要内容是 HAZOP 分析过程记录的表格。

乙方 HAZOP 分析参加人员认真阅读了 HAZOP 分析报告并表示没有意见。二天后，甲方向乙方发布了正式的 HAZOP 分析报告，分析报告由 HAZOP 分析主席和甲方项目负责人正式签字发布。

本次 HAZOP 分析共提出了 100 多项建议措施。紧接着开始追踪建议项目的关闭和落实。随着设计的进展，这个跟踪过程一直持续了 1 个多月。所有在基础设计阶段应该落实的问题都已经得以落实。大部分问题都能从业主提供的设计标准中找到依据或解决办法，有些问题的解决则要依靠设计人员的工程经验。对有些问题，设计人员给出了不同的替代解决方案，这些解决方案需要得到甲方的认可。

甲方和乙方在适当的时间召开了 HAZOP 分析建议的关闭会议。业主的 HAZOP 分析主席、过程安全专家、操作专家参加了会议。乙方详细介绍了 HAZOP 分析所提出的建议的落实情况，并就存在的问题进行了说明。双方对照新发布的 P&ID 和有关的设计文件，逐一检查和验证了 HAZOP 分析建议的落实情况。经过充分讨论，业主也同意了设计人员就某些问题提出的替代解决方案。

甲方对 HAZOP 分析工作非常满意，书面认可了 HAZOP 分析建议的落实。设计阶段的 HAZOP 分析工作圆满完成。

思　考　题

1. 为什么要在设计阶段进行 HAZOP 分析？
2. 什么是“洋葱模型”？
3. 工艺专业在基础工程设计阶段产生的文件主要有哪些？
4. 为什么还要在详细工程设计阶段进行 HAZOP 分析？
5. 为什么要确定 HAZOP 分析依据的标准？
6. 如何估算 HAZOP 分析花费的时间？
7. 在一个项目里，谁是 HAZOP 分析工作的第一责任人？
8. 在进行 HAZOP 分析会议前，HAZOP 分析主席和记录员一般进行哪些准备工作？
9. 应该如何寻找“可信的”偏离和事故后果？
10. 工艺装置发生的火灾和爆炸事故，一般的发生路径是什么？
11. 简述“七问”分析方法。
12. 最终的 HAZOP 分析报告一般由谁签署发布？发至哪些人？
13. 简述如何关闭 HAZOP 分析提出的建议和措施。
14. 简述如何管理工程设计阶段的 HAZOP 分析工作。

第6章　生产运行阶段的HAZOP分析

要点导读

生产运行阶段的装置，特别是历史较长的生产装置，由于在其建设时期的过程安全技术相对落后、安全要求及标准较低，加之存在制造加工技术和设备材质等缺陷，故在其工艺系统中埋下了安全隐患；另外，大部分企业HSE管理体系尚未有效建立和实施，对风险的识别和控制能力相对有限。这些都是生产运行阶段进行HAZOP分析需要重点关注和评估的内容。生产运行阶段的HAZOP分析在每一个分析的步骤中，都有其特点和要求，本章将逐一介绍。

6.1　生产运行阶段HAZOP分析的目标

处于生产运行的装置称为在役装置。在役装置，特别是历史较长的在役装置，由于在其建设时期的过程安全技术相对落后、安全要求及标准较低、企业的安全生产管理体系尚未有效建立和实施，对风险的识别和控制能力相对有限，加之存在制造加工技术和设备材质等缺陷，故在工艺系统中留下了安全隐患。在役装置有的在设计阶段开展过HAZOP分析，有的(大多数)在设计阶段没有做过HAZOP分析。由于技术和安全标准在进步，无论以前是否做过HAZOP分析，对在役装置每隔几年做一次HAZOP分析都是非常有必要的。

在生产运行阶段实施HAZOP分析，可以全面深入地识别和分析在役装置系统潜在的危险，明确潜在危险的重点部位，确定在役装置日常维护的重点目标和对象，进而完善针对重大事故隐患的预防性安全措施。这样，通过生产运行阶段的HAZOP分析可以将企业安全监管的重点目标更加具体化，更加符合企业在役装置的实际，有助于提高安全监管效率。生产运行阶段的HAZOP分析是企业建立隐患排查治理常态化机制的有效方式。

生产运行阶段HAZOP分析的目标主要有以下几个方面：

（1）系统地识别和评估在役装置潜在的危险，排查事故隐患，为隐患治理提供依据；

（2）评估装置现有控制风险的安全措施是否足够，需要时提出新的控制风险的建议措施；

（3）识别和分析可操作性问题，包括影响产品质量的问题；

（4）完善在役装置系统过程安全信息，为修改完善操作规程提供依据，为操作人员的培训提供更为结合实际的教材。

6.2　生产运行阶段 HAZOP 分析的特点

对于生产运行阶段的 HAZOP 分析而言，一个重要的特点就是装置已经建成并在役运行多年。对装置而言，可能已经进行过技术改造；或进行过多次的工艺变更；曾经发生过设备故障、操作失误、未遂事故等。有的企业由于在工艺变更后的相关信息没有及时收集、归档，在设计阶段形成的 P&ID、图纸、数据、过程安全信息等内容可能与现场实际情况不符。

与设计阶段的 HAZOP 分析相比，由于装置在役运行，一个较为有利的条件就是所有分析的结果都可以与现场实物进行比较验证，在 HAZOP 分析过程中可以比较方便地开展现场分析，需要时可以到现场核实有关问题。

鉴于以上特点，在实施生产运行阶段的 HAZOP 分析时，要注意以下几个方面：

(1) 生产运行阶段的 HAZOP 分析不是重新设计工艺流程，而是基于现有工艺流程及生产路线下的系统性风险评估，应在这样的前提下考虑安全措施。

(2) 要充分理解装置工艺流程的设计意图，及其相关的目的和要求。由于很难要求装置的原设计人员参与分析，一些流程的设计意图需要由现场经验丰富的技术管理人员和操作人员来解释。因此，这些人员的参加非常必要。

(3) 要对装置已经历过的那段运行历史以及生产过程中暴露出的各类问题有一个全面的了解。如曾发生的设备故障、操作失误、未遂事故等。

(4) 工厂安全性与可靠性设计，通常是依据当时的设计规范或标准。生产运行阶段的 HAZOP 分析，应当审查这些相关规范或标准是否继续有效。

(5) HAZOP 分析所强调的是识别潜在危险，同时找出降低危险的安全措施。至于如何采取更经济有效的措施，可能还需要结合其他方法作进一步评估。

(6) 要检查并确认分析所依据的过程安全信息等资料与实际情况的符合性。如果所依据的资料与现场实际的符合性有较大差距时，应在资料完善之后再开展 HAZOP 分析。

6.3　生产运行阶段 HAZOP 分析的应用场合

生产运行阶段 HAZOP 分析在以下几种情况下进行：

(1) 生产运行阶段的改造项目

改造项目 P&ID 确定之后的基础设计或详细设计阶段需要 HAZOP 分析。时间安排应该尽量充裕一些，以期 HAZOP 分析能够系统深入，设计能更臻完善。此时进行 HAZOP 分析能及时改正错误，降低成本，减少损失。对于大型技术改造项目实施 HAZOP 分析可参照工程设计阶段 HAZOP 分析的程序和做法。

(2) 工艺或设施的变更

当工艺条件、操作流程或机器设备有变更时，需要进行 HAZOP 分析以识别新的工艺条件、流程、新的物料、新的设备是否带来新的危险，并确认变更的可行性。HAZOP 分析可以考虑成为企业变更管理的一项规定。

变更管理的一项重要任务是对变更实施危险审查，提出审查意见。这正是 HAZOP 分析的强项。通过 HAZOP 分析还可以帮助变更管理完成多项任务，例如，更新 P&ID 和工艺流程图；更新相关安全措施；提出哪些物料和能量平衡需要更新；提出哪些释放系统数据需要更新；更新操作规程；更新检查规程；更新培训内容和教材等。

(3) 定期开展 HAZOP 分析

欧美国家规定，对生产运行阶段的装置应当定期开展 HAZOP 分析，对高度危险装置，建议每隔 5 年应开展一次 HAZOP 分析。

我国某大型石化企业规定：在役装置原则上每 5 年进行一次 HAZOP 分析；装置发生与工艺有关的较大事故后，应及时开展 HAZOP 分析；装置发生较大工艺设备变更之前，应根据实际情况开展 HAZOP 分析。

表 6.1 是国外某公司对在役装置进行 HAZOP 分析周期的规定。

表 6.1　某企业生产运行阶段 HAZOP 分析周期

HAZOP 分析周期	高度危险装置	中度危险装置	低度危险装置
第二次 HAZOP 分析	开车或初次分析后的 5 年	开车或初次分析后的 6 年	开车或初次分析后的 7 年
第三次 HAZOP 分析	先前分析后的 6 年	先前分析后的 8 年	先前分析后的 10 年
随后的 HAZOP 分析	先前分析后的 7 年	先前分析后的 10 年	先前分析后的 12 年

注：(仅供参考)：

① 高度危险的装置是指系统的装量含有以下物料和压力范围的单个装置：

- 物料质量超过 1t，蒸气压力高于 50bar(g)；
- 易燃物料质量超过 10t，蒸气压力高于 5bar(g)；
- 易燃物料质量超过 200t，蒸气压力高于 1bar(g)；
- 易燃物料质量超过 10000t，蒸气压力高于 0bar(g)；
- *IDLH*(立即威胁生命和健康的浓度)低于 10ppm 的物质；
- 物料质量超过 10t，固有水域危险因素较高。

② 中度危险的装置是指危险程度介于①和③之间的任何装置。

③ 低度危险的装置是指某一单一系统的装量含有以下物料的一个装置：

- 物料的蒸气压力均不高于 20bar(g)；
- 易燃物料的质量低于 1t，蒸气压力高于 5bar(g)；
- 易燃物料的质量低于 10t，蒸气压力高于 1bar(g)；
- 易燃物料的质量低于 100t，蒸气压力高于 0bar(g)；
- 物料的 *IDLH*(立即威胁生命和健康浓度)均不低于 1000ppm；
- 物料均无中度或高度固有水域危险因素。

6.4　生产运行阶段 HAZOP 分析的组织与策划

生产运行阶段的 HAZOP 分析，一般由企业提出并组织实施，也可以委托专业的安全评价或技术咨询价机构来做。企业生产运行阶段的 HAZOP 分析报告，在有些国家，是需要报政府部门备案的，政府将重点监管高风险项目的整改关闭与安全措施落实情况。

由专业安全评价或技术咨询机构来实施生产运行阶段的 HAZOP 分析，其优点是：

(1) 分析所占用的时间比较紧凑，相对较短；

(2) HAZOP 分析工作具有一定的独立性；

（3）可以把别人好的做法和经验带给企业；

缺点是：

分析成本相对较高；咨询机构可能对企业的管理模式、操作规程、实践经验不熟悉；企业商业机密的保密要通过合同约定。

由企业自主开展生产运行阶段的HAZOP分析，其优点是：

（1）分析不受时间限制；

（2）分析成本低；

（3）有利于保密；

（4）企业员工参与分析活动，有利于企业管理人员、技术人员和操作/维修人员充分了解工艺设计意图，了解工艺过程的危险，学习相关的知识和技术，树立更完整的安全意识，对于HAZOP分析建议措施的落实也非常有利。

缺点是：

如果方法不当，组织不力以及可能存在的思维定势会影响分析的结果和分析的质量。

在国际上，石化行业的大型跨国公司一般都有自己的专业化HAZOP分析团队。我国企业应当积极培育建立自己的专业化HAZOP分析团队，自主开展生产运行阶段的HAZOP分析。

当生产运行阶段的HAZOP分析由企业自己组织时，企业首先要制订HAZOP分析任务书或称为工作方案，以确定分析工作的目的，分析项目的范围，需要的资料，参加的人员，时间安排等，并确定HAZOP分析团队主席。方案在征求本企业各相关部门的意见后，由企业主管负责人批准实施。这样，HAZOP分析工作才能得到各有关方面的配合与支持，人员、资料、时间等也能得到保证。

当企业委托专业的安全评价或技术价机构来进行生产运行阶段的HAZOP分析时，HAZOP分析的任务书或工作方案，可由企业与HAZOP分析承担方协商制定。

下面是某石化公司自己组织开展生产运行阶段HAZOP分析任务书的示例。他们的做法是：由企业HSE部门作为发起人，负责牵头制定工作方案并组织实施。即先由企业HSE部门提议，经与装置所在车间协商并确定HAZOP分析团队主席后，由三方共同制定、上报HAZOP分析任务书，经企业主管负责人批准后实施。

生产运行阶段HAZOP分析任务书示例

______项目/装置HAZOP分析任务书

目的

分析识别生产运行阶段________装置存在的潜在危险并确认可行的解决方案，提出供参考的可操作性的改进措施。

范围

包括与________装置所有相关工艺设备的分析，从装置的界区输入端开始，直到界区输出端为止。

需要的信息资料

(1) 管道和仪表控制流程图(P&ID);

(2) 工艺流程图(PFD);

(3) 工艺技术规程;

(4) 热平衡和物料平衡;

(5) 装置及设备平面布置图;

(6) 管道数据表、设备数据表;

(7) 铅封阀台账;

(8) 装置使用的危险化学品 MSDS;

(9) 标有安全阀最大荷载的安全阀门规格表;

(10) 必要的泵性能曲线图;

(11) 压力容器数据(最大压力和温度,以及临界操作温度);

(12) 工艺说明及操作规程、控制及停车原理说明;

(13) 报警设置点和优先次序,装置报警联锁台账;

(14) 历次事故(事件)记录或调查报告,国内同类装置的事故案例;

(15) 装置的操作规程和相关规章制度等资料;

(16) 装置历次安全评价报告(包括 HAZOP 分析报告)。

会议时间和地点

(1) HAZOP 分析时间为____至____。

(2) 分析地点为________

本任务书经过各部门负责人签字同意,分析会议期间,团队成员应安排好各自的工作,不得缺席。

需要的人员

(1) 分析团队主席(人员姓名)。

(2) 记录员及会务组织(人员姓名)。

(3) 生产装置生产主管或工程师(人员姓名)。

(4) 设备工程师或代表(人员姓名)。

(5) 技术代表(人员姓名)。

(6) HSE 技术专家(人员姓名)。

(7) 操作人员,包含班长和操作骨干(人员姓名)。

(8) 其他需要临时召集的人员(包括但不限于):

- DCS 主管或工程师(人员姓名);
- 仪表主管或工程师(人员姓名);
- 静设备主管或工程师(人员姓名);
- 动设备主管或工程师(人员姓名);
- 环保主管或工程师(人员姓名);

- 电气主管或工程师(人员姓名)。

发起人:
(签名):

团队经理/车间主任:
(签名):

HAZOP分析主席:
(签名):

6.5 生产运行阶段HAZOP分析的成功因素

6.5.1 选好HAZOP分析团队主席

生产运行阶段的HAZOP分析需要一位优秀的HAZOP分析主席。HAZOP分析主席不仅要掌握HAZOP分析的方法，还需要有较强的组织会议的能力和沟通能力，同时还应当拥有比较丰富的生产和操作实践经验。HAZOP分析主席只有将能力、技术和实践经验充分地结合才能有效地组织团队完成HAZOP分析。为确保HAZOP分析的质量，有的企业建立了选择HAZOP分析主席的内部标准，对HAZOP分析主席在工厂工作的年限、从事HAZOP工作的年限等有明确的规定。国外的HAZOP分析主席很多都是从装置操作工、技术员、工程师等一步步成长起来的。

该HAZOP分析主席应当接受过系统的HAZOP分析培训，且此前曾作为分析团队成员参加过多次HAZOP分析，同时HAZOP分析主席必须熟悉此类装置的运行并具有操作方面的经验和知识。

如果装置原来进行过HAZOP分析，再次进行分析时，不宜再选择前一次的HAZOP分析主席担任本次分析团队的领导，这样有助于克服思维定势。

6.5.2 团队成员应能代表多种相关技术专业并具有一定的经验

生产运行阶段的HAZOP分析团队一般应包括以下成员：

- HAZOP分析主席　经过专业的培训，熟练掌握HAZOP分析方法，熟悉此类装置的运行并具有操作方面的经验和知识；
- 工艺工程师　熟悉所分析的工艺，P&ID，基本设计规范；
- 设备工程师　熟悉设备原理，设备安全管理；
- 仪表工程师　具有设备及控制系统方面的知识和经验；
- 操作技师　熟悉标准操作步骤及标准；
- 其他人员　根据工艺装置的特点所需要的其他专业技术人员，有的可以临时召集。如设计工程师、环境工程师、DCS专家、HSE专家、工艺/化学专家、工业卫生专家、运行团队主管、维修主管。

HAZOP 分析团队成员应具备一定的能力和经验，以适应分析工作的需要。有关 HAZOP 分析团队成员的资格和职责详见第 3 章。表 6.2 是生产运行阶段 HAZOP 分析团队成员经验能力参考表，在选择团队成员时可供参考。

表 6.2 生产运行阶段 HAZOP 分析小组经验能力参考表

团队成员的关键技能	建议				要求
	主席	工艺设计/技术人员	运行人员	技术联系人	团队成员
经验级别/年	10*	5*	>5	1/2	20(小组总数)
了解国内外安全政策和设计惯例	必须	良好	良好	基本	必须
接受正式有关 HAZOP 分析的培训	必须	任选	任选	任选	必须
参与其他 HAZOP 分析	必须	任选	任选	任选	必须
具有当前 HAZOP 分析装置的运行经验	基本	基本	必须	基本	必须
了解装置设计规程和惯例	基本	必须	基本	基本	必须
了解所使用的风险评估方法	必须	良好	基本	任选	必须

注：①必须指对 HAZOP 分析必须具有的技能；②基本指对需要的技能有一般的认识和理解；③良好指对需要的技能有良好的认识和理解；④任选指可以不需要；⑤ * 指 HAZOP 分析团队负责人和工艺设计/技术人员一起工作至少应具有 15 年的经验。

选择团队成员专业构成时还需要考虑装置类型。例如，分析加氢裂化装置、聚丙烯装置、医药生产线、钢铁冶炼厂和海上平台的团队构成应当不同。

6.5.3 充分发挥装置技术人员的作用

由于在役装置可能已经运行数年乃至几十年的时间，对装置运行期间情况的了解非常重要。企业自己组织开展的生产运行阶段的 HAZOP 分析，其团队成员要尽可能从负责本装置/单元生产的技术、设备、操作专家中选择。他们对装置的运行情况最为熟悉和了解，也最关心本装置/单元可能存在的风险，他们的参加有利于保证 HAZOP 分析的质量，对后续安全措施的落实也是非常有利的，如能请本装置/单元有经验的老师傅、老班长参与到 HAZOP 分析中来，对分析工作也是很有益的。要注意充分发挥这些装置技术人员的作用，在工作安排上要保证这些人员能够全程参与。

6.5.4 分析所依据的过程安全信息等资料要与实际情况相符合

过程安全信息的完整性和准确性对生产运行阶段的 HAZOP 分析极其重要，特别是 P&ID 必须符合现场的实际情况。生产运行阶段的装置已经历经了多年甚至几十年的生产运行，如果企业未能严格落实变更管理的各项措施，将会导致工艺、装置的改动缺乏准确的记录。当这些改动未能在 P&ID 上准确反映，并且没有对这些改动的地方开展必要的安全审查及评估时，就可能埋下了 HAZOP 分析无法识别的安全隐患。

6.5.5 重视现场评价

对在役装置开展 HAZOP 分析，一个较为有利的条件就是几乎所有的分析结果都可以进行现场验证。因此开展现场 HAZOP 分析是很有用的。为此，生产运行阶段 HAZOP 分析的工作地点最好选择在距离装置较近的地方。开展现场 HAZOP 分析的一般做法是顺着装置的流程从入口端一直走到出口端。现场评价能识别：

- 中央控制室和其他建筑物的位置，危险物质的存储，高风险的设备，例如：泵、压缩机和高温设备；
- 设备通道和间隔；火灾监控覆盖是否被其他改变所影响；
- 关键的设备和操作，尤其是对于重要的机组；
- 安全阀的安装(水平隔离阀、液体收集器的潜在危险，波纹管安全阀泄放)；
- 铅封阀颜色标识，铅封管理的应用；
- 采样和排水带来的危险；
- 图纸出现争议和不符的地方都可以及时在现场得到验证。

6.5.6　合理安排 HAZOP 分析会议时间

由于生产运行阶段的 HAZOP 分析团队成员大多是日常生产管理的骨干，在企业组织开展 HAZOP 分析时，要考虑这些团队成员的工作特点，统筹安排 HAZOP 分析会议的时间，既要保证这些人员参加 HAZOP 分析会议，又要兼顾正常生产。

某企业的做法是：HAZOP 分析的时间要错开每天处理日常生产事务的高峰时间。如上午分析的时间安排在 10 时开始，目的是为了给参加 HAZOP 分析的那些骨干留出在单位处理工作的时间。

某企业的 HAZOP 分析时间安排如下：

8:30~10:00　专业技术人员去处理自身日常工作。HAZOP 分析主席、记录员和协调员做 HAZOP 分析工作准备；车间在工作例会中关注前一天 HAZOP 分析结果中涉及的问题并安排整改工作。

10:00~12:00　进行 HAZOP 分析。

13:00~16:00　进行 HAZOP 分析。

16:00~17:00　HAZOP 分析主席、记录员和分析协调员做当日分析工作小结，专业技术人员去处理各自日常工作，车间领导及时了解当天分析结果识别出的装置/单元存在的风险问题。

从日程安排可以看出，一方面兼顾了 HAZOP 分析和日常生产工作，另一方面参与分析的专家会及时把问题带回生产车间进行整改落实。这样，往往 HAZOP 分析还未结束，提出的问题已完成整改了大约 1/5。

6.5.7　生产运行阶段 HAZOP 分析的其他经验做法

(1) 在 HAZOP 分析开始时，HAZOP 分析主席应向团队成员说明分析的范围和目标，明确工作要求、时间安排等；最好做一些必要的培训，让熟悉工艺的人员进行工艺流程介绍；讲解装置涉及到的化学反应的原理等。

(2) HAZOP 分析主席应引导大家畅所欲言。当出现意见冲突时，可以将有争议的问题推后处理。

(3) 在 HAZOP 分析过程中可参考应用 HAZOP 分析要点清单(见附录 10，这份清单详细列出了所有生产运行阶段的每台设备应考虑的关键分析要点。这是国外企业总结的经验，仅供参考。我国企业应注意通过长期的实践，不断总结积累经验，编制自己的 HAZOP 分析要点清单。

(4) HAZOP 分析记录一定要准确、全面，并应采用规范统一的格式。记录员应在分析会前指定到位，记录员应在 HAZOP 分析工作表上准确记录团队关注的问题。若有不明确处，记录员需要进行确认。

表 6.3 为一个在役装置 HAZOP 分析建议表案例。这是一个基于经验式的 HAZOP 分析案例(CCPS 又称其为纯建议清单)。报告格式简洁，只记录了存在的问题(包括危险剧情描述)和整改意见。清单将问题编号与 P&ID 上的标识对应，一目了然，便于追溯和查找。

表 6.3 生产运行阶段加氢装置 HAZOP 分析结果纯建议清单

序号	问题描述(包括危险剧情描述)	P&ID	风险等级	整改意见
S-111	由于炉 F-4001 燃料气没有独立的紧急切断阀，进料流量过低时存在炉管干烧的可能	PR1/4	2	考虑将燃料气管线上增加独立的进料联锁紧急切断阀
S-112	由于炉 F-4001 没有一套独立完整的长明灯线(副线没有阻火器，长明灯上没有独立的紧急切断阀)，在加热炉故障时存在事故恶化的可能	PR1/4	2	考虑将长明灯使用的燃料气从燃料气调节阀上游引出，在长明灯线上设置紧急切断阀，并在副线上增加阻火器
S-115	奥氏体不锈钢存在连多硫酸腐蚀，需要中和清洗。公司未明确规定清洗程序，相关设备(如：加氢反应器和炉管等)存在腐蚀问题	PR1/4	2	考虑装置停工时打开容器前增加中和清洗过程
S-118	换热器 E-4002/1-2 管、壳程的设计压力分别为 10.0MPa 和 2.5MPa，不符合目前项目技术规定对一侧比另外一侧对应设计压力更高的管壳式换热器，其低压侧的设计压力应考虑提高到高压侧设计压力的 100/125，这样就可以不需要考虑在管子破裂的情况下(在低压侧设计卸放)的要求。在 E-4005/1-2 存在类似的问题	PR1/5、6	2	考虑评估是否需要将换热器进行更换，以满足目前的项目技术规定的要求
S-101	由于在装置进料边界阀两端放空阀(为螺纹连接阀)没有有效的隔离措施，在放空阀泄漏情况下，存在发生事故的可能。 在装置其他放空阀的地方存在类似隐患问题	PR1/2 共性问题	3	考虑在该放空阀加丝堵，如果放空阀为法兰连接，应加盲板
S-109	由于在蒸汽三阀组处没有加盲板和设置单向阀，存在污染蒸汽的可能	PR1/2	3	考虑将蒸汽三阀组增加盲板和单向阀
S-110	由于泵 P-4001/1、2、3 出口管路未改造管段都是 10.0MPa 等级的管段，而前后改造管段都为 16.0MPa 等级，该管段设计不一致	PR1/5	3	考虑将未改造管段统一升级为 16.0MPa 等级
S-127	安全阀前后没有排凝，不符合项目技术规定要求(在压力卸放阀和进口切断阀之间应装排净阀，在压力卸放阀和出口切断阀之间应装排净阀)	PR1/2	3	考虑评估是否在安全阀前后阀门之间加排净阀

续表

序号	问题描述(包括危险剧情描述)	P&ID	风险等级	整改意见
S-128	汽提塔两个安全阀设定压力为0.53MPa，不符合安全阀阶梯定压的原则，且两个安全阀无在线备用安全阀，另由于罐内气体硫化氢含量较高，温度在120～140℃之间，安全阀旁路应设置双阀。	PR1/7	3	考虑将安全阀定压值设置为阶梯式，并增加在线备用安全阀，安全阀旁路设置双阀。 经确认，两个安全阀设计为一开一备(现场为两个安全阀都开)，按照设计要求恢复即可。
S-135	为满足低点排凝到废胺罐的要求，安全阀旁路平时直通大气，存在发生事故或人身伤害的可能。 在外送废胺液时，关闭安全阀旁路，用氮气压送出装置	PR1/11	3	考虑将安全阀出口由排大气改为通火炬分液罐密闭排放
S-140	压缩机K-4002入口分液罐D-4004烧焦放空管线控制阀HC4104旁路为单阀	PR1/10	3	考虑在旁路增加一个截止阀
S-144	循环氢返工业氢压缩机入口缓冲罐D-4003，压力控制阀PV4106/B前后管路压力等级不符，靠近D-4003管段压力等级为2.0MPa，存在超压的可能	PR1/10	3	进一步确认该管段的压力等级和材质，如存在问题更换该管段
S-147	DMDS(二甲基二硫)泵P-4014出口部分管段在泵改造时已更换，新出口管段的压力等级为16.0MPa，而原DMDS泵至重整装置的管段没有更换升级，存在过压的可能	PR1/15	3	考虑在DMDS(二甲基二硫)泵去重整装置管段的根部设置高压等级的阀门，并在靠泵的一侧加盲板
S-152	新氢压缩机K-4001无工艺工况自动停机联锁，存在事故恶化的可能	PR1/10	3	考虑设置新氢压缩机自动停机联锁系统，如：入口分液罐液位高高时联锁停机
S-154	高分罐紧急泄压阀HC4103，没有纳入整个装置的紧急停车系统，存在事故恶化的可能	PR1/6	3	考虑紧急泄压阀HC4103纳入紧急停车系统
S-161	压缩机K-4002汽轮机预热3.5MPa蒸汽放空线没有消音器，存在噪声污染	PR1/105	3	考虑将*DN*25管径的3.5MPa蒸汽放空线并入*DN*150管径的1.0MPa蒸汽放空立管进行放空，如噪声仍然过大，考虑在放空管上加消音器
S-103	由于D-4002(加氢原料缓冲罐)在罐底出口异常关闭，而罐液位报警失灵的情况下，会存在D-4002(加氢原料缓冲罐)液位超高窜入火炬线的可能。而且，D-4002(加氢原料缓冲罐)氮封取消，通过打开PSV-4001安全阀副线来控制压力，不符合安全阀设置的要求	PR1/2	3	考虑在D-4002(加氢原料缓冲罐)恢复氮封，并将安全阀旁路关闭
S-104	由于新氢分液罐D-4003有一条去D-4002(加氢原料缓冲罐)的管线，在排放量过大的情况下，会导致D-4002(加氢原料缓冲罐)存在过压的可能(现场有，图纸未标识)	PR1/2	3	考虑将新氢分液罐去D-4002(加氢原料缓冲罐)的管线改至放空火炬分液罐
S-105	由于在控制阀FV-4101处只有一端有设置排凝阀，新的设计标准要求控制阀两端需设置排凝阀，在控制阀故障需检修时，存在事故恶化的可能。在其他有控制阀的地方存在类似的问题	PR1/2 共性问题	3	考虑在没有设置排凝阀的一端增加排凝阀

注：本表分析结果仅供参考。

6.6 HAZOP 分析结果的交流

6.6.1 编制一份合格的 HAZOP 分析报告

为了有效完成 HAZOP 分析，必须把分析结果形成 HAZOP 分析报告，交给管理层。HAZOP 分析报告一般由 HAZOP 分析主席和分析发起人合作完成。HAZOP 分析报告一般包含以下几个方面的内容：

(1) HAZOP 分析总结(含提出的建议、风险大小的统计分析等)；

(2) HAZOP 分析的总体介绍(含 HAZOP 分析主席介绍、项目的背景、分析范围、时间和地点等)；

(3) 装置/单元工艺描述；

(4) HAZOP 分析提出建议问题的总结描述；

(5) HAZOP 分析记录；

(6) HAZOP 分析参加人员；

(7) HAZOP 分析方法介绍；

(8) HAZOP 分析方法使用的引导词及参考要点清单。

生产运行阶段的 HAZOP 分析报告可参照本书第 4 章的格式。

HAZOP 分析报告应包括分析工作整体介绍和分析工作全程的记录。这其中又分为引导词和经验式 HAZOP 分析两种报告记录格式。引导词 HAZOP 分析一般是全过程记录。当然最后的建议问题清单需要单列出来，因为这是后续工作的重点。对于经验式 HAZOP 分析报告一般只关注需要建议整改的风险问题的记录。中途详细的分析过程和可接受的风险不加以记录。报告格式更为简洁和直观，其目的是为了让更多的精力关注在无法接受风险的建议措施整改上面。报告可以是电子文件，也可以是硬拷贝。若是电子文件，应保留包括做过标记的 P&ID 硬拷贝件。此外，HAZOP 分析采用企业确定的风险矩阵。如企业没有发布，则采用本书第 2 章推荐的风险矩阵。HAZOP 分析报告应根据国家或地方法规归档保存(有时在装置寿命周期内保存)。一旦分析报告完成并得到签署，则 HAZOP 分析团队的工作即告一段落。

HAZOP 分析报告编制完成之前，团队成员一般会在一起全过程地对关注的风险和建议的问题在团队再进行一次评审，以达成一致意见。尤其是在 HAZOP 分析的期间，可能局部存在某些争议的问题需要进一步得到认可和澄清。

6.6.2 召开一次 HAZOP 分析管理会议

生产运行阶段 HAZOP 分析管理会议旨在审查、验证 HAZOP 分析成果的有效性，把发现的问题的管理解决权转给有关的管理人员，以决定适当的解决计划。管理会议最主要的目的是接受和批准风险，包含对高风险项目提出的建议整改措施。尤其是对 HAZOP 分析团队经验和知识能力范围之外无法决定的事项，留待管理会议做进一步的评估和决策。

会议参加人员应包括：

（1）团队主席（或一个团队的高级成员）；

（2）能够接受或认可分析团队发现的高风险类项目的经理；

（3）安全、技术、设备、生产部门的主管；

（4）分析装置的工程师。

如果分析发现很多维护问题，有时也邀请维护主管参加会议。

会议对于分析所发现的问题逐一讨论决定对策，对于中等程度的风险：

（1）可以接受该项目，不采取进一步行动，接受相关风险；

（2）调配资源解决该问题；

（3）提交更高的管理层决策（如安全生产委员会或操作完整性委员会）。

6.6.3　召开 HAZOP 分析总结会议

HAZOP 分析总结会议是对生产运行阶段 HAZOP 分析任务的一次全面总结，也是对所有评估出的风险问题的确认和拟定下一步整改措施。国外及国内合资公司的惯常做法是由公司分管生产负责人或由公司一把手亲自主持。这在某种程度上体现公司对 HAZOP 分析任务的高度重视和关注。参与的人员除 HAZOP 分析管理会议人员外，还包括公司各部门的高层，他们是接受风险和风险安全措施的批准者。

6.6.4　生产运行阶段 HAZOP 分析问题跟踪

HAZOP 分析成功的关键在于跟踪落实 HAZOP 分析提出的建议措施，解决所有发现的问题。所有发现的问题均需采取行动，可以采取修改缺陷的方式，也可以做进一步的评估，以确认风险是否可以接受。但从严格意义上讲，生产运行阶段 HAZOP 分析问题的跟踪不属于工艺危险分析本身的工作范畴，应属于后续工作，由工厂管理层负责，不是 HAZOP 分析团队的职责。一般 HAZOP 分析完成后，不把跟踪工作指派给团队成员，应视为独立的工作。

思　考　题

1. 生产运行阶段有何特点？
2. 生产运行阶段为什么要进行 HAZOP 分析？
3. 何时需要进行生产运行阶段的 HAZOP 分析？
4. 如何选定生产运行阶段 HAZOP 分析团队主席和成员？
5. 如何划分生产运行阶段 HAZOP 分析团队成员的职责？
6. 生产运行阶段 HAZOP 分析需要哪些技术资料？
7. 生产运行阶段 HAZOP 分析的成功因素有哪些？
8. 什么是生产运行阶段 HAZOP 分析的现场分析？如何进行？
9. 什么是 HAZOP 分析结果的纯建议清单？包括哪些内容？有何优点？
10. 简述生产运行阶段 HAZOP 分析管理会议和总结会议的要点。
11. 简述生产运行阶段 HAZOP 分析问题跟踪的重要意义。
12. 什么是 HAZOP 分析参考要点清单？有何用途？

第 7 章　操作规程和间歇过程 HAZOP 分析

要点导读

制定安全操作规程减少人为因素的风险，应当从减少人员出错频率和出错后果入手。面向操作规程的 HAZOP 分析能有效提高规程质量。方法与常规 HAZOP 分析相同，只是引导词含义有所区别，常用双引导词和 8 引导词两类方法。

间歇流程的 HAZOP 分析与连续流程的分析基本类似。主要差别是，连续流程所有的工艺设备都处于稳定的状态，通常不必考虑时间的因素（开、停车除外）；间歇流程具有很强的时间性，设备和仪表在不同时间点（执行不同的操作步骤时）所处的状态不同。开展间歇流程的 HAZOP 分析时，需要分析工艺设备在各种不同状态下的异常工况及其可能导致的后果与风险。

7.1　制定安全操作规程减少人为因素的风险

为了减少操作人员失误的风险，建立有效的操作规程是一个重要环节，也是过程安全管理的要素之一。有效的操作规程有助于减少或避免人为因素相关的过程安全事故，同时也有助于生产管理、提高产品质量和环境保护。

依据 HAZOP 分析与 LOPA 方法的原理，减少潜在事故的风险，主要是从减少事故原因发生频率和后果严重度两个方面着手。通过提高操作规程质量，强化操作规程的有效执行，以便减少操作失误的风险，主要也是从减少事故原因发生频率和后果严重度这两个方面着手，具体为：

（1）首先关注制定一个准确的、完整的和能够促进工人执行的操作规程，目的在于减少操作人员出错的频率；

（2）一旦制定了高质量的操作规程，第二关注点是：分析和审查如果规程的关键步骤没有遵守会发生什么？确定在工作场所和工艺过程中是否有有效的安全措施来补偿这些错误。目的在于减少或避免由于操作人员错误而导致的不利后果。其中一种有效的方法就是针对操作规程实施 HAZOP 分析。

7.1.1　减少操作人员出错的频率

7.1.1.1　制定安全操作规程的方法

减少操作人员出错的频率需要制定准确、完整和安全的操作规程并且切实加以执行。炼油、化工与造纸行业的经验证明，按照以下方法制定操作规程是安全的，且工人愿意使用。

（1）建立一个正规的、统一的操作规程格式；

（2）收集和分析执行操作任务的准确和完整的相关信息；
（3）内容详细程度适当，系统性、连贯性好；
（4）采用简单易懂的文字；
（5）进行操作规程的确认和修正；
（6）使操作人员易于接受该规程；
（7）对操作规程进行管理和控制。

7.1.1.2　几种常用操作规程的格式

常用的操作规程格式有 8 种，分别是记叙格式、分段格式、概要格式、剧本格式、双列表格式、多列表格式、流图格式和检查表格式。表 7.1 列出了前五种格式的特点和同一例子不同格式的表达方法。其中记叙格式和分段格式是有效操作规程最低水平的要求格式。这两种操作规程常常会导致遗漏错误，这种遗漏一方面可能是规程编制者遗漏了一个操作说明或预防措施，另一方面操作人员可能会跳越了隐含在段落中的步骤。实践证明，概要格式、剧本格式、双列表格式和多列表格式在表达操作顺序性步骤时更加有效，而采用流图格式、检查表格式和图形格式有效性更高。

表 7.1　常用操作规程格式的特点和举例

格式名称	特　点	举　例
记叙格式	• 用长句子给出如何执行一个任务的详细说明； • 各段落可以不排序号； • 用第三人称编写； • 重要的信息隐含在文字记述中； • 读者必须决定哪些信息是重要的； • 通常不明确表达准确操作步骤的顺序	在向反应器加入液态稀释剂之前，控制室操作人员和现场操作人员联系确认已做好开车准备，并且得到值班主任和主操作人员的同意，可以进行后续操作。现场操作人员关闭气态稀释剂阀门，并且确认之前已经加入催化剂，控制室操作人员开始向反应器加入液态稀释剂的操作，选定 2 号管线流量计，进料流量大约为 300kg/min
分段格式	• 采用较短的标以序号的分段文体； • 常把多项操作指令混合在一起； • 比记叙文格式好一些，但应用起来仍然较困难	（1）在催化剂进料后，通过 2 号管线流量计，以大约 300kg/min 的流量向反应器加入液态稀释剂。确认在加入液态稀释剂之前关闭气态稀释剂阀
概要格式	• 用词组、句子和短段落文体； • 使用缩进编排和多层序号； • 将信息按逻辑分组； • 采用可视化提示（这是在记叙格式和分段格式中所没有的）	（1）确认催化剂已经加入。 （2）关闭气态稀释剂阀： • 在 DCS 上置输出为“0”； • 在现场关阀。 （3）加液态稀释剂： • 在现场开阀； • 在 DCS 上置手动模式； • 选 2 号管线流量计； • 调整流量为 300kg/min
剧本格式	• 操作步骤的组织方式依照由谁来执行编排； • 或按子任务的逻辑关系组织； • 类似概要格式提供可视化提示； • 可以表达并行的或多操作者的任务	现场操作人员： • 确认催化剂已加入； • 关闭气态稀释剂阀。 控制室操作人员： • 置液态稀释剂阀为手动模式； • 选定 2 号管线流量计，调整给定值为 300kg/min

续表

格式名称	特点	举例	
		步骤	注意和警告
双列表格式	• 将基本的操作行动放在左列； • 将详细内容和注解等放在右列； • 将操作行动详细分解为便于理解的独立部分； • 可以结合概要格式，便于可视化提示； • 左列适合于熟练操作人员使用，右列为初学者提供附加的信息	• 确认催化剂已加入； • 确认气态稀释剂阀关闭； • 置液态稀释剂阀为手动； • 调整给定值为 300	• DCS 输出置“0”； • 在现场关闭； • 流量计置 2 号管线

如果操作人员已经习惯了一种规程格式，他们可能很难并且不愿意改用本质上更优良的格式。这种改变最好是向用户深入解释对于特殊操作任务不同格式选择的道理，由用户自愿按实际需求选择最好的一种格式，以便工厂能够从一种特定的格式中获得最大的帮助。

更为重要的是，在采用 HAZOP 分析方法分析和审查操作规程时需要将操作规程分解为独立的步骤，也就是说每一个步骤(指令)只有一个执行者；完成一个行动；并且只作用于一个目标。例如，由一名现场操作员打开反应器 R-01 的手动进料阀 HV-01。显然，8 种规程格式中后面的几种格式可以满足要求。

7.1.1.3 可视化提示

在操作规程中可以通过下划线、字号加大、图例符号或字体加深的方法给出可视化的提示或警告。还可以通过设定相关信息栏目实现可视化提示。例如：

(1) 参考资料，给出使用者特别有用的信息和文档索引；

(2) 本项任务所包括的设备说明；

(3) 预防措施和必要的事情(执行前需要核实的事情)；

(4) 执行该任务中所包含的危险；

(5) 执行该任务所需要的特殊工具和设备；

(6) 所需要的个人防护设备；

(7) 执行该任务所要求的步骤；

(8) 用相关的序号表示步骤顺序，并且用易于看出的编排格式，例如：

- 子步骤的缩进式编排；
- 段落间空行；
- 提供检索图标等。

7.1.1.4 关键任务分析

编写有效的操作规程首先必须确定哪些任务是足够重要的，称为关键任务。一条通用规则是，对于任何任务如果执行错了，将会影响安全、质量、生产或环境，则称为关键任务。结构化的基于风险的 HAZOP 分析方法可以帮助确定哪个任务是关键的。通常工厂有经验的团队能定性地审定哪些步骤包含有高风险。企业应当给出可以接受的风险水平指南(说明在何种风险水平之下不需要操作规程)。

一旦选定了关键任务，就要对其逐一进行仔细分析，获取完备的准确的信息(包括数据)，以便编写规程。分析内容如下：

(1) 说明任务目标。所考虑设备的开始和结束状态是什么？为什么要完成该任务？任务执行完后所要求的结果是什么？

(2) 所需要的熟练程度、知识和训练。每一个操作人员应当知道什么？

(3) 危险。在执行该任务时，先前发生过什么事故？在执行该任务时哪些事情会出错？潜在的错误如何避免或防止？

(4) 工具。有何特殊(专用)工具或设备能使该任务安全、容易完成或节省时间？

(5) 操作步骤。为了完成该任务的目标，哪些主要的步骤必须执行？规程不能给出假定的步骤，不能给操作人员对任何一个操作步骤遗留下猜想的余地。规程应当具有减少工作出错机会的作用。

7.1.1.5 操作规程的确认

规程的确认有助于实现规程的完备性和准确性。规程的确认通常由团队实施。团队人员必须由规程的最终用户代表组成(例如：操作人员、工程师、维修人员、质量控制专家、工业卫生专家等)，还应包括非编写规程的在岗人员，以便在接管规程前有提出建议的机会。当他们的建议被采纳时，他们会有主人翁的自豪感，更容易接受该规程。

操作规程的确认内容主要有：

(1) 是否包括了任务中的所有关键项目？

(2) 所有操作步骤的顺序是否正确？

(3) 在完成一个任务时是否还有更好的方法(从安全、质量或生产的观点看)？

(4) 是否还应更详细一些？

(5) 是否突出并足够显著地显示了警告和关注点？警告和关注点在规程中的位置是否准确？

(6) 是否需要附加的解释，以便规程容易实施？

规程的确认也特别适合于团队执行操作规程的 HAZOP 分析(详见 7.2 节内容)。

7.1.1.6 操作规程的控制管理和切实执行

(1) 操作规程的控制管理

为了实施操作规程的控制管理，规程模版应当包括文档控制特性，以便操作人员总能使用最新版本的操作规程。文档控制特性通常包括如下内容：

- 规程号码；
- 版本号码；
- 版本日期；
- 印刷日期；
- 拷贝号码；
- 页码；
- 规程结束标记；
- 文档控制指示；
- 确认和审查签章。

当企业的操作人员数量多时，文档控制特性显得格外重要。每一个操作规程文档都应当有唯一的识别码和标识。规程的发放和回收记录需永久保存，以便对规程的使用进行监控。必须执行审查机制，能搜索并废止未被控制的规程版本复印件。

(2) 操作规程的切实执行

切实执行是操作规程的多个复制文档在全厂不同岗位的切实应用。这需要一个完善的规程管理系统，包括文档控制和变更管理，以确保在工厂正确的位置使用正确的规程版本。这需要企业管理者持之以恒地维护和改进操作规程。

除了企业管理者重视外，成功的规程管理系统应当注重操作规程在操作人员中切实执行。切实执行的具体内容如下：

• 频繁地使用。最遗憾的事情莫过于规程没有付诸使用。操作人员应每天对照规程检查是否遵守了规程。规程也要与时俱进且不断完善。

• 工人参与编写和主人翁意识。工人参与了规程编写，他们会期望规程更新，使规程的质量提高。

• 不断地改进。随着工人在岗位上学会知识的增加，所学的内容也更新到规程中。应考虑系统变更是否会引入新的危险。如果有危险必须列入规程。此外还需要审定工人的新建议是否符合安全要求。

• 团队意识。团队意识是规程管理系统的一部分。只有团队合作共同遵守统一的规程才是真正的操作规程的切实执行。

7.1.2 减缓操作人员出错的后果

减缓操作人员出错后果的主要方法，是得到针对操作人员没有遵守规程所导致不利后果的安全措施。或者说，如何做才能克服实际上不可避免的人为失误。多种因素影响着操作人员在工作场所的能力(参见“8.5 事故原因中常见的人为因素”)，这些因素包括：

• 工况环境因素：噪声、工作时间过长或工具的能力有限；
• 任务和设备特性因素：控制和显示信息量过大、任务频度过大或重复性过多；
• 心理的刺激：单调乏味的工作、分散注意力的心烦意乱或失去工作的威胁等；
• 精神紧张：疲劳过度、极端温度或缺乏训练导致精神紧张；
• 机体因素：个人智力因素、动机、态度或情绪激动等。

由于以上人为因素，有必要针对没有遵守规程而可能发生的不利后果执行安全措施加以保护。为了识别现有的安全措施和帮助确定哪些附加的安全措施是必要的，建议采取类似于过程安全评价方法评价操作规程。

许多公司不经常执行规程的危险分析。即使实施分析，大多数公司仅仅实施作业安全分析(JSA，job safety analysis)。然而作业安全分析通常不能识别过程安全问题或与人为因素相关的问题，因为作业安全分析不是系统性结构性的方法。例如：在作业安全分析中，操作人员打开反应器蒸汽阀门是安全的，但从过程安全分析的角度，打开蒸汽阀前必须开反应器的进料阀才安全，以防过热。

作业安全分析和其他常见方法用于评估主要为了解决如下问题：

(1) 使得规程准确和全面；

(2) 假定工人遵守规程的前提下，使得规程有适度的安全措施保护人身安全。

这些方法一般而言是无法识别有关不遵守规程的危险剧情和安全措施。

为了识别这些人为因素类型的错误(起源于遵守规程而导致的失效问题)，建议采用HAZOP分析等工艺危险分析方法对操作规程进行评价。针对操作规程的HAZOP分析可以帮助识别当人为因素没有遵守操作规程时的潜在后果，以及针对这些错误的安全措施。实践表明用这些方法评价规程中潜在的错误是有效的。规程安全分析主要是在规程的确认阶段或在工艺危险分析(PHA)阶段实施。

7.2　操作规程 HAZOP 分析的步骤

7.2.1　操作规程 HAZOP 分析主要任务

面向操作规程的 HAZOP 分析主要任务是：找出如果操作人员执行现有操作规程的操作步骤出现偏离(失误)会发生什么。操作人员执行操作步骤的偏离主要是两大问题：

(1) 如果操作步骤出现跳越(也可以称为遗漏)会发生什么？

(2) 如果操作步骤执行得不正确(虽然没有跳越)会发生什么？

经过大量的实践统计表明，在执行操作规程中人员的失误导致事故主要就是上述两大类问题。分析方法是逐步按操作规程分析操作人员的两种失误的问题。这种分析和 HAZOP 分析的目标和步骤十分相似，即也是一种基于团队“头脑风暴”通过会议讨论分析的方法，也是通过使用引导词组合操作偏离，沿偏离点反向查找初始原因，正向查找不利后果。

7.2.2　操作规程分级和任务分解

(1) 为了避免规程分析工作量过度，应当采用一种分级的方法。分级方法首先筛选规程，逐一确定哪些部分属于极为危险的关键任务需要详细分析。对于任何任务如果执行错了，将会影响安全、质量、生产或环境，则称为关键任务。

(2) 分析之前必须把待分析的关键任务分解成独立的“行动”(即操作人员执行的操作内容)。如果现有规程中每一步骤只有一个执行者，完成一个行动，并且只作用于一个目标，则最理想。分解结果最好采用概要格式、剧本格式、双列表格式或多列表格式表达。

7.2.3　确定操作偏离引导词

规程 HAZOP 分析是通过假设人为操作对操作规程步骤出现了偏离，从偏离点反向查找初始原因，正向查找不利后果。因此，非结构化和非系统化的安全分析方法，例如检查表法，无法适用于操作失误分析。由于执行操作规程与人为因素直接相关，因此组合偏离的引导词与常规 HAZOP 分析的引导词含义不完全相同。疏漏常用的引导词是：无(NO)、缺少(MISSING)和部分(PART OF)；对于规程的执行错误常用的引导词是：超限(MORE)、不达标(LESS)、伴随事件(AS WELL AS)、代替(REVERSE)和选错(OTHER THAN)。显然这些引导词大部分是面向间歇过程的，这体现了操作规程危险分析的特点。对于不同的规程分解项目应当仔细地选择引导词，以便能够分析连续过程的非正常现象和具有间歇特征的现象。

对于操作危险性较小的场合，常用双引导词分析方法，实践证明是合理的方法。本方法另外应用场合是，有经验的 HAZOP 分析团队主席在比较评价结果时可用的一种更为合理的方法。

双引导词含义如表 7.2 所示。人员失误的分类基础是疏漏错误和执行错误。双引导词的“疏漏”(或“步骤跳越”)(OMIT)包含了前面所述的“无”、“缺少”和“部分”，双引导词的“不正确”(INCORRECT)包含了前面所述的“超限”、“不达标”、“伴随”、“代替”和“选错”。

表 7.2 操作规程 HAZOP 分析双引导词含义

引导词	用于操作规程一个步骤的含义
疏漏(步骤跳越) (OMIT)	步骤未执行或部分未执行。部分可能的原因是：操作人员忘记了操作该步骤、不了解该步骤的重要性或规程中没有包括该步骤
不正确(步骤执行错误) (INCORRECT)	操作人员的意图是执行该步骤(没有疏漏该步骤)；然而该步骤的执行没有达到原意图。部分可能的原因是：操作人员对规程要求的任务("行动")做得太多或太少、操作人员调整了错误的过程部分或操作人员把该步骤的顺序操作反了

8 引导词含义见表 7.3。

表 7.3 操作规程 HAZOP 分析 8 引导词含义

序号	引导词	用于操作规程一个步骤的含义
1	缺失*(MISSING)	在规程中重点强调的一个步骤或警示预防措施被疏漏
2	无(否或跳越步骤) (NO、NOT 或 SKIP)	该步骤被完全跳越或说明的意图没有被执行
3	部分(PART OF)	只有规程全部意图的一部分被执行(通常是一个任务包括了两个或更多同时进行的"行动"。例如："打开阀门 A、B 和 C")
4	执行超限(超量、超时)或 过快(MORE 或 MORE OF)	对规程说明的意图做过了头(例如：量加得太多；执行时间过长等)或步骤执行得过快**
5	执行不达限(量、时间)或 太慢(LESS 或 LESS OF)	对规程说明的执行(量、时间)太少(小)或执行得太慢**
6	伴随(事件) (AS WELL AS 或 MORE THAN)	除了规程说明的步骤(正在执行的)正确之外，发生了其他事件，或操作人员执行了其他"行动"
7	执行过早或规程打乱 (REVERSE 或 OUT OF SEQUENCE)	规程中的该步骤被执行过早，或此时的下一个步骤被执行，代替了要求执行的步骤
8	替换(做错了事) (OTHER THAN)	选错了物料或加错了物料，或选错了设备，或理解错了设备，或操作错了设备等。即：操作人员所做的"行动"不是规程本来的意图

注：① 带 * 的为可选引导词；②带 * * 的不适用于简单的"开/关"或"启动/关闭"功能。

7.2.4 应用引导词对操作规程的每一个步骤进行 HAZOP 分析

将引导词和操作步骤结合将产生一个偏离，HAZOP 分析只考虑那些有实际意义的偏离，然后通过团队集体"头脑风暴"分析该偏离所涉及的原因和导致的后果，同时找出现有安全措施，必要时提出建议安全措施。这些分析和常规的 HAZOP 分析完全一致。

需要注意的是：

(1) 对于每一个操作步骤本意的偏离，在应用 8 引导词识别操作步骤和行动时，团队应当避免关注那些操作人员失误的明显原因，而应当识别和人员失误相关的根原因。例如："在训练时不适当的强调了该步骤"；"一个操作人员同时执行两个任务(行动)的可响应性(可能性)"；"阀门或操作设施不适当的标记"或"仪表指示混乱或不可读数"等。

(2) 人员失误相关的根原因必须结合操作人员的具体情况和现场的设备、管路、阀门、仪表等实际情况以及控制室的情况和周围环境的实际情况。

(3) 引导词“无”(NO)可能引出的原因，例如：“没有列入规程的步骤”；“在这个步骤上，之前没有正式训练过就发给了上岗许可证”；“没有列入规程”或“开泵前的高点排气等准备工作没有正式训练过”。如果没有确切的说明书，这些方面的原因应当至少被团队讨论过。当评价操作失误时，团队还应当讨论由于疏漏的步骤引发的系统性原因，例如：人员疲劳、通讯(交流)失误或理解错误的责任等。

7.2.5　完成操作规程 HAZOP 分析报告表

面向操作规程的 HAZOP 分析报告表和常规 HAZOP 分析报表完全一致，所不同的是报告内容针对的是操作规程和操作人员失误的安全问题。

操作规程 HAZOP 分析是减少规程错误的有效工具。为了从规程分析中获得最大效益，分析团队应当详细地将规程中有关步骤的偏离、偏离的不利后果、偏离原因、现有安全措施和建议安全措施记录下来，并且整理成 HAZOP 分析报告文档。这种文档是完整的工艺危险分析(PHA)报告的一部分，用来获取：

(1) 针对所有操作模式的危险；

(2) 有关人为因素的不利后果和安全措施。

操作规程 HAZOP 分析报告也可以是一个独立的报告。

7.2.6　操作规程 HAZOP 分析的关闭和跟踪

操作规程 HAZOP 分析的关闭和跟踪是逐条将分析结果反馈到正在执行的操作规程中，补充遗漏项目、注意事项、警告、注释、提示和事故处理指南。审定和修正后的规程应当纳入操作规程的控制管理系统。涉及新增安全措施的建议，关闭和跟踪同过程安全 HAZOP 分析要求一致。

7.3　操作规程 HAZOP 分析的要点

实施操作规程的 HAZOP 分析，HAZOP 分析主席或团队首先要识别规程中每一个独立的行动步骤。然后，团队用 8 引导词或双引导词针对每一个行动得出规程的偏离。沿偏离的正向影响路径识别不利后果，反向识别原因，同时识别现有安全措施。如果有必要应当考虑建议附加安全措施。分析团队结构化、系统化分析机制和会议进程与过程安全 HAZOP 分析方法相同。

多数编写的操作规程只包含有较少的复杂步骤，其余是比较简单的，虽然它们可能存在危险。分析关键的和极度危险的操作规程部分推荐用 8 引导词(见表 7.3)，这些引导词在 HAZOP 分析中常用于间歇过程。

对于较简单的关键操作规程，可以用双引导词就能实现有效的分析(见表 7.2)。双引导词是按两种主要类型的人为失误而考虑的：遗漏错误(没有执行一个任务)和执行错误(正确地执行了一个任务)。

HAZOP 分析主席和团队在选择关键操作规程和确定使用每一个引导词时需要经验。

对于那些非关键的不是极为危险的规程部分，可以用结构性不高的安全分析方法，如故障假设(What-if)方法。

工厂实际应用表明，所分析的大多数关键操作规程是那些非正常工况的任务或活动。根据美国化学工程师协会(AIChE)化工过程安全中心(CCPS)提供的信息，从1970年至1989年20年间化工领域60%~75%的主要事故不是发生在正常生产的连续运行的操作模式，而是发生在开/停车、提负荷/降负荷、取样操作、更换催化剂、非正常工况和紧急事故处理等非常规操作模式。在非常规操作模式下，操作人员的作用更加显得重要，因此也更加需要面向规程的操作危险评价。非正常工况所包含的任务工人很少实施，因此许多企业没有更新非正常工况操作规程的规定(虽然来自OSHA过程安全管理PSM规范和ISO-9000质量标准的要求，情况有所改变)。另外，在非正常工况操作模式下，许多标准设备、安全设施或联锁保护已无能为力或被旁路掉了。由于这两个原因，非正常工况操作规程的分析，通常需要识别有何规程的偏离和现有安全措施不足的情况。

一个有效的操作规程的HAZOP分析需要一个或更多的有经验的操作人员积极参与。当然还取决于HAZOP分析主席运用分析方法的经验。同时还需要团队成员发挥他们的想象力，并且将他们自己置身于操作人员所处的紧张状态(特别是新的团队成员)。

团队必须揭示明显的人为失误原因，以便识别人为因素所导致的危险。通常在识别根原因的过程中会发现所需要的安全措施。

审定和修正后的规程应当纳入操作规程的控制管理系统。企业必须长期坚持操作规程的审查、更新、控制和管理。企业只有坚持操作规程的安全管理才能有效减少或避免人为因素导致的事故风险。

这种规程安全分析除了修正操作规程的漏洞外，也是提高操作人员素质的重要方面，有助于操作人员对操作规程的每一步做到不但知其然，而且知道其所以然，从而保证了这种与操作人员相关的安全措施作用的充分发挥。

7.4 操作规程HAZOP分析案例

表7.4是某烷基化装置部分紧急停车规程的双引导词HAZOP分析报告举例。

表7.4 部分紧急停车规程的双引导词HAZOP分析举例

图纸或规程号：SOP-03-002冷却水失效		工艺单元：HF烷基化	分析方法：双引导词HAZOP分析	文本类型：逐原因分析列表方法(CBC模式)	
节点：23	描述：第2步，通过切断流量控制阀，切断至两个反应器的烯烃进料				
项目	偏离	原因	后果	现有安全措施	建议安全措施
23.1	步骤跳越	操作人员切断到一个反应器的进料失败。可能是：由于现场操作人员与控制室操作人员通讯失误，或控制阀黏着关不严或控制阀漏料	反应器失控可能的超压(因为已经没有冷却作用)是由于连续地加入了烯烃。 反应器高液位导致超压，是由于烯烃连续地进料	(1)反应器上的超温和超压报警； (2)现场操作人员可能注意到流体流过阀门的声响； (3)有流量指示(反应器烯烃进料管线非故意地没有关闭)； (4)液位指示、高液位报警，有独立的高-高液位开关/报警	

续表

项目	偏离	原因	后果	现有安全措施	建议安全措施
23.1	步骤跳越	操作人员疏于确认旁路阀是否也关闭，因为这种预防措施没有列入规程，或旁路阀门泄漏	反应可能失控导致超压(因为冷却系统失效)，是因为连续的烯烃进料。 反应器高液位导致超压，是由于烯烃连续地进料	(1) 反应器上的超温和超压报警； (2) 现场操作人员能力训练时需要经常检查旁路阀是否关闭，是否好用(包括控制阀阻塞时)； (3) 现场操作人员应注意流体流过阀门的声响； (4) 烯烃进料管线流量指示(可能对小流量不够灵敏)； (5) 液位指示、高液位报警，有独立的高-高液位开关/报警	
		操作人员在 DCS 上手动关闭流量控制阀失败，因为“阻断”指令(对控制阀和该控制阀的三阀组的完整处理)被替代为“关闭”	再开车时可能阀门处于全开状态，使大量物料在开车时进入反应器，导致开车质量不好，可能导致反应失控和容器开裂	控制室操作人员的能力训练，应当在指令手动关闭控制阀之前，通知现场操作人员实施控制阀“阻断”操作	执行规程的最佳实践规则之一，规程文字应采用统一的标准术语
23.2	步骤执行不正确	操作人员在停进料泵之前关闭烯烃流量控制阀，根原因是规程中没有写明(先关泵，后关控制阀)	进料泵冒口(突发性憋压)导致泵密封损坏/失效，并且/或导致其他的泄漏，因而可能引发一个区域性的火灾危险	步骤 3 说明停泵操作的“行动”。停泵步骤(步骤 3)必须在第 2 步之前完成	将第 3 步操作移至第 2 步之前去
		现场操作人员将控制阀的上游和下游截止阀都关闭(指三阀组)	滞留在截止阀和控制阀之间的液体由于热膨胀导致阀门损坏(相关管路、法兰开裂等)	现场操作人员的熟练性培训的重点应当要求只关闭一个截止阀	

7.5　间歇流程 HAZOP 分析简介

间歇流程的 HAZOP 分析与连续流程的 HAZOP 分析有很多相似的地方。其目的都是识别可信的事故剧情，并评估风险，必要时提出改进的意见。

二者主要的区别是，连续流程中所有的工艺设备都处于稳定的状态，通常不必考虑时间因素(开、停车除外)；而间歇流程具有很强的时间性。

在间歇流程生产过程中，在某一个时刻(通常表现为某个操作步骤)，只有部分设备和仪表处于工作状态，其他设备和仪表可能处于闲置的状态或处于另一步骤的操作过程，即使是相同的设备，在不同时间点(执行不同的操作步骤时)，所处的状态也可能不同。例如，在本节的示例中，当往反应釜内加入硝酸时，硫酸泵及硫酸高位槽就处于闲置状态；在各个操作步骤中，反应釜则分别处于空釜、接收物料、反应和出料等不同状态。

因此，开展间歇流程的 HAZOP 分析时，需要分析工艺设备在不同生产阶段(通常按照操作步骤划分阶段)的异常工况及其可能导致的后果与风险。一般可以按照以下步骤开展间歇流程的 HAZOP 分析：

(1) 明确 HAZOP 分析的工作范围；

(2) 将工艺系统划分为若干子系统(通常按照功能划分，也可称为“节点”)；

(3) 列出各个子系统的主要生产操作步骤;

(4) 选择其中一个操作步骤，运用引导词分析存在的危害(引导词与连续流程 HAZOP 分析类似);

(5) 重复步骤(4)，完成所有子系统的分析;

(6) 形成正式的分析报告。

在现阶段，很多工厂的间歇操作仅为人工操作，在 HAZOP 分析时需要关注人为的因素(如操作失误、人员暴露伤害等等)。对于危害较大的工艺流程，必要时应考虑增加自动控制手段，以减少因操作人员失误而导致的事故。

7.6 间歇流程 HAZOP 分析示例

间歇流程 HAZOP 分析示例，如图 7.1 和图 7.2 所示。该示例非真实项目，图中信息只摘取了部分，请参考。此 HAZOP 分析记录表见表 7.5。此虚构的某生产流程的硝化反应部分的操作包括以下 7 个操作步骤:

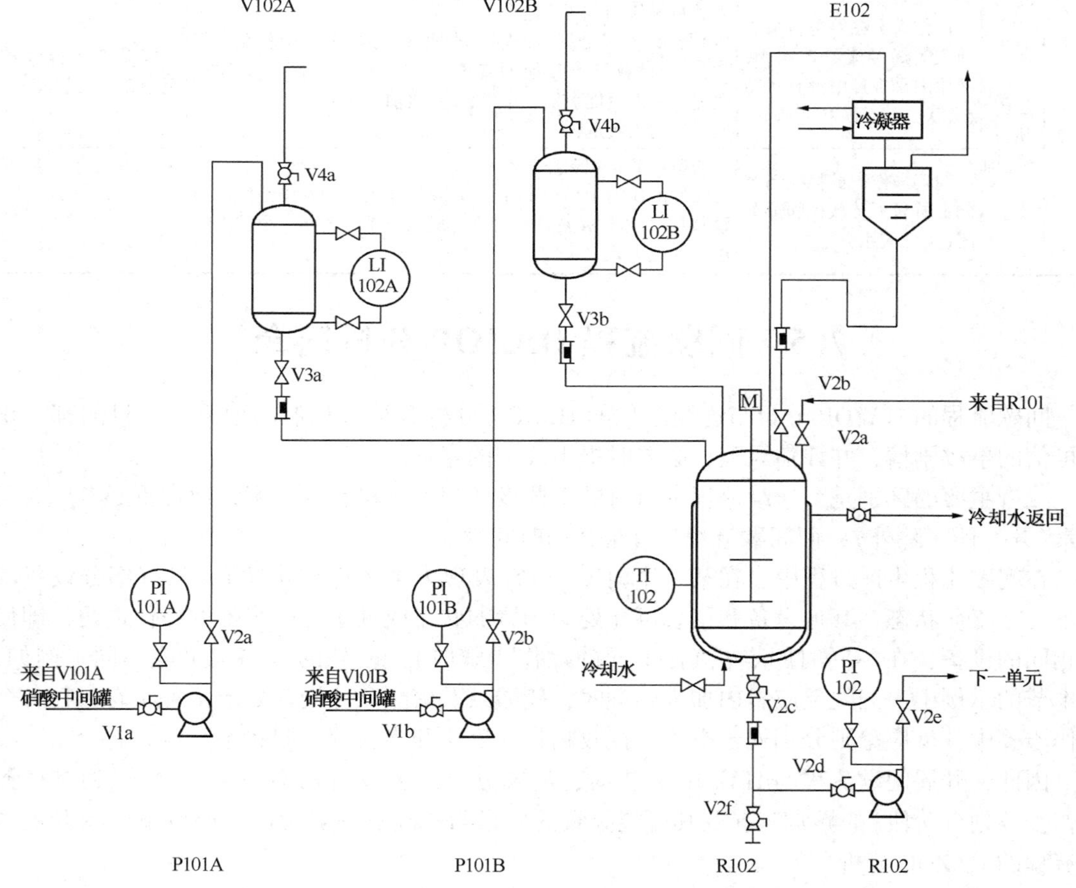

图 7.1 间歇流程 HAZOP 分析示例的流程图(分析之前)

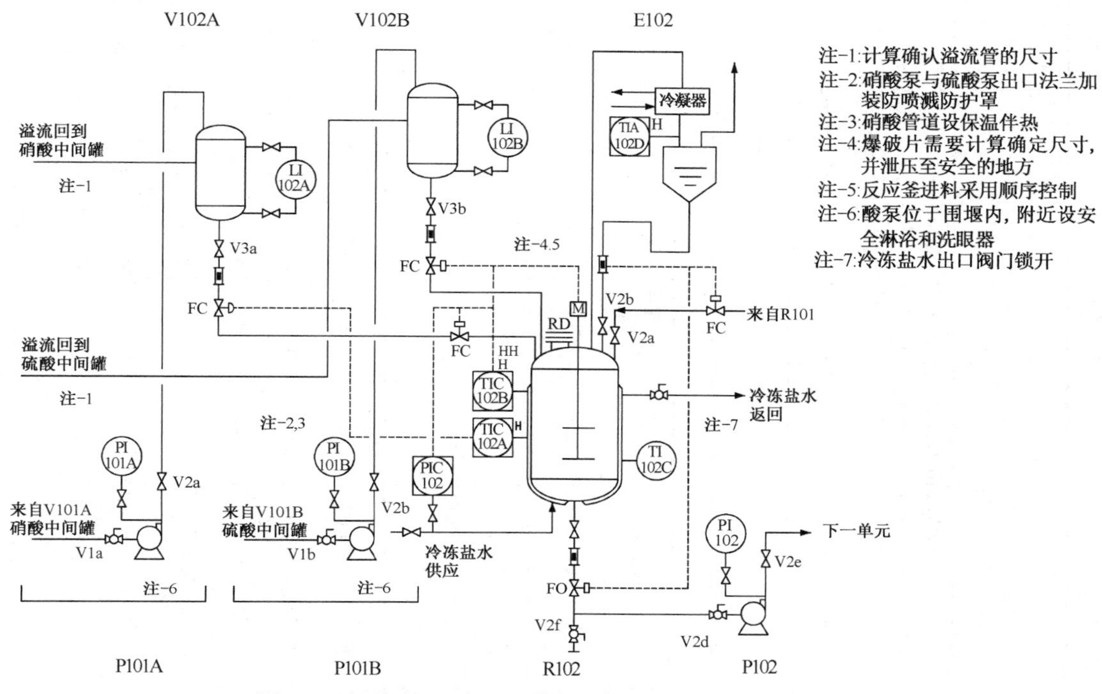

图 7.2　间歇流程 HAZOP 分析示例的流程图(分析之后)

(1) 用泵从硝酸中间罐 V101A 将硝酸转移至高位槽 V102A;

(2) 用泵从硫酸中间罐 V101B 将硫酸转移至高位槽 V102B;

(3) 用泵从反应釜 R101 将物料转移至反应釜 R102;

(4) 利用冷冻盐水冷却 R102 内物料至室温;

(5) 将 V102B 内部分硫酸重力放入 R102;

(6) 从 V102A 往反应釜 R102 内滴加硝酸(反应并放热);

(7) 反应完成后停止冷却(物料在反应釜内保温)。

示例中列出了步骤 2 与步骤 6 的分析结果。在开展每个步骤的分析时，选用的引导词与连续流程类似。参数分成基本参数和辅助参数。基本参数包括：流量、温度、压力、液位、组分和时间；辅助参数包括反应、混合、公用工程、机械完整性、外部影响等。在本示例中，对于基本的参数，如果没有识别出危害，也会在表格中写上“根据引导词进行了讨论，没有发现明显的危害”，对于辅助参数，如果没有严重的安全后果，就不在表格中做记录。

这是一个虚构的 HAZOP 分析案例，建议措施不一定适用于实际的生产装置，请慎用。

表 7.5 间歇流程 HAZOP 分析工作表

节点编号	1
节点名称	X 产品硝化反应
节点描述	硝化反应器 R102 及附属进料设施 V102A，V102B
操作步骤	(1) 用泵从硝酸中间储罐 V101A 将硝酸转移至高位槽 V102A； (2) 用泵从硫酸中间储罐 V101B 将硫酸转移至高位槽 V102B； (3) 用泵从反应釜 R101 将物料转移至反应釜 R102； (4) 利用冷冻盐水冷却 R102 内物料至室温； (5) 将 V102B 内部分硫酸重力放入 R102； (6) 从 V102A 往反应釜 R102 内滴加硝酸(反应，放热)； (7) 反应完成后停止冷却(物料在反应釜内保温)
会期	2012/5/18
项目名称	X 产品生产装置
工段	硝化反应
图纸	PID102 - 100 - 001 Rev. 1

序号	引导词与参数	偏离	原因	后果	现有安全措施	*S*	*L*	*RR*	建议编号	建议类别	建议
步骤 -1：用泵从硝酸中间储罐 TK101A 将硝酸转移至高位槽 V102A											
	(略)										
步骤 -2：用泵从硫酸中间储罐 TK101B 将硫酸转移至高位槽 V102B											
1.2.1	没有流量/流量过小	从硫酸中间罐经泵 P101B 至高位槽 V102B 没有流量	硫酸中间罐空罐(没有物料)	短时间的生产延误	硫酸中间罐 V101 有就地液位计	S2	L4	D			
1.2.2			泵 P101B 的入口手动阀门没有打开	泵可能因汽蚀损坏，短时间生产延误	工厂仓库有备用泵	S2	L3	E			
1.2.3			硫酸泵 P101B 故障	短时间生产延误	工厂仓库有备用泵	S2	L4	D			
1.2.4			泵 P101B 的出口手动阀门没有打开	泵出口管道内超压，垫片损坏，硫酸泄漏并可能导致人员伤害	管道设计压力 1.6MPaG，高于泵出口最大压力；操作时，操作人员使用个人防护用品，包括防护面罩、围裙、防护袖套、防酸手套和防酸靴(在硫酸泵操作点附近有穿戴好个人防护用品的照片)	S4	L3	C	2 -1	安全	在硫酸泵附近设置安全淋浴和洗眼器(备注：需纳入工厂安全设施的定期检查计划)

续表

序号	引导词与参数	偏离	原因	后果	现有安全措施	S	L	RR	建议编号	建议类别	建议
1.2.4									2-2	安全	泵出口处的法兰安装防护罩，防止泄漏时硫酸直接喷向操作区域和过道
	流量过大	根据引导词进行了讨论，没有发现明显的危害									
1.2.5	异常流量	往高位槽 V102B 进硫酸时，硫酸直接进入反应釜 R102	硫酸高位槽至反应釜的底阀没有关闭	反应过程中会产生较多废酸，没有明显的安全危害		S1	L3	E			
	逆流	根据引导词进行了讨论，没有发现明显的危害									
	温度过高	根据引导词进行了讨论，没有发现明显的危害									
1.2.6	温度过低	管道内硫酸温度过低	环境温度低（如冬季）	延误生产（不能输送物料）		S2	L5	D	2-3	生产	为硫酸管道设置适当的伴热
	深冷	根据引导词进行了讨论，没有发现明显的危害									
	压力过高	泵 P101B 出口压力过高，参考本步骤“没有流量”									
1.2.7	低压/真空	硫酸中间罐内形成真空	泵 P101B 持续从中间罐出料	硫酸中间罐可能真空损坏，导致生产延误，并且硫酸可能泄漏导致人员伤害	硫酸中间罐有呼吸阀与大气相连	S4	L3	C	2-4	安全	将硫酸中间罐的呼吸阀加入工厂预防性维修的关键设备清单，并定期检查
	液位过低/没有液位	根据引导词进行了讨论，没有发现明显的危害									

续表

序号	引导词与参数	偏离	原因	后果	现有安全措施	*S*	*L*	*RR*	建议编号	建议类别	建议
1.2.8	液位过高	硫酸高位槽 V102B 内液位过高	持续进料（没有及时停止输送泵）	硫酸高位槽满罐，甚至超压破裂，导致浓硫酸泄漏和人员伤害	硫酸高位槽有就地液位计，并且操作人员在现场监控进料过程	S4	L4	B	2-5	安全	增加硫酸高位槽回到硫酸中间罐的溢流管，并核算溢流管的尺寸（说明：去掉硫酸高位槽和硝酸酸高位槽的放空管）
	浓度过高	根据引导词进行了讨论，没有发现明显的危害									
	浓度过低	根据引导词进行了讨论，没有发现明显的危害									
	错误物料	根据引导词进行了讨论，没有发现明显的危害									
	执行太早（或太晚）	根据引导词进行了讨论，没有发现明显的危害									
	本步骤遗漏	根据引导词进行了讨论，没有发现明显的危害（仅影响生产，无安全问题）									
1.2.9	泄漏	硫酸从放净阀泄漏	放净阀意外打开，或内漏	硫酸泄漏，可能导致人员伤害		S2	L4	D	2-6	安全	将硫酸泵和放净阀设置在围堰内，并在硫酸放净阀末端安装盲板法兰
1.2.10		硫酸从输送管道泄漏	硫酸管道破裂（主要是由于腐蚀导致管道破裂）	导致人员伤害和环境污染	备注：目前按照工厂现有经验采用碳钢管	S3	L4	C	2-7	安全	在维修管理计划中，包括硫酸管道的定期维护计划
步骤-3：用泵从反应釜 R101 将物料转移至反应釜 R102											
	（略）										
步骤-4：利用冷冻盐水冷却 R102 内物料至室温											
	（略）										

续表

序号	引导词与参数	偏离	原因	后果	现有安全措施	*S*	*L*	*RR*	建议编号	建议类别	建议
步骤 -5：将 V102B 内部分硫酸重力放入 R102											
	（略）										
步骤 -6：从 V102A 往反应釜 R102 内滴加硝酸（反应，放热）											
1.6.1	没有流量/流量过小	根据引导词进行了讨论，没有发现明显的危害									
	流量过大	往反应釜 R102 加入硝酸时，加入速度过快	操作时阀门开度过大（操作失误）	可能导致失控反应，甚至反应釜超压破裂以及人员伤害		S5	L3	B	6-1	安全	（1）在加料管上设置一个 DCS 调节阀和一个 ESD 开关阀，温度高时调节阀减少流量或关闭；（2）温度持续升高至设定值时，ESD 关闭硝酸进料开关阀，并且打开反应釜 R102 夹套冷冻盐水的旁路；（3）反应釜 R102 设置爆破片并释放至安全地点。备注：放料管上的调节阀及开关阀应该是故障关闭状态，冷冻盐水的开关阀应该是故障开状态
	非正常流量	根据引导词进行了讨论，没有发现明显的危害									
	逆流	根据引导词进行了讨论，没有发现明显的危害									
	温度过高	反应釜内温度过高，参考本步骤“流量过大”									
	温度过低	根据引导词进行了讨论，没有发现明显的危害									

续表

序号	引导词与参数	偏离	原因	后果	现有安全措施	S	L	RR	建议编号	建议类别	建议
1.6.1	深冷	根据引导词进行了讨论，没有发现明显的危害									
	压力过高	反应釜内压力过高，参考本步骤“流量过大”									
	低压/真空	根据引导词进行了讨论，没有发现明显的危害									
	液位过低/没有液位	根据引导词进行了讨论，没有发现明显的危害									
	液位过高	根据引导词进行了讨论，没有发现明显的危害									
	浓度过高	根据引导词进行了讨论，没有发现明显的危害									
	浓度过低	根据引导词进行了讨论，没有发现明显的危害									
	错误物料	根据引导词进行了讨论，没有发现明显的危害									
1.6.2	执行太早(或太晚)	在步骤 -5 之前执行本步骤(即没有加入 R101 的物料之前先加入硝酸)	操作失误	R101 中的物料进入反应釜，并在硫酸加入反应釜时发生剧烈反应，可能导致反应釜超压破裂(可能发生爆炸)		S5	L3	B	6 -2	安全	在硫酸进料、硝酸进料和 R101 的物料进入 R102 的管道上设置开关阀，并且设置 DCS 顺序控制(参考建议 6 -1)
	本步骤遗漏	根据引导词进行了讨论，没有发现明显的危害									
1.6.3	泄漏	硝酸从法兰处泄漏	法兰垫片损坏	硝酸泄漏，导致人员伤害		S2	L4	D	6 -3	安全	在硝酸放料管的法兰处增加防护罩，以防止喷溅

续表

序号	引导词与参数	偏离	原因	后果	现有安全措施	*S*	*L*	*RR*	建议编号	建议类别	建议
1.6.4	没有混合	往反应釜 R102 加入硝酸时，没有混合	操作人员忘记启动搅拌器	加入硝酸后，突然启动搅拌器，可能导致反应失控		S5	L3	C	6－4	安全	反应釜 R102 的硝酸加料调节阀和搅拌器状态（电流）联锁，搅拌器没有正常运转时，不能打开硝酸进料管上的调节阀
1.6.5	失去公用工程	滴加硝酸时，停电	外部原因	停电时，搅拌器停止，如果硝酸持续加入，再次启动时，可能导致反应失控甚至爆炸		S5	L3	B			参考建议措施 6－1
						S5	L3	B	6－5	安全	编制本产品生产过程中停电后恢复生产的操作程序，在其中包括停电后恢复生产时检查硝酸高位槽的状态的要求
1.6.6		滴加硝酸时，停冷冻盐水	冷冻盐水系统故障	可能导致反应失控，甚至爆炸		S5	L3	B	6－6	安全	冷冻盐水压力低报警，并且与硝酸进料联锁（冷冻盐水的压力低于设定值时切断硝酸进料）
1.6.7	关键仪表故障	反应釜 R102 的温度计、硝酸进料调节阀及 ESD 阀门是关键仪表	机械故障或设置不当	反应失控时，不能及时起作用（失去保护功能）		S3	L4	B	6－7	安全	在反应釜 R102 中增加温度计（至少设置两个独立的温度计及一个机械温度计）
									6－8	安全	在第一次开车前，检查确认反应釜 R102 的温度计导热油已经添加
									6－9	安全	在维修程序中，要求定期对反应釜 R102 的温度计、硝酸进料调节阀及 ESD 阀门进行功能测试并保留记录
步骤－7：反应完成后停止冷却（物料在反应釜内保温）											
	（略）										

注：本表内容仅作为示例，非实际项目信息。

思 考 题

1. 操作规程为什么是减少操作人员失误的重要环节？
2. 提高操作规程质量主要从哪两个方面入手？
3. 举出5种操作规程常用格式，说明其优缺点。
4. 操作规程的审查和确认的主要内容是什么？
5. 什么是操作规程的文档控制特性？有何用途？
6. 举例说明导致操作失误的主要人为因素是什么。
7. 什么是操作规程的疏漏问题？
8. 什么是操作规程的执行错误？举例说明。
9. 面向操作规程HAZOP分析的双引导词是什么？各举一例说明。
10. 面向操作规程HAZOP分析的8引导词是什么？各举一例说明。
11. 简述操作规程任务分解方法。
12. 面向操作规程HAZOP分析的步骤是什么？
13. 如何进行操作规程HAZOP分析的关闭和跟踪？
14. 简述操作规程HAZOP分析在操作人员培训中的作用。
15. 选择一个操作规程，完成HAZOP分析。
16. 说明间歇流程HAZOP分析与连续流程HAZOP分析的区别。
17. 选择一个间歇流程的系统，完成HAZOP分析。

第8章 原因分析

要点导读

原因分析是HAZOP分析的重要环节，也是工艺事故调查的核心内容。原因是产生某种影响的条件或事件，主要有直接原因、起作用的原因和根原因等三种。常见事故原因归类有助于识别原因。HAZOP分析的原因称为初始原因。原因常用发生频率量化表示。结构化分析、团队分析和图形化分析是原因分析的主要方法。调查表明导致事故的人为原因必须加以重视。

8.1 原因分析概述

潜在危险的原因分析是HAZOP分析的重要环节，也是工艺事故调查的核心内容(《化工过程事故调查指南》，CCPS，2003)。原因分析过程可以增进对事故发生机制和各种原因的了解，同时有助于确定所需要的纠正措施。其重要性在于，不但有助于减少或避免当前特定事故的再度发生，还可以帮助设法减少或避免类似事故的重复发生。

8.1.1 原因

原因是产生某种影响的条件或事件。换言之是对结果具有决定性作用或影响的任何事情(《根原因分析指南》，美国能源部，1992)。例如，对仪表信号通道的干扰事件、管道破裂、操作人员失误、管理不善或缺乏管理等。

过程安全事故可能是由单一原因或多个原因所致，通常原因可以分为三种，即：

(1) 直接原因

直接导致事故发生的原因。

例如，某泄漏事故的直接原因是构件或设备的故障；某系统失调故障的直接原因是操作人员调整系统时出错。

如果直接原因得到纠正，则在同一地点再度发生相同事故时，可能加以避免。但是无法防止类似事故发生。

(2) 起作用的原因

对事故的发生起作用，但其本身不会导致事故发生。

例如，有关泄漏的案例，起作用的原因可能是操作人员在检查和应对方面缺乏适当的训练，导致了更加严重的其他事故发生。在有关系统失调案例中，起作用的原因可能是由于交接班时段过度地分散了操作人员的注意力，导致在调整系统时没有注意重要的细节。

与起作用的原因相同的原因还有使能原因或条件原因。纠正起作用的或使能原因有助于消除将来发生的类似事故，但是解决了一次不等于所有问题都能解决。

(3) 根原因

该原因如果得到矫正，能防止由它所导致的事故或类似的事故再次发生。根原因不仅应用于预防当前事故的发生，还能适用于更广泛的事故类别。它是最根本的原因，并且可以通过逻辑分析方法识别和通过安全措施加以纠正。

例如，有关泄漏的案例，根原因可能是管理方没有实施有效的维修管理和控制。这种原因导致密封材料使用不当或部件预防性维修错误最终导致泄漏。在系统失调案例中，根原因可能是培训程序的问题，导致操作人员没有完全熟悉操作规程。因此容易被过度的分散注意力的事情所干扰。

为了识别根原因，要识别一系列相互关联的事件及其原因。沿着这个因果事件序列应当一直追溯到根部，直到识别出能够矫正错误的根原因(通常根原因是管理上存在的某种缺陷)。识别和纠正根原因将会大幅度减少或消除该事故或类似事故复发的风险。

近年来在 HAZOP 分析和保护层分析领域将所识别的原因明确界定为初始原因或初始事件(《安全评价方法指南》，CCPS，2008)。

8.1.2 初始原因

初始原因是在一个事故序列(一系列与该事故关联的事件链)中第一个事件。初始原因就是在大多数安全评价方法中所指的原因，又称为初始事件或触发事件。

现代事故致因论认为，所有化工过程或设施都存在着毒物泄漏、爆炸或火灾等危险(又称恶兆)，只是在通常的系统中没有被触发，其原因是受到了某些固有保护层或安全措施的抑制。然而一旦被初始原因所触发，相当于在抑制层(又称为第一级限制系统，见第 2 章所述)出现了漏洞，某些危险将会在这个漏洞逸出并导致工艺参数的偏离。危险在偏离的推动下沿物料流、能量流或信息流传播。当危险传播至系统的薄弱环节，如果没有防止措施，事故将会爆发。事故爆发的第一位置称为失事点，如果没有减缓措施，事故可能进一步扩展，最终的后果将是灾难。以上所述的全过程称为一个事故剧情。

事故剧情是由事故初始原因起始，在偏离的推动下引发一系列中间事件，最终导致不利后果的事件序列。HAZOP 分析(包括 LOPA)所要求识别的事故剧情是单个初始原因与单个不利后果对应的事件序列。这种事件序列也是构成复杂事故剧情的基本线性事件链。

图 8.1 表示了一个没有保护措施的事故剧情全过程。图中左面的方框是抑制层，初始原因是方框右边的缺口，事故从缺口逸出向右方扩展。事故经历失事点最终导致后果。抑制层是一个内容比较广泛的概念。例如，企业安全管理到位(包括严格执行了机械完整性程序)、工艺和设备的固有安全设计可靠、操作人员训练有素、操作规程准确且完整、基本过程控制系统有效等。此外，抑制层只影响初始原因的发生频率，无法防止危险剧情的继续传播，因此又称为第一防护系统。

为了在 HAZOP 分析中准确界定初始原因，还可以通过工厂工况的状态改变进行识别。一个初始原因伴随着从正常工况向非正常工况的偏移，或者说初始原因是正常工况向非正常工况(非正常工况也称为偏离)偏移的分界点。失事点是非正常工况向紧急状态偏移的分界点。见图 8.2，图中表达了时间（t 为横坐标轴）和操作范围偏离（P 为纵坐标轴）的直角坐标系。坐标系的下部用对应的列表说明了正常工况、非正常工况和紧急状态下，工厂所处的状态、操作目标、涉及的安全系统类别和操作支持行动等内容。在操作偏离随时间变化的斜线上标出了初始原因和失事点的确切位置。

从以上对不同原因类型的解释可以看出，在 HAZOP 分析时所要求识别的初始原因与根原因既有区别又有联系，把握原因分析的适当深度非常重要，详见本章 8.4 的进一步说明。

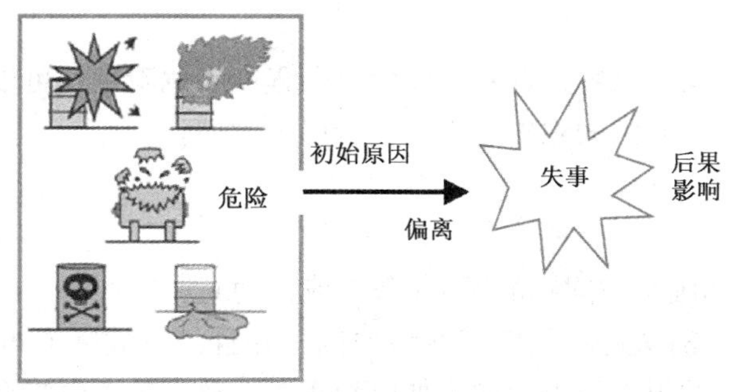

图 8.1　一个没有保护措施的事故剧情全过程

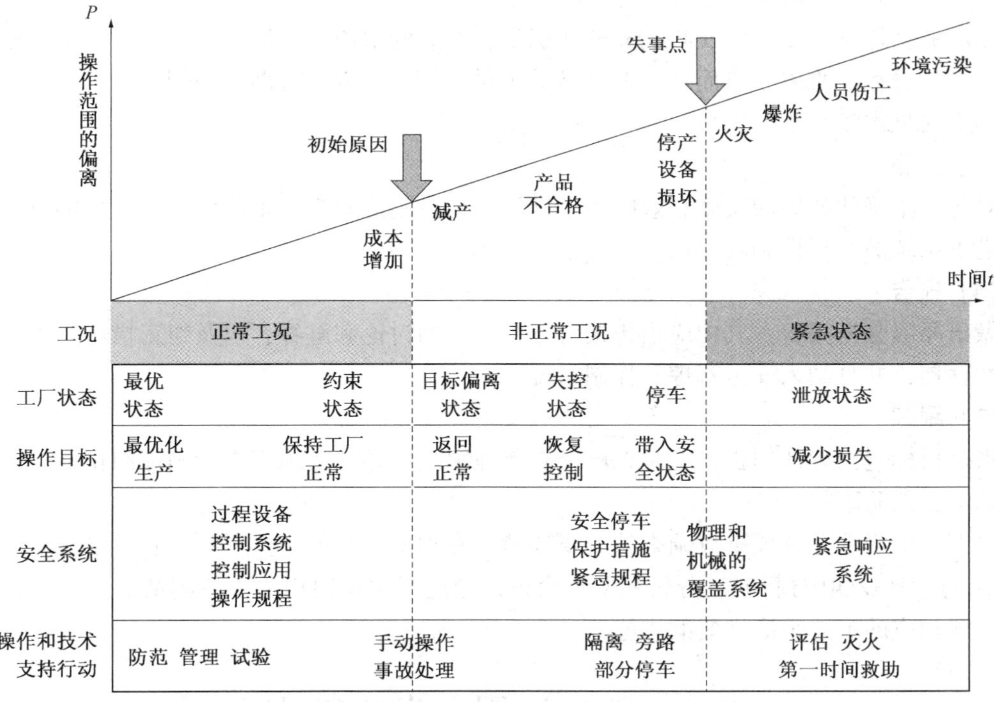

图 8.2　不同工况对应偏离的示意

8.1.3　原因分析步骤

任何原因分析都包括如下 5 个步骤：

(1) 搜集资料

原因分析的第一步是搜集密切相关的信息资料（包括数据），主要内容有：

- 原因出现之前的条件;
- 原因发生的过程;
- 原因之后发生的事件;
- 人员的参与(包括人员的行动);
- 环境因素;
- 其他相关发生的事件等。

(2) 评估

评估是原因分析的核心内容，针对问题的复杂程度和危险程度可以选用不同的分析方法或工具。评估过程主要是原因的识别过程，包含以下方面:

- 识别问题;
- 确定重大问题;
- 识别直接作用和围绕该问题的原因(条件或行动);
- 识别为什么在当前执行步骤中存在该原因，并且沿着故障或事故发生的线索追溯到根原因。根原因是事故的根本缘由，如果加以纠正，在整个装置中将会在源头上减少或防止该事故的再度发生。找到根原因是评估的终点。

原因的多样性和复杂性使我们充分认识到，事故的根原因可能不止一个。识别根原因是一个反复的过程，难以一蹴而就，但是借助于科学的分析方法有助于识别根原因。原因分析常用的方法见本章 8. 3。

(3) 措施

对每一个确认的原因实施有效的纠正措施。该措施能减少一个问题再度发生的概率，并且改进了系统的可靠性和安全性。

(4) 报告

做出原因分析报告。其中应当包括对分析结果的讨论和解释，以及纠正措施。报告应当永久性存档，并且纳入安全管理和控制系统。

(5) 跟踪

跟踪目标包括确认纠正措施是否已经有效地解决问题。实施审查能确保纠正措施的执行和从源头上预防事故。

以上 5 个步骤是开展事故调查的重要环节。在 HAZOP 分析过程中，主要涉及以上步骤(1)与(2)。HAZOP 分析时，分析团队在会议讨论过程中识别相关事故剧情的原因，提议为避免出现相应的事故采取必要的措施。

8. 2　常见原因和发生频率

8. 2. 1　常见原因分类

为了克服识别原因时的盲目性，提高原因识别效率，以下 7 种原因分类有助于 HAZOP 分析团队成员抓住重点。

（1）设备/材料问题

- 有缺陷或失效的部件；
- 有缺陷或失效的材料；
- 有缺陷的焊接处、合金焊或焊剂连接处；
- 装运或检验引起的错误；
- 电气或仪表干扰；
- 污染。

（2）规程问题

- 有缺陷或不适当的规程；
- 无规程。

（3）人员失误

- 不适宜的工作环境；
- 疏忽了细节；
- 违反了要求或规程；
- 语言交流障碍；
- 其他其他人员失误。

（4）设计问题

- 不适当的人机界面；
- 不适当的或有缺陷的设计；
- 设备或材料选择错误；
- 设计图、说明或数据错误。

（5）训练不足

- 没有提供训练；
- 实践不足或动手经验不足；
- 不适当的要领；
- 复习训练不足；
- 不适当的资料或描述。

（6）管理问题

- 不适当的行政控制；
- 工作组织/计划不足；
- 不适当的指导；
- 不正确的资源配置；
- 策略的定义、宣传或强制不适当；
- 其他管理问题。

（7）外部原因

- 天气或环境条件；
- 供电的失效或瞬变；
- 外部的火灾或爆炸；
- 失窃、干涉、破坏、怠工、贿赂或损害公物行为。

8.2.2 引发严重事故的常见原因

8.2.2.1 机械故障导致喷出、火灾和爆炸的原因

物料释放到周围会导致池火、闪火、蒸气引发可能的爆炸或有毒蒸气云、粉尘烟雾或迷雾，伴随对人的急性刺激。

(1) 容器故障

来自安装：

- 振动；
- 疲劳；
- 脆化。

来自碰撞：

- 起重机下降；
- 重设备冲击；
- 交通工具冲击；
- 有轨机动车/驳船/履带车碰撞。

来自超压：

- 压力颠覆；
- 普通排气口；
- 泵/压缩机；
- 供氮系统；
- 至容器的吹扫管线；
- 蒸汽吹扫；
- 管道破裂；
- 反应/低压锅炉连带高压锅炉；
- 溢出；
- 液体灌满/阀门开；
- 水击；
- 水冻结。

由于自然力：

- 闪电；
- 地震；
- 飓风；
- 冰冻/雪灾。

来自腐蚀/磨耗：

- 变更管理错误；
- 应力腐蚀断裂；
- 裂缝腐蚀/锈斑(凹痕)；
- 内壁(腐蚀)；

- 外部渗出带；
- 衬里/夹套失效；
- 磨耗；
- 高温腐蚀。

来自真空(塌陷)：

- 急冷和蒸汽冷却/冷凝；
- 填料过滤/管线；
- 真空系统；
- 从密封容器中用泵抽物料。

来自高温：

- 火烤；
- 加热器故障；
- 操作在最大允许工作温度以上。

来自低温(断裂)：

- 脆化——操作在金属最低设计温度之下；
- 闪蒸导致的低温；
- 低环境温度。

(2) 管道系统故障

来自安装：

- 不适当的结构材料；
- 不适当的安装；
- 振动；
- 疲劳。

来自碰撞：

- 起重机下降；
- 重设备冲击；
- 交通工具冲击；
- 第三者介入(例如：锄头挖裂)。

由于自然力：

- 地震；
- 大风；
- 海啸。

来自腐蚀/磨耗：

- 化学腐蚀(不适当的结构材料)；
- 应力开裂；
- 内壁；
- 外壁(例如：安装部位下方)；
- 衬里失效；

- 磨耗；
- 高温腐蚀。

来自超压：

- 普通排放口；
- 高压泵/压缩机；
- 管道中的化学反应；
- 吹扫管线；
- 供氮系统；
- 蒸汽吹扫；
- 水力膨胀；
- 水击(水锤)；
- 内部水结冰；
- 管道/过滤器固体堵塞。

来自温度过高：

- 火烤；
- 冷却失效；
- 无液体流动(例如：加热炉管)。

来自温度过低：

- 液体闪蒸；
- 低温液体激冷。

排气和排液开放：

- 开状态；
- 不适当的开启。

阀门失效：

- 阀盖垫圈/螺钉失效；
- 填料(巴金)脱开；
- 管道(法兰)垫圈失效；
- 有反应活性/低温的物料滞留在球阀内部。

(3) 其他泄漏

玻璃视孔。

环状连接处。

膨胀节。

水管(接头)。

火炬余量。

涤气器穿透。

焚烧炉失效。

换热器失效：

- 管裂——内漏到加热或冷却系统(压力高端向压力低端漏)；

- 管裂随之而来的夹套水力失效。

气体往复压缩机气缸故障：

- 阀片脱落；
- 无法推进(曲轴连杆故障)；
- 供电保险管熔断/跳闸；
- 不适当的加热；
- 错误地使用调制器/管道。

泵故障：

- 填料吹开；
- 单个机械密封开裂；
- 双/串联机械密封同时失效；
- 空转；
- 正向阻塞。

透平压缩机故障：

- 吸入端带液；
- 润滑失效；
- 负荷突降(喘振)；
- 振动；
- 透平超速；
- 排除口堵塞。

中间储罐(料桶)：

- 不适当地加料(飞溅)；
- 失去惰性保护(如氮气保护失效)；
- 氮气/空气超压；
- 铲车刺穿；
- 叠放太高；
- 融化(例如：冰醋酸)。

释放设备假开。

界面附着：

- 原料；
- 废液；
- 分配；
- 反吹；
- 能量系统；
- 实验室；
- 产品存储/处理(装卸)。

8.2.2.2　内部发生不期望的反应和爆炸导致的释放

不期望的化学反应会导致的事件，例如，超压、超温或产生有毒蒸气云，或反应失控；

不稳定的组分有可能爆炸或引爆；高反应活性的组分可能在污染和催化剂的作用下经历不可抑制的反应。

(1) 污染

通过正常的传输；

来自/至其他的单元；

逆流；

源头共用；

公用工程；

伴随有空气/水。

(2) 反应活性化学品的混合

识别错误；

进料太快；

加料顺序错；

进料比例错；

不适当的混合。

(3) 放热反应

分解反应；

聚合反应；

异构化反应；

氧化/还原反应；

混合/溶解放热。

(4) 其他

阻聚剂缺失；

反应载体(例如溶剂)缺失；

火烤(外部火灾)；

冷却消失；

反应物的积累。

8.2.2.3 通过内部可燃混合物的释放

在容器、有外壳的、有限空间或建筑物内的可燃或易爆物料的混合物，当存在着火源时，例如：静电、闪电、电火花，由于机械冲击、摩擦或其他的能量源，可能导致火灾或爆炸。

(1) 空气混合到碳氢化合物中

排放(置换)不充分；

建筑结构易燃；

惰性介质污染；

夹带着添加剂等；

鼓风机/压缩机吸入压力低；

不适当的空气夹带；

用空气中断真空(或真空系统吸入了空气)；

维修之前的吹扫失败。

(2) 碳氢化合物进入到空气中

在建筑物或其他有限空间中的积累；

在储罐浮动顶盖上面；

在下水道中。

(3) 引火源

发火化学品；

不稳定的物料(例如：乙炔化物)；

产生静电的物质(例如：绝缘和半导体液体)；

强氧化剂(例如：双氧水)；

热表面；

运动部件的摩擦/发热；

高吸热的物料；

绝热压缩；

特殊的催化剂(例如：铁锈)；

自发热聚合物；

排放系统导致的火源；

潜在的“冷焰”；

开放火焰(例如：敞开容器外面的火焰)。

(4) 其他

有限范围中的粉尘/空气混合物。

8.2.2.4 人员生命威胁事件

人员生命威胁伤害类事件包括因特殊原因导致人员生命威胁或伤害的事件，它不同于火灾、爆炸蒸气、不期望的化学反应、设备爆炸或前面列出的任何其他危害。例如：

(1) 缺氧窒息。

(2) 有毒/腐蚀性的化学品暴露(吸入和接触)。

(3) 热暴露：

- 热水；
- 热的化学品。

(4) 机械能量：

- 运动部件；
- 重力作用。

(5) 电的能量：

- 触电。

8.2.3 自动化仪表控制系统原因

由自动化仪表控制系统导致危险的常见原因分类如下：

(1) 不适当地执行了控制作用

- 未识别的危险。
- 对已识别的危险不适当、无效或错误的控制作用：

创建过程的缺陷；

过程变化了但控制算法没有相应改变(进度不同步)；

不正确的改进和修正。

- 过程模型不一致、不完备或不正确：

缺陷产生于过程；

缺陷产生于更新的过程；

时间滞后。

- 控制器和指令员之间协调不好。

(2) 执行控制作用不适当

- 通讯缺陷；
- 执行机构操作不当；
- 时间滞后；
- 不适当或反馈错误；
- 系统设计时没有提供；
- 传感器工作不正常(给出了不正确的信息)。

8.2.4 常见原因发生频率

原因发生的频率常用每年发生的次数表示。近年来在HAZOP分析时为了筛选所识别的危险剧情中哪些风险较大，需要初始原因事件发生的频率数据。在LOPA中，初始原因的发生频率是更加不可或缺的数据。

在确定初始原因事件发生频率时，应当注意数据的一致性。即设施的基础设计和公司风险决策方法一致；所有数据的范围标准一致，保守程度一致；所选择的数据应具有行业的代表性或能代表操作条件；历史数据必须有充分的调查数据积累和具有统计意义。

原因发生的频率数据来源有：行业标准发布的数据，例如：《化工过程定量风险分析指南》(第2版，CCPS，2000)、《工艺设备可靠性数据指南》(CCPS，1989)；本公司积累的数据和设备供应商提供的数据。当无法从以上数据来源获取数据或来源中没有所需要的数据时，可以采用定性分级的数据表示方法，例如，低级、中级和高级，等级1、等级2、等级3。一种定性确定原因发生频率的广义分级方法见第2章表2.3所示。该表以员工经验为依据，提出了具有一致性标准的数据估计方法。

美国化学工程师协会化工过程安全中心(AIChE/CCPS)给出的初始原因发生频率数据，见第2章表2.1所示。表中与人为失误相关的频率用每次机会的失误次数表示。为了直观分级，有时表中取频率指数的绝对值作为定性数量级。

8.3　常用原因分析方法

深入的原因分析不是 HAZOP 分析的最终目标，但掌握这些方法有助于提高 HAZOP 分析的工作质量。传统的原因分析方法往往缺乏系统性。例如，“一个操作工执行已有的规程失败。”基于这个结论，分析者会给出如何做才是最好，以便该特定岗位的操作人员遵守规程。并以此作为防止该事故再出现的建议。这种形式的分析需要的时间较少，分析人员也不需要太多的培训。但是这种分析方法的缺点是严重的，这种分析结果没有提供一个广泛深入的了解，即：

- 为什么事故会发生？
- 需要做什么，才能防止类似事故在其他地方继续发生？
- 管理系统是如何失效的？应如何改善？

传统的方法之所以不成功，是因为分析结论只对历史事故有意义。实践证明对过程安全事故分析是不合适的，它的结果不完全，对今后可能出现的事故没有太多参考意义，没有达到揭示出根原因的水平。

随着科学技术的进步，一些公司开始采用更加结构化和依靠团队协作的分析方法识别根原因。科学原理和概念被用来确定根原因和提出防止再次发生的建议。有效的分析应当使用经过试验的数据分析工具和方法。不同的方法侧重面不同，例如，有的是针对组织机构管理的疏忽和遗漏，有的重点考虑人为因素的结果。原因分析方法应当相对容易使用。其中团队“头脑风暴”方法、故障假设方法和“五个为什么”方法比较简单实用，可以直接与 HAZOP 分析结合起来应用。此外图形化方法由于其直观形象、深入细致、易学易用等优点得到广泛重视，并且被许多标准和规范推荐使用。本节还将介绍几种不太复杂且行之有效的定性图解分析方法。

8.3.1　团队“头脑风暴”方法

团队“头脑风暴”方法，与 HAZOP 分析的方式类似，由多专业专家组成团队，由 HAZOP 分析主席带领团队通过集体讨论分析原因。这种分析方法有三种形式，即经验法团队分析、故障假设法团队分析和“五个为什么”法团队分析。这三种方法在 CCPS 出版的《化工过程事故调查指南》(第 2 版，2003)一书中有详细介绍。

(1) 经验法团队分析

团队用集体的经验审定可信的原因。比传统的就事论事方法能提供更多的想法和经验。但本质上还是非结构化的方法。要使团队分析到达目标，应当对所发生的事件序列有所了解，即采用按照事件发生的时间线索或画出事件序列图帮助讨论分析。在团队分析讨论时，HAZOP 分析主席运用以下三个提问有助于识别原因。

- 发生了什么？
- 如何发生的？
- 为什么发生？

这种非结构化的团队分析的缺点是，不同的团队成员思考的方向和内容不同，经验水平不同，容易产生不正确的结论。即讨论结果依赖于团队成员的经验水平，他们的经验可能是不完全的，是缺乏关键知识的。对于同一个事件，两个团队可能得出不同的结论。

(2) 故障假设法团队分析

该方法是团队采用的较为结构化的方法，即故障假设方法(又称为“What-if”方法)。团队会议通过提出一系列的故障假设来引导分析。这些问题通常考虑了设备失效、人为因素或外部发生的事件。例如，“操作规程如果有错会怎么样?”，“没有按照规程步骤执行会怎么样?”等问题。本章8.2节给出了大量故障假设问题的要点，可以参照提问。所提问题可以是通用的，例如8.2.1给出的7种分类。也可以是针对特定的工艺和活动。此种分析方法，有时问题是个别成员准备的，可能使讨论出现偏向。

(3) “五个为什么”法团队分析

“五个为什么”分析方法可以为团队“头脑风暴”讨论增加一些结构性特点。这种方法采用了逻辑树原理，但不画出逻辑树。团队讨论的问题针对为什么非计划的、非意愿的、不利的事件或存在的条件会发生。团队将有针对性的追问“为什么?”，采用简问简答，每一次追问都应切中前一次回答内容的要点，连续五次追问，以便达到根原因。就此得名“五个为什么”。

在HAZOP分析中为了找到初始原因，追问的起始点就是偏离点。然后沿事故传播的方向反向追溯提问。例如一个装有危险化学品储罐出现了压力超高的偏离，第一个为什么就是针对压力超高提问，回答问题应当尽可能靠近与其直接相关的前一时间线索上的事件，即：

第一个为什么：提问—为什么储罐压力超高?
回答—储罐中发生了化学反应(导致压力超高)。

第二个为什么：提问—为什么发生化学反应?
回答1—混入了污水(反应物)。
回答2—储罐中有铁锈(催化剂)。

第三个为什么：提问—为什么混入了污水?(针对回答1的要点)
回答—操作人员开错了阀门。(已找到初始原因)

第四个为什么：提问—为什么储罐中有铁锈?(针对回答2的要点)
回答—储罐材质选错(或没有防腐措施)。(找到一个使能原因)

第五个为什么：提问—为什么开错阀门会混入污水?
回答—管路阀门设计有误，导致管路阀门互通。(找到第二个使能原因)

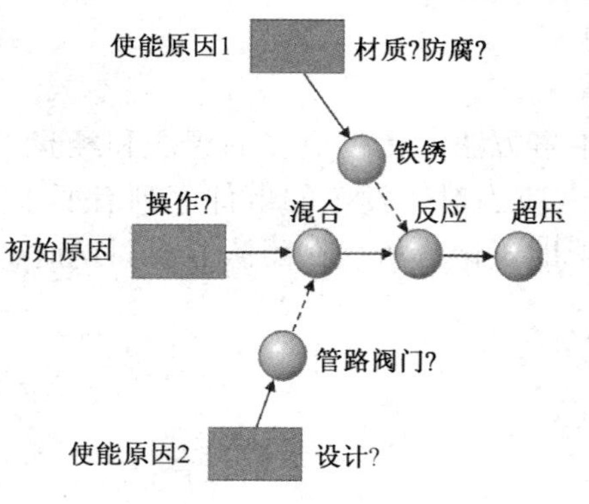

图8.3　储罐超压事故原因分析事件序列图

如果团队成员认为尚未达到初始原因或根原因，提问与回答还可以继续下去，不必受五次提问的限制。从以上例子可以看出，所面对的问题不一定是简单的没有分支的事件链，当回答出现一个以上的要点，反向追溯会出现分支。应当尽可能沿各分支连续追溯下去，最终全部分析路径是一个从偏离点出发的树形事件序列图，如图8.3所示，图中矩形块表达原因，圆球表达中间关键事件，有箭头的实线表示因果影响关系，有箭头的虚线表示使能影响关系。在相邻的两个事件间，连线箭头方向表示“因→果”影响方向。

当不同的终点原因之间逻辑关系是“与门”时，原因之间可能是根原因与使能原因的关系。本案例中储罐材质选错和管路阀门设计有误是系统固有存在的条件原因，没有操作人员失误混入污水事件，它们不会单独引发事故，因此是两个并列的使能原因。而操作人员开错阀门是触发事故的初始原因。反之两个使能原因得到纠正，即使操作失误，超压事故也可以避免。

如果不同的分支原因之间的逻辑关系是"或门"，则可能是各自独立的原因，即多原因问题。

"五个为什么"分析方法简单易学，但是分析水平取决于团队成员的知识和经验，不是所有的分析都能找到初始原因或根原因。为了提高分析准确性，建议在遇到比较复杂的情况时采用下面所介绍的图形化方法。

8.3.2　原因与影响图方法

原因与影响图(CED，Cause and Effect Diagram)是一种图形化方法，用于帮助识别、挑选和显示一个问题可能的各种原因，以及多重原因的分级(分层)关系。由于原因与影响图的形状很象鱼刺，因此又称为鱼刺图。

(1) 原因与影响图表达方法

原因与影响图如图 8.4 所示。所关注的影响表达在右面的方框中。原因可以分级按照实际事件间的影响关系和分级层次表达于左面的各层分支中。

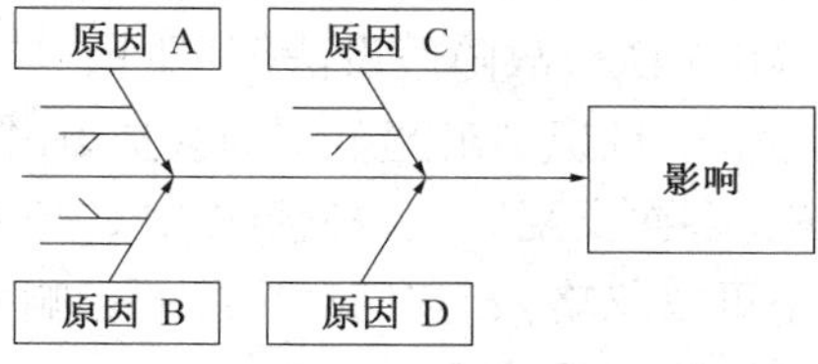

图 8.4　原因与影响图的结构

(2) 方法特点

- 帮助确定根原因；
- 有助于团队成员参与；
- 采用有序的容易观察的模式(图形模式使全体团队成员对分析路径结构一目了然)；
- 指出各可能原因的差异；
- 增加过程知识；
- 识别所收集的数据的范围。

(3) 应用案例

如图 8.5 所示，采用原因与影响图直观形象地表达了"8.2.1 常见原因分类"全部内容和结构关系。由于常见原因分类只给出两个层次，因此原因与影响图呈现两层分支。

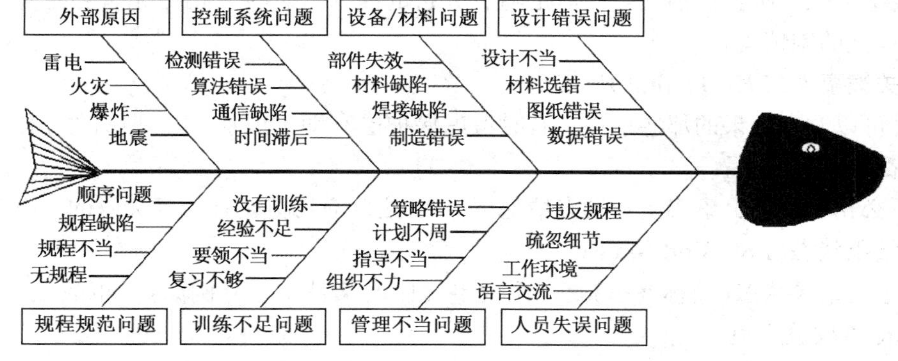

图 8.5　常见原因分类的原因与影响图

对照“五个为什么”方法和图 8.3 的规律可以看出，原因与影响图可以直接用来记录五个为什么方法的分析路径和分析结果。

8.3.3 事件序列图方法

事件序列图(ESD, Event Sequence Diagrams)是一种定性事件树方法，用来识别初始事件、根原因和导致事故的事件序列。ESD 由初始事件(IE)、关键事件(PE)、结果状态(ES)构成。

(1) 初始事件(IE)

初始事件是事件序列的起始。它们是使事故剧情开始的触发事件(与初始原因的概念完全一致)。

识别 IE 的一个重要方面是必须考虑在一个大的范围中挑选候选事件。这个范围从可能的各种触发事件扩展到极端的失效事件，以及所选的各 IE 应当从开始直到灾难全过程进行排序。这种宽范围的考虑本质上保证了 IE 识别过程的完备性，并且和其他的分析方法，如 FMEA 法或故障假设法等不同。

一旦识别出宽范围的候选 IE 集，接着进行 IE 的筛选和组合，这一过程是一个交互的过程(多次反复)。去掉候选 IE 的原则是：它们发生的可能性低(在所有候选 IE 中相对发生概率可以忽略)；它们对系统的影响太轻微以至于不会将系统偏移到其他状态；或者它们超出了风险评价范围。

组合(也可以参考为“绑定”)是把不同的 IE 结合为一体，如果它们对系统引导了相似的响应则表达为“IE 组合”。当不同的 IE 被结合到一个代表性的组合中时，对于该组合的发生频率或概率，是组合中各成员的发生频率或概率之和。因为不是组合中所有的成员将导致系统的相同响应，实际应用时，用组合成员中最严重的触发事件代表组合的影响程度。所以求和方法是一种保守的方法(原因发生频率估计偏高)。

在美国能源工业(包括核电)已经颁布了不同工厂类型的标准分类 IE(即 8.2.1 常见原因分类的内容)，这种 IE 分类列表可以作为 ESD 分析起始的列表候选。

在识别根原因时重要的是要记住，识别过程是一个反复(交互)的过程，针对具体问题的 IE 列表不可能一次就识别完全，但是随着分析的深入，它将变得更完备和更详尽，并且得到相互独立的剧情集合。

(2) 关键事件(PE, Pivotal Events)

PE 是可以改变后果的那些事件。有时考虑保护层有助于识别 PE。所有的 PE 事件在时间顺序上都位于 IE 之后。

PE 不必相互独立，事实上在动态情况下，PE 之间有可能是强交互关联的。

(3) 结果状态(ES, End State)

ESD 中的结果状态(简称终态)是一系列事件后的某种状态，例如：“事故”，当然也有“成功”，即事故被避免。

(4) ESD 图的实施方法

见图 8.6。

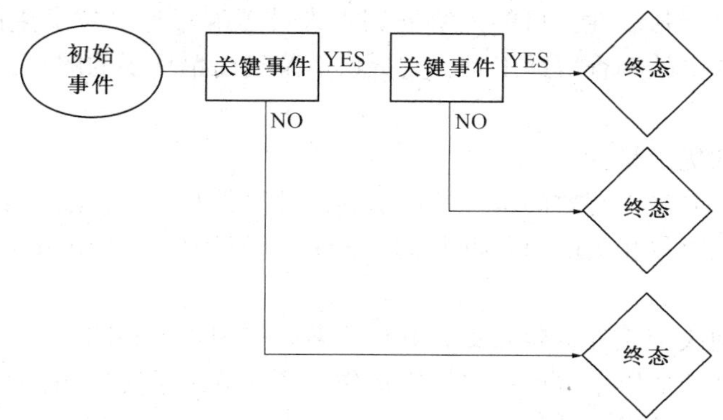

图 8.6　ESD 图的实施方法

8.3.4　事故及成因图方法

事故及成因图(E&CFC, Events and Causal Factors Charting)最初由美国原子能管理委员会(NRC)所采用，利用连续时间图原理，根据意外事件发生的顺序，利用图形编辑的方式汇总证据。E&CFC 简单并清楚地描述事件相关的信息资料，可用于辨识资料的完整性，调查者可以依据 E&CFC 的事件序列收集证据和开展调查，表 8.1 是 E&CFC 基本图形定义。

表 8.1　E&CFC 基本图形定义

定义	图形
事件-矩形表示 条件-椭圆形表示	[事件]　(条件)
事件和事件的连接以实线箭头表示	[事件] → [事件] →
条件与条件以虚线连接 条件与事件以虚线连接	(条件) - - → (条件) - - → (条件) - - → [事件] - - →
如果为假设的事件或是条件，以虚线外框表示	[事件]　(条件)（虚线外框）
主要事件序列(直接时间序列)必须在同一水平线上。次要事件序列(间接时间序列)必须呈现在不同水平线上。以从左到右的方式排定时间序列	

本方法使用的基本原则是：

(1) 每一件事件应描述行动或是动作，而不是状态(条件)或环境；

(2) 每一件事件以简短的句子叙述；

(3) 每一件事件应尽可能精确的描述，如“操作者启动泵 P-301”而不是“操作者启动泵”；

(4) 每一件事件应有单一以及个别的描述，如“管壁破裂”而不是“内部压力上升造成管壁破裂”；

(5) 每一件事件尽可能的予以量化，如“对象从 50m 高度掉落”而不只是“对象掉落”；

(6) 每一件事件应该与前一项事件连续且相关。

上述原则并不具有强制性，目的是协助调查人员了解意外事故发生的过程，E&CFC 已被证实是一种有效的事故调查协助工具，它提供清楚且简单扼要的图形，协助调查者掌握事故发生的过程。

事件及成因图的优点是：

(1) 以图说明，并且以有效的事件顺序引导意外事件和状态(条件)；

(2) 描绘与事故直接相关的事件和状态(条件)，但较少描述组织关联性和个别关系在事故中扮演的角色；

(3) 可进一步地决定额外资料收集和分析，藉以辨识资料缺陷；

(4) 结合证据和造成因素进而找寻组织运作问题和管理系统缺陷；

(5) 可与其他分析技术有效的整合运用；

(6) 提供一种结构性的方法收集、组织和汇总数据；

(7) 清楚地描述意外事故，有助于报告撰写。

图 8.7 是一个简单的 E&CFC 图。

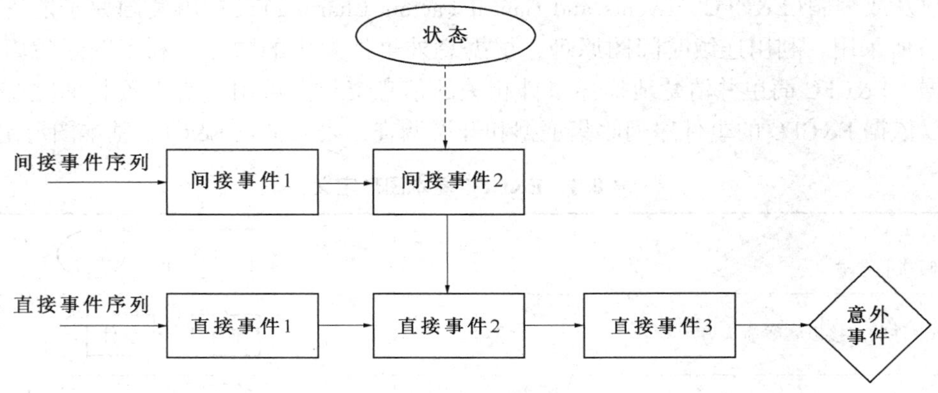

图 8.7　一个简单的 E&CFC 图

表 8.2 是 CCPS 出版的《危险评估方法指南》(第 3 版，2008) 书中给出的几种单“原因-后果”事故剧情。该书的目的是通过实例解释什么是事故剧情。这些剧情是以印度博帕尔事故为原型的案例，剧情细节进行了简化。

图 8.8 是对应表 8.2 所描述的事故剧情得出的 E&CFC 图。图 8.8 直观且细致地表达了事故全过程。表达了事件序列中各层面上的使能事件、条件或原因。表达了关键中间事件之间的影响关系，以及原因与后果的关系。前面的图 8.3 是用“五个为什么”得到该剧情原因一侧的结果。

与文字表格所表达的事故剧情相比较，图形化表达事故剧情突出的优点如下：

(1) 便于直观地揭示事故剧情的完整结构。在图中可以看出，表 8.2 所列出的四个单“原因-后果”事故剧情实际上是相互关联的“领结型”剧情。然而在表 8.2 或常规的 HAZOP 分析报告表中被隐含了。

(2) 在图 8.8 中的直接事件序列链上可以方便地标注事件发生的时间顺序。这就是事故分析常用的“时间线索”(Timeline)。时间线索与事件序列对应表就是广泛应用的“剧情表”。这种方法可以帮助 HAZOP 分析团队理清复杂事故的结构，从而准确地识别初始原因、使能原因、条件、后果、现有安全措施的位置。辅助定位建议安全措施的位置。例如：在“标识不清”处增加标识牌；在“储罐超压”处增加压力超限报警；在“引火源”处增加泄漏检测仪表，或引火源检测仪表；“罐顶排放”至火炬系统；在“罐内壁生锈”处加强维修防腐等。

表 8.2　单初始原因/后果事故剧情案例(不包括安全措施和后果影响)

剧　情	初始原因	中间事件序列	后　果
1	腐蚀性的物料卸料时进入错误的储罐	腐蚀性物料与甲醛混合；诱发反应；产生蒸气；储罐气化空间升压	有毒的甲醛蒸气从储罐排气口向大气释放
2	腐蚀性的物料卸料时进入错误的储罐	腐蚀性物料与甲醛混合；诱发反应；产生蒸气；储罐气化空间升压；罐顶排放；存在火源	闪燃
3	腐蚀性的物料卸料时进入错误的储罐	腐蚀性物料与甲醛混合；诱发反应；产生蒸气；储罐超压	储罐压裂，没有起火；储罐内物料急速地释放到周围区域
4	腐蚀性的物料卸料时进入错误的储罐	腐蚀性物料与甲醛混合；诱发反应；产生蒸气；储罐超压；存在火源或由于储罐压裂所引发	储罐压裂，引发火灾；储罐内物料急速地释放到周围区域
……	……	……	……

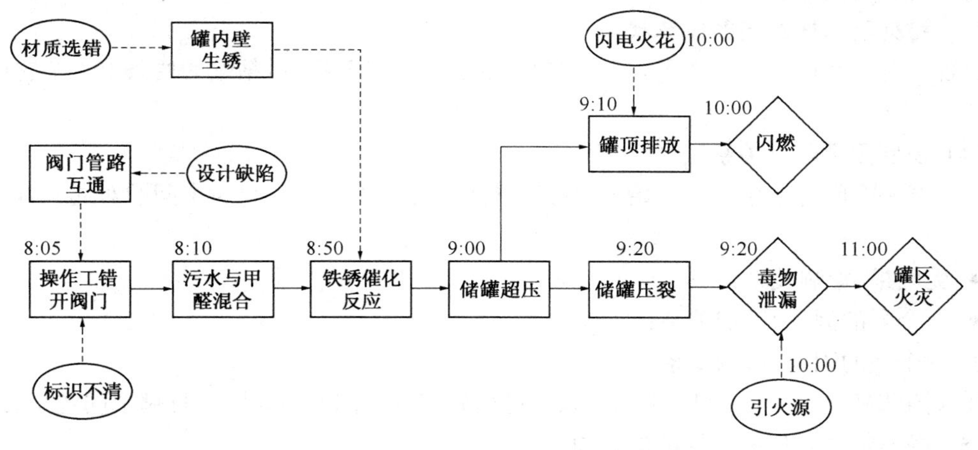

图 8.8　储罐火灾爆炸事故剧情 E&CFC 图

（3）可以直观表达多路径分支和并行事件序列，即多维结构信息。这种事件序列结构用文字描述非常繁琐，容易出错或引发歧义。读者也不容易梳理出文字描述的线索。

（4）可以精准地记录 HAZOP 分析团队讨论过程，并且有助于“头脑风暴”集体智慧的发挥。当 E&CFC 图显示在投影屏幕上时，每一个团队成员都能直观地看到所分析的全部事件线索。任何一个成员的想法和建议，立即会以图形的形式传达到全体成员。如果将 E&CFC 图所表达的信息进一步完善和标准化，即可解决 HAZOP 分析信息的传递、审查和共享之难题。

（5）国际标准 ISO 15926 和万维网信息标准 OWL 2，提出了直接使用图形化信息标准推理的规范。实践表明，应用类似于 E&CFC 图的信息可以自动推理获取 HAZOP 分析结果 。这将大大减轻团队成员的重复性劳动，并且从根本上解除图形记录可能影响记录速度之忧虑。

8.3.5 相互关系图方法

相互关系图(ID，Interrelationship Diagram)是一种分析工具，它使得分析团队能够识别那些特殊有争议的多个因素中的因果影响关系。这种分析有助于一个团队区分有争议的因素之间，谁是起源(根原因)，谁是出口(直接原因、“出点”)。

当一个团队在了解与过程相关的多个结论之间的关系出现争议时使用 ID。本工具也可以帮助识别根原因，甚至在目标数据不足时也可以识别根原因。

ID 的具体应用如下：

(1) 将问题陈述清楚

确认问题的陈述是完整的，并且团队的所有成员都清楚，用可视化图形更好。将这些陈述写在白板的顶部或弹出图表中。

(2) 整理出与问题有关的陈述

这些陈述可能是先前活动的结果，例如，用分类图或“头脑风暴”讨论的结果，或团队希望现在解决的问题。

(3) 排列所陈述的问题成环状

将各问题写在白板或弹出图表上。当相关问题已经记录在可粘贴的便条上，把它们排列成一圈。

(4) 识别因果影响关系

以任意一个问题便条作为起始点，按顺序识别相互关系，对每一个问题对偶，判定如下关系：

- 无因果/影响关系；
- 一个弱的因果/影响关系；
- 一个强的因果/影响关系。

如果团队确定了一个因果/影响关系，进而确定哪个问题是原因，且哪个问题是结果。

(5) 画出箭头以便指示影响的方向

针对一个关系对偶，画一个带箭头的连线，连线始于原因，终止于被影响的问题。对于强的影响关系用实线，对于弱的影响关系用虚线。虽然有些关系可能是双向都有影响的，也要确定哪一个方向的影响更强一些，并将该箭头指向该方向。绝不画双向箭头。

(6) 记录影响箭头

对每一个问题便条仔细记录箭头发出和进入的数量。

(7) 识别起源(根原因)和出点(出口)

出发箭头数多的表征该问题是一个起源或可能的根原因。进入箭头数多的表征该问题是一个出点。

图 8.9 为一个 ID 分析案例。

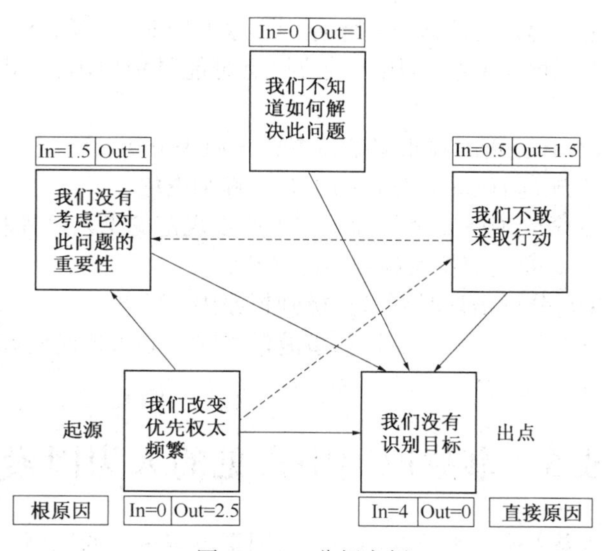

图 8.9　ID 分析案例

8.4　初始原因与根原因的关系及区别

初始原因(事件)是各种根原因的结果，包括外部事件、设备故障或人员失误，即“8.2.1 常见原因分类”列出的 7 个方面。在说明初始原因和根原因的关系时，最简单的解释就是根原因导致了初始原因的发生，或者说先有根原因才会有初始原因。

例如，在 HAZOP 分析中一个偏离“FI-301 没有流量”的初始原因确定为“P-301 泵停”。这是一种正确的并且是规范的结果。如果要进一步识别“P-301 泵停”的原因，有现场经验的团队成员立即会考虑到“停电”、“操作工误关电源”、“泵机械故障”等。这一层次的原因可以称为基本原因。从基本原因再进一步识别，以“操作工误关电源”为例，可能是“训练不当”、“规程问题”、“紧张”或“错误的指令”等原因。一般而言追溯到这一层次的原因就是根原因。如图 8.10 所示。

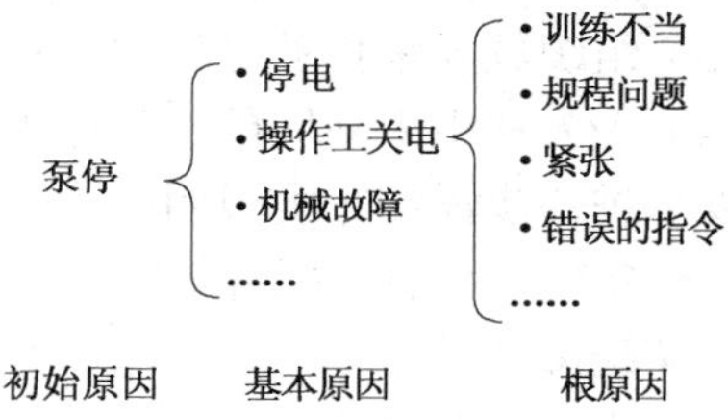

图 8.10　初始原因、基本原因和根原因的关系

通常在 HAZOP 分析报告中只记录初始原因，如果细化到根原因将会导致太多的潜在危险剧情，花费太多的时间和精力。因此，HAZOP 分析的惯例是在确定初始原因时不宜太深究根原因。如果要求一定要分析到根原因的深度，这种情况可能涉及一个重要的安全措施或者剧情过于复杂。为了减少危险剧情的数量(占用了 HAZOP 分析报告的大量篇幅)，可采用根原因组合(“绑定”)的方法。从实际情况出发，如果初始原因的后续事件序列相同，所有的安全措施都在初始原因之后，不存在与初始原因中不同根原因独立相关的情况，并且证明安全措施已经降低了该初始原因中的所有根原因导致的系统失效的风险。这可以成为 HAZOP 分析报告中为了减少重复只说明初始原因的一个理由。

当多重原因交织在一起，无法区分初始原因和根原因时，使用“8.3.5 相互关系图方法”可能是一种有效的方法。相互关系图中的“起源”点可能是根原因，“出点”可能是初始原因或直接原因。

以下情况建议 HAZOP 分析时在重要部位考虑根原因分析：

- 设计阶段没有实施过 HAZOP 分析的工艺过程和设施；
- 没有实施过程安全管理或安全管理不完善或不规范的工艺过程和设施；
- 变更管理阶段，对变更部位实施根原因分析；
- 相关人员 HAZOP 分析培训时要求分析到根原因。

需要特别指出的是，在事故发生后进行事故调查时，必须追溯到确切的根原因，否则事故调查结果是不全面的。

8.5 事故原因中常见的人为因素

大量的事故调查结果表明，事故原因中人为因素占有很大的比例。因此导致事故的人为因素以及预防措施越来越得到重视(《过程安全人为失误预防指南》，CCPS，1994)，面向操作规程的 HAZOP 分析就是解决人为失误的一种有效方法(详见本书 7.1 至 7.4 节)。本节将按人为过失以及人员的任务执行过失两个方面总结导致事故的原因。主要内容选自“日本风险管理和安全科学中心”对日本和世界范围上千次事故调查所得出的总结。本节内容有助于 HAZOP 分析中识别人为因素导致的危险和可操作性问题。

8.5.1 人为过失原因

可以将人为过失原因分成 4 类，以便说明什么过失导致了事故以及谁的过失。

(1) 无人承担的过失原因；

(2) 个人承担的过失原因；

(3) 组织领导承担的过失原因；

(4) 个人和组织共同的过失原因。

以下进一步详细分类说明(以下操作规程简称为规程)。

8.5.1.1 个人过失原因

(1) 疏忽

知识不足，忽视惯例。个人不知道防止和处理事故的正确方法，即使这些知识是人所共知的。

- 知识不足：一个人或他周围的人不知道常规的人所共知的技术信息。
- 忽视惯例：一个人不知道本工业领域或企业的常规。

(2) 粗心

了解不够，警惕不够。疲劳或身体不好，疲劳可能妨碍了注意力，过度的繁忙或身体(工作)条件不好使人无法集中注意力。

- 了解不够：事故原因在于肤浅的了解规程的条文。
- 警惕不够：事故原因在于个人繁忙或烦恼而没有给予足够的注意。事故原因在于个人没有给予适度的应当有的警惕。

- 疲劳或身体欠佳：疲劳或身体状态不好，使个人无法提高注意力。

（3）对规程无知

通讯（沟通）不够，忽视规程。事故原因在于现有的规程有缺陷或没有遵守规则。

- 通讯不够：事故原因在于信息不充分或在需要的时候没有充分的通讯（沟通）。
- 忽视规程：事故原因在于忽视了常规的规程或方法，无论是正式的还是非正式的。

（4）判断失误

看问题面窄，了解错误，领悟错误。理解不正确的情况导致了一个判断的错误。评价标准用错，所确定的下一个步骤不对，或在决策过程中通常期望考虑的因素出错。

- 看问题面窄：事故原因在于个人仅考虑了情况的一个方面，或忽视了事情或事件之间可能的相互关系。
- 了解错误：事故原因在于个人既不了解情况也不了解背景原理和结构。例如：当一个容器可燃气体泄漏时，在通常情况，个人认为按“左开右闭”的原则，顺时针是关阀门。但是有的阀门关闭正好相反，这样一来顺时针操作阀门会增加泄漏。
- 领悟错误：事故原因在于个人确信他执行的是正确的方法，但是实际上不对，是由于他用错了知识。例如：当一个容器可燃气体泄漏时，个人可能已知关闭该阀门的正确方法是和常规方法相反，但是还是按常规方法关阀，结果导致泄漏加大。
- 情况判断失误：事故原因是个人不了解当前正在发生了什么，例如：个人发现了火灾，可能认为是木头被引燃，向火源浇水，然而火灾是油品引起的，浇水将使得火焰四处飞溅。

（5）调查和分析不够

实践不够，先期调查不够，环境分析不够。事故原因在于缺乏过程决策的准备，决策途径的高层没有考虑当发生问题时适当的决策。

- 实践不够：事故原因在于缺乏实践，或实践条件不适合实际的条件。
- 先期调查不够：事故原因在于，深入到部件、化学品、产品，包括控制等相关的安全规则、功能和特性的调查不够，例如：对很多与化学品的反应特性相关的原因没有足够的了解，导致事故。
- 环境分析不够：对有关环境所应用的物质、产品或经济环境调查不够，或调查完成后条件变化了。

8.5.1.2　个人与组织共同的过失原因

事故原因在于环境变化了没有及时地适应。

- 环境变化：项目开始时和项目完成时的环境已经变化了，但是没有及时地适应环境的变化。
- 经济因素的变化：项目开始时和项目完成时的经济环境发生了变化，但是没有及时地适应经济环境的变化（例如：由于进、出利率的突然波动）。

8.5.1.3　企业组织过失原因

（1）概念不清

权力结构差，组织机构差，不良的策略或概念不对。事故原因在于计划阶段上的问题或计划本身的问题。构思计划的前任或上级人员有时需承担计划失败的责任。

- 权力结构差：事故原因在于没有获得需要的以便完成项目的许可或权力（例如：许可

证、执照)。

- 组织机构差：事故原因在于有缺陷或顽固的组织机构。
- 不良的策略或概念不对。事故原因在于策略不好或概念不对。

(2) 不良意识，悟性不好

不良的企业文化，安全意识淡漠。事故原因在于人们持有的从他们周围人群带来的不同观点或价值观。或在于一个公司把获利放在第一位，把关注规范放在第二位，即把安全放在次要位置。

- 修养文化的差异：事故原因在于不同的文化修养以及没有适应和了解周围文化，包括唯心、愚昧、迷信、图腾、只期盼好的，不愿听坏的，见物不见人等。从一种文化得到的技术可能在另外文化中无法了解或具有不同的标准和思维方式(甚至不同的计量单位)。
- 企业安全文化不良：公司的规则取代了社会规则，因而忽略了社会责任。环保安全意识没有了，掩盖一个相对次要的事故以避免负面的后果，导致了更加严重的事故。
- 安全意识淡漠：不严格的安全标准和安全意识差是由于安全责任人不适当的控制。例如：安全主管假定有另外的某人对安全负责或以安全为代价来降低成本。一个众所周知的例子是印度的博帕尔事故。

(3) 组织机构问题

管理机构的松散，管理不善，工作人员水平低下。事故原因在于组织上的缺点妨碍了平稳的运行，执行者和管理者在履行流程操作职责时，没有尽到责任，可能发生问题。

- 管理机构松散：组织机构是垂直管理系统，或人员的职责不清楚，高层管理提出的决定不成熟，冲突性问题容易被搪塞过去。这种情况，一旦发生问题，组织机构和工作人员不能快速响应或缺乏效力。
- 管理不善：事故原因在于管理问题，例如：高层管理决定没有向全员传达。管理层不了解全部实际情况，处于低水平，并且，主管对下属的指导不力。
- 工作人员素质低：事故原因在于底层。例如：由于起因于上级的问题，因为个人的任性(利己主义)影响了决策能力，而导致的事故。或不愿意学习。除了明显的由于怠惰或破坏之外，事故过失还有等同的管理和被管理的问题。

8.5.1.4 无法问责的过失

未知的原因，发生了未知现象，发生了非正常现象。事故起因于先前未知的现象。在人类历史的线索上可以称为现代科学与技术的门类，带来应付首次碰到的事故现象的反制措施。这种事故可以吸取经验，或者称为出了事故无法问责。

- 未知现象发生：事故起因于用现有的知识和经验所无法预测的条件或事件，在它们之前从未发生过。
- 非正常现象发生：事故起因的现象用现有的知识和经验是可以了解的，或者说可以理解的，但是在当前背景下从未报告过或有过经验。

8.5.2 人员的任务执行过失原因

当考虑个人执行任务的行动时，可以将其分两组，即常规和非常规。常规行动是指：个人执行的行动所导致的事故不考虑相关情况的外部因素是否变化。非常规行动是指：个人所执行的行动导致的事故，当外部因素发生变化，个人对这些变化的响应缺乏方法。

然而，在常规行动的情况，可能执行预防性措施，例如：培训和预防性规程，允许个人忍受过失的冲击。以经验而论，许多专家把所有的事故原因归类于目标的变化和环境的变化，但是，本文将这些事故原因归结于个人的非常规行动，也就是强调了原因中的人为因素。

8.5.2.1　任务执行作用于目标的原因

(1) 计划和设计

计划不周，设计误用，这包括了模仿设计和专利生产。

- 计划不周：事故原因在于计划不适当或不可能执行。这里计划包括建设计划、建设管理计划、操作计划和时间进度计划。
- 设计误用：事故起因于一个设计，该设计不是原来的目的，却没有修改或审查设计或其目的(这包括了模仿设计和专利生产)，例如：操作方法、仪表系统、软件系统和办公管理等。

(2) 生产

包括硬件生产和软件生产，具体有工具制造、机械和材料，也包括建筑和建设工作。

- 硬件生产：事故起因于不良生产机器、工具和其他设备，然而，故障存在于控制硬件的软件之中时，考虑为软件故障。
- 软件生产：事故起因于生产质量差的软件执行不好，这包括软件设计，也包括选择购买的使用软件的电子产品和仪表。

(3) 使用

包括操作/使用、维护/修理、运输/存储和销毁。

- 操作/使用：使用机械设备偏离了设计和说明书的允许限，例如开机粗心大意。
- 维护/修理：事故起因于不适当的维护或修理，例如，机器运动部件的润滑剂用错或修理方法不对。
- 运输/存储：事故起因于运输或存储方法不对。例如：室温下运输需要冷冻的化学品或运输精密测量设备在卡车上悬挂不合要求。
- 销毁：事故根源在于销毁的准备工作、处所和方法不正确。

8.5.2.2　人员行动原因

人员行动分三类，即操作、行为、行动。操作包括对实际工具、机器和其他设备的运行，例如打开和关闭阀门以及驾驶运输工具；行为包括个人操作或准备去操作工具、机器和其他设备的物理行为，如物体撞击、重物下落、绊倒和坠落；行动包括个人故意地或任性地行动以及个人之间的此种行动。

(1) 常规操作

无视规程、不正确的操作。事故原因在于人们在操作工具、机器和其他设备时无视规程和不正确的操作。

- 无视规程：事故起因于当个人在操作工具等时没有遵守适当的规程。

• 不正确的操作：操作时调整错误或用错了工具。例如：控制盘上输入错了数值，或开车右转时向左打轮。

(2) 非常规操作

操作的改变、紧急操作。事故原因在于人们操作工具、机器和其他设备时所用的方法不是正常方法，包括了危险工况的开和停。

• 操作的改变：操作规程有时改变了，个人还用旧的操作规程，导致了事故。

• 紧急操作：事故起因于需要采取紧急行动时用错了规程或方法，包括采取规避动作时的错误，例如：车驶入停车区域没有及时刹车。

(3) 常规运行

粗心运行、危险运行、错误运行。事故原因是当正常操作工具、机器和其他设备时，操作工的行动或运行错误，包括碰撞、掉落、垮塌和坠落。

• 粗心运行：没有注意即时情况的行动。例如：在有限空间中作业时起身碰头故障。

• 危险运行：行动时没有注意安全。例如：在拥挤的路面骑车。

• 错误运行：事故起因于错误的了解、错误的概念或不适当的知识指导下的行动。例如：到一个目的地应当右转，却实施了左转。

(4) 非常规运行

临时转变时的运行、疲劳运行(身体不好时的运行)。事故原因在于人们操作工具、机器和其他设备的方法是非正常的。

• 临时转变时的运行：事故起因于个人不知道环境的改变，个人惊慌失措是由于遇到未见过的事件而导致事故。

• 身体状态差时的运行：事故原因是个人判断和能力的下降，由于身体状态差。

(5) 不正确的反应(响应)

通讯差，隐私自我保护。这里包括了信息的表示错误，隐瞒和忽视。

• 通讯差(信息交流、通知)：事故原因在于需要的信息，包括指导说明和报告没有通知到。此处不包括个人由于自我隐私保护而保留信息的情况。

• 自我保护：事故起因于个人为保护他们自己“及/或”他们的相关人员，这里包括了推迟决意，表示错误，隐瞒，和忽略信息，提供伪信息和对抗传信。

(6) 恶意行为

违反道德、违反法规或规定。事故出于不正确或错误的行动。一个行为与法律或常规的正确行为的社会期望相对立。

• 违反道德：事故出于违反标准，包括非成文标准，例如违反道德、道义、信仰、普通法律和协议。

• 违反法规：违反国家法律、一个合作法令或细则或设计标准，包括不遵守合约。

(7) 非常规行动

改变、紧急行动、无行动。这是非正常工况和条件下事故起因的一个大类别，包括组织变更、计划变更和由于变更而恐慌导致的事故。

• 变更：由于变更或部分变更导致的事故。

• 紧急行动：事故起因于响应紧急情况时采用了非正常行为的方法，包括恐慌反应。

• 无作为：事故出于没有采取要求的行动。

思 考 题

1. 什么是原因？常见原因有哪三种？
2. 举例说明什么是根原因？
3. 什么是初始原因？如何用工厂运行工况进行界定？
4. 初始原因与根原因的关系是什么？有何区别？
5. 何时需要进行根原因分析？
6. 通常原因分析有哪5个步骤？
7. 说明常见原因的7种主要类型是什么。
8. 简述容器(储罐)主要事故原因。
9. 简述管道系统主要事故原因。
10. 简述反应过程主要事故原因。
11. 简述自动化仪表控制系统主要事故原因。
12. 原因发生频率如何表示？
13. 确定原因发生频率有哪些注意事项？
14. 说明一种原因发生频率的定性分级方法。
15. 传统原因分析方法有何缺点？为什么不适合过程安全原因分析？
16. 团队“头脑风暴”原因分析有哪三种方法？
17. 简述“五个为什么”团队分析方法的要点。
18. 原因与影响图方法的特点是什么？
19. 事件序列图方法有哪几个要素？如何实施？
20. 事故及成因图使用时的基本原则是什么？有何优点？
21. 试用事故及成因图表达和记录一个简单的事故剧情。
22. 相互关系图方法有何特点？适合于分析什么问题？
23. 简述5~8种事故原因常见的人为因素。

第9章　安全措施

要点导读

在HAZOP分析中一项重要内容是针对偏离、原因以及后果寻找现有安全措施以及建议措施。现有安全措施是指已有的安全手段或管理程序，用以避免或减轻偏离发生时所造成的事故发生频率与后果严重度。建议措施是指通过修改设计、变更设备等工程手段，或修改操作规程等管理程序的变更，或者要求进行其他分析研究的建议，从而避免或减轻潜在事故后果。本章将介绍分析安全措施的方法，给出了安全措施的几种典型分类，并通过案例进行详细说明。本章还概要介绍了LOPA独立保护层的概念，以期帮助读者识别独立保护层和非独立保护层。

9.1　如何分析现有安全措施

在分析现有安全措施和建议安全措施时，分析团队应首先忽略现有的安全措施（例如报警、关断或者放空减压等），在这个前提下分析事故剧情可能出现的最严重后果。这种分析方法的优点是，能够提醒分析团队关注可能出现的最严重的后果，也就是最恶劣的事故剧情。分析团队进而分析已经存在的有效安全措施，还可以讨论现有的安全措施是否切合实际，能否有效实施。分析团队继续考虑是否需要增加建议的的安全措施(有时可能是减少现有安全措施)。从而确保分析团队所分析的安全措施对可能出现的最严重事故剧情能够得到有效的保护。安全措施可以是工程手段类型，也可以是管理程序类型。所有分析讨论的内容，在得到团队的一致确认后，应进行详细的记录。

在对分析危险或者可操作性问题进行定性风险评估时，要依赖分析团队对初始事件可能的概率和后果严重度的经验估计和判断。同时还必须正确估计和判断现有安全措施(包括建议安全措施)对降低初始事件发生频率和减缓后果严重度的作用，也就是安全措施降低事故剧情风险的作用。见第8章所述，第一级限制系统涉及的安全措施只影向初始事件的发生频率，不能阻止事故剧情的继续传播；在事故剧情中处于初始事件至失事点之间的措施称为防止类安全措施，对危险传播有不同程度的阻止作用；在事故剧情失事点以后的措施称为减缓类安全措施，即只能减缓不利后果的严重度。同一种安全措施在事故剧情中所处的位置不同，可能起不同的作用。

典型第一级限制系统类措施包括：

(1) 合理设计和建造，并配套相应的检查、检测和维护措施，以保障过程系统持续的机械完整性(Mechanical Integrity)。

（2）基本过程控制系统（BPCS），以确保控制系统成功地响应预期的变化。

（3）培训操作人员以降低错误执行操作程序的可能性。

（4）隔离、专用设备或其他措施降低不相容物料被混合或接触的可能性。

（5）物料、设备、操作规程、人员和技术的变更管理。

常见的防止类保护措施和减缓类保护措施举例如表 9.1 所示。

表 9.1　常见的防止类保护措施和减缓类保护措施举例

防止类保护措施	减缓类保护措施
（1）操作人员对异常工况的响应，并将工况返回至安全操作范围 （2）操作人员对安全报警或异常工况的响应，并在后果事件发生前，人工停止工艺过程 （3）专门设计并采用在探测到特定的非正常工况时，自动将系统带入安全状态的仪表保护系统 （4）降低可燃性混合物出现时点火概率的点火源控制措施，预防火灾、爆炸等后果事件发生 （5）紧急泄放系统用于释放容器超压，预防容器破裂爆炸 （6）其他人工泄放和灭火系统	（1）密闭卸放措施，例如安全卸放阀，从而缩短危险物料直接排放到大气后果事件的持续时间 （2）二次储存系统，例如双层墙、二次围护、防火堤等 （3）抗爆墙和防火墙 （4）火灾、泄漏探测和报警系统 （5）自动或远程启动的隔离阀 （6）灭火器、水喷淋系统和消防水炮，以及水喷淋、水幕等有害物料蒸气云抑制系统 （7）有人建筑物的抗爆结构设计 （8）适用于特定后果事件的个体防护装备 （9）应急响应和应急管理规划

充分考虑初始事件的发生频率对确定安全措施也是有帮助的。例如：泵的故障可能是由于关断系统的误动作，或泵的机械故障，或者出现了电力故障而导致的，见表 9.2。其引起的后果虽然可能是一样的，因而针对后果的安全措施可能是一样的，但是针对初始事件的安全措施会完全不同。

表 9.2　初始事件在分析安全措施中的作用

原　　因	初 始 事 件	如何分析针对初始事件的安全措施
泵故障	关断系统的误动作	（1）分析关断系统的联锁是否必要 （2）分析关断系统的校验周期是否适当
	泵的机械故障	（1）分析泵的选型是否适当 （2）分析泵是否有启停状态信号反馈至中控 （3）分析泵的检维修方法，检维修周期是否适当，是否有明确的预防性维护计划
	电力故障	（1）分析装置的供电是否有冗余回路 （2）分析双路供电能否防止因一个事故（如火灾导致的管廊支架倒塌）导致两路电缆同时失效（共因失效） （3）分析关键转动设备是否需要其他动力来源（柴油驱动的应急发电机供电）

因此对初始事件的分析及其发生频率的有效判断，会让分析更加深入，同时分析团队能够快速地确定是否需要采取额外的安全措施，或进行进一步的其他分析与研究。

一个好的分析团队可以依据数据库、专家经验以及企业的运行经验估计出常见初始事件最保守的发生频率。对于某些特殊设备或特殊事故剧情，应对初始事件发生的条件进行进一步分析，并粗略地进行定量分析（通常可以开展半定量分析），以便进一步获得更准确的的频率。参阅本书附录 4 内容。

9.2 如何提出建议措施

在建议新的安全措施前，分析团队应首先审查风险。只有当分析团队认为在实施了现有安全措施之后，剩余风险仍然超过企业的可接受标准时，才考虑建议安全措施。

建议安全措施可以通过表 9.3 所示几种方式提出。

表 9.3　安全措施的深度

类　型	安全措施的深度
提醒式	在识别出剩余风险超过可接受标准之后，仅仅概略要求额外的工程或管理工作以降低风险，或建议在 HAZOP 分析会议之外进行进一步的分析。也就是说，建议措施仅起到风险识别，引起相关方进一步行动的提醒作用。这可以加速分析的速度，但是相关方可能因没有全程参与讨论，在建议关闭时容易引起歧义或忽视
细节式	分析团队开展尽量详尽的讨论，并记录针对性工程措施，或管理程序所推荐的解决方法。这有助于措施的关闭，但可能使分析进度放慢，特别是在分析团队无法就建议措施达成一致的情况下
折中式	介于以上两种方法中间的讨论深度，即分析团队只有在发现不符合设计标准、企业管理程序的情况下，或者分析团队快速达成一致时，才建议详细的安全措施。其他的问题，尤其是还没有达成一致的，则建议在 HAZOP 分析会议之外进行进一步的分析与研究。这个方法的好处就是达成一致的安全建议能够立即在图纸上做出标记，并在记录表格中详细记录，便于相关方进一步行动。而分析不会因没有达成一致的建议而陷于停滞。 已经发现不符合设计标准、企业管理程序，或者分析团队快速达成一致的建议应采用关闭式的描述方式，避免使用："建议"，"考虑"，"调查"这一类含混的用语。应直接使用："增加"，"提供"，"设置"等清晰的语言，从而提高 HAZOP 分析的有效性，避免后续执行中的误解与歧义。对于建议的细节内容也应做尽可能详细的记录。 仅仅对还没有达成一致的开放式建议使用："考虑"，"建议"等不确定性的语言。 要注意在不同节点分析中，建议的统一性。在某一节点的建议如果与其他节点相同事故剧情的安全措施，有原则上的不同，则可能为建议的关闭带来巨大的障碍

为了避免分析过程中因安全措施的分析深度问题造成不必要的争执与延误，应该在 HAZOP 分析之前就对建议的分析深度达成一致，并在 HAZOP 分析的开始阶段进行提醒与强调。分析的过程中由 HAZOP 分析主席根据讨论情况来控制，这就对 HAZOP 分析主席的讨论引导能力、过程安全技术的掌握提出了很高的要求。

9.3 建议措施的分类及记录

建议的措施可以在记录表格内，以便于跟踪执行。分为以下几种类型：

(1) HSE(人员危险、职业健康影响)类问题

- 财产损失：设备损坏、维修停车时间；
- 环境：有毒气体释放、水污染；
- 企业声誉。

(2) 可操作性类问题

- 优化操作程序；
- 检测周期变化；

- 取样周期变化；
- 巡检频率变化；
- 质量问题、产量损失、工期延误。

(3) 图纸符合性问题

- 图号错误；
- 位号错误；
- 标注错误；
- 说明错误；
- 设计文件需进一步完善。

(4) 参考类

HAZOP 分析中未发现剩余风险仍然超过企业的可接受标准，但是讨论的信息非常有价值，因此也不应遗漏，可以记录在 HAZOP 分析记录表格中，仅供信息参考。

① 重复出现的建议

建议措施可能会是专项的，或者是通用的。前者更为普遍些，但是在分析中，可能会在不同讨论中，重复提出相同的建议措施。

所有重复出现的建议措施都应该记录在 HAZOP 分析记录表中，可以通过链接的形式来表达，也可以在记录后标注为“重复”，或“同建议项×××”。

② 建议措施的记录

任何建议措施的表述必须与分析过程有相关性，内容要清楚、毫不模糊。建议措施的责任方可能并未参加会议，如果存在对记录内容的误解，就会浪费时间和精力。

③ 建议措施的阶段性确认

对偏离发生的原因和后果进行分析，并提出建议后，最有效的方法是在一个阶段(当天，这一个节点)会议结束后，除指定的行动方案外，每一个小组成员还必须得到一份会议记录以便尽快检查。

④ 建议措施的分类汇总

所有涉及操作规程(SOP)及修改操作规程的建议可以汇总为一个建议文档，所有涉及 P&ID 和其他技术图纸的校正/修改的建议可以汇总为另一个建议文档，以便复查或实施。也可以只编制一个包含所有建议措施的汇总表。采用哪种形式并不重要，主要是要便于工作与建议措施的跟踪完成。

9.4　适当的安全措施

所给出的建议措施应该是包含足够信息，并且清晰，容易理解。参见表 9.4。

表 9.4　建议措施的效果对比

“不好的”建议措施	“好的”建议措施
增加一个压力指示器	为了便于操作工监测，在容器 V-101 北侧增加一个现场过程指示仪表(PI)
确认安全阀的口径	依据规范 API RP520，检验安装在容器 V-102 的安全阀 PSV-11 的尺寸是否符合火灾条件

续表

"不好的"建议措施	"好的"建议措施
分析振动问题	在两个月内，对管线 6-3W-1243 进行振动计算（泵 P-201 启动时）
检查储罐的溢流液位	在操作规程 X-123 中增加：每日检查储罐 T-105 的液位，并确认溢流液位是否在该罐的罐容 75%
增加本单元的维护	修正发动机 QM-350A 和 B 的维护规程 Q-50，将每两个月更换润滑油过滤器改为每个月更换一次
确定泄压的必要性	依照 API521 评估容器 V-501 火灾工况时，进行泄压的必要性
检查阀门是否关闭失效	(每次装置大修时)检查当执行机构停电时，紧急切断阀 V-5 是否有效关闭

所给出的建议措施还应该是可操作的(可信的、有效的及可执行的)。如：

- 安全措施应与所分析的偏离、原因、后果有关，才成为有效的安全措施；
- 如果一个措施无法证明能够有效地试验/维护/检查/测试，则不列为有效的安全措施；
- 一个安全措施如果与这一事故剧情的原因相关，则不列为安全措施；如 FIC 流量控制失效，造成流量过高，FIC 上的 FAH 流量高报警则不是有效的安全措施。
- 热膨胀阀(TRV)可能不是高温这一偏离的有效措施(TRV 往往是停车，或关断后防止热膨胀超压的措施)；
- 如果安全阀(PSV)对于所分析的事故剧情来说口径太小、背压过高、不能有效校验，则 PSV 不能作为有效的安全措施；
- 安全阀有时是防止超压的安全措施，但却不是反应失控的安全措施(应进一步分析 PSV 的口径、设定点、校验要求等)；
- 止回阀往往不能简单认为是逆流的有效安全措施，止回阀也会有故障，应进一步分析止回阀的形式、管线的压差以及其他关断措施；
- 报警应在确认其有效之后，才可以被认为是有效的安全措施。如图 9.1 所示，工艺

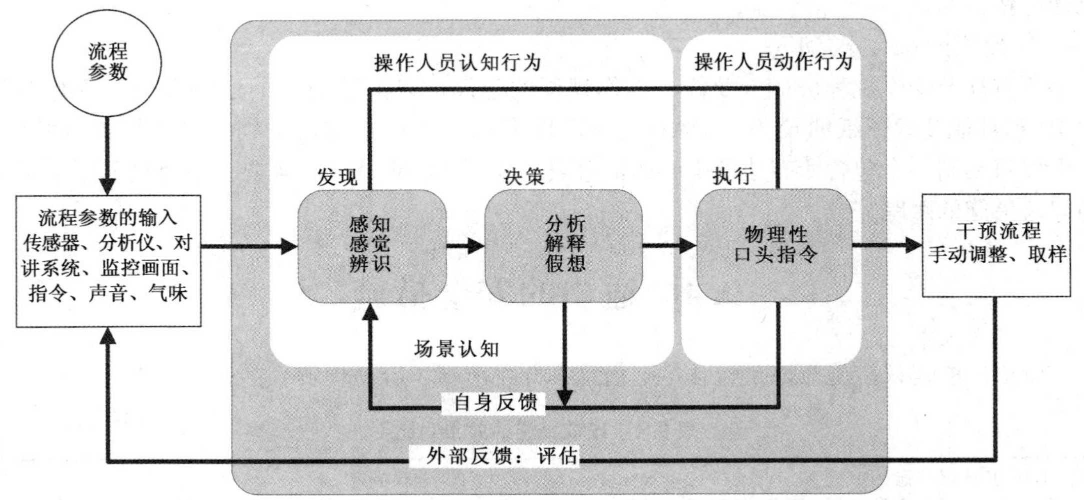

图 9.1 报警与操作人员反应

参数转化为操作人员可以认知的信号之后，操作人员还需要有发现、决策、执行的三个阶段，工艺流程也需要时间对操作人员的干预做出反应。因此报警的设定值、报警的形式、报警所提示操作人员应做的反应以及报警发生到流程参数超出控制的时间等，都是评估报警有效性的必要内容。

有关不同事故剧情的有效安全措施，可以参阅本书附录 8 部分的内容。

9.5　与人员相关的分析与建议措施

HAZOP 分析中的一个主要问题是：是否考虑人员失误，如何分析人员失误的频率与影响。

工艺分析常常发现许多偏离由于人为原因造成，可能是疏忽或故意。美国化学工程师协会(AIChE)对人员失误编写了相关导则，可以参考阅读。其他可能的原因包括操作程序编写质量差、装置总平布局不合理、照明不足、参数指标有限或设定范围不明，或报警设置太多或不足，人员操作强度过大，反应时间不足等。

在评估防护措施时，应该合理考虑到操作人员的存在，由于与工艺系统密切联系，他们有可能对偏离进行及时的发现和更正。做此类评判时，实践经验和操作类型非常重要。

HAZOP 分析可能建议管理程序上的改变，但不必局限于此；如果仪表和设备的改进能够实现本质安全，从而更好地解决问题，则应该提出相关的建议。

9.6　典型案例

本节将通过案例说明如何分析现有措施并提出建议措施。

案例一　变更：两储罐间增加阀门

(1) 流程说明

原有两个设计压力相同的储罐串联连接，接受上游的来气，储罐间管线口径能够保证储罐间的有效连通。下游储罐的 PSV 口径能够保证两个储罐在上游压力调节阀失效打开的事故剧情下，有效地泄压至安全区域。见图 9.2(a)。

为了便于储罐在 PSV 校验等情况下的检修与隔离，在两个储罐的连接管线上新增设了手动截止阀。见图 9.2(b)。

(2) 安全措施分析的关注点

变更对正常操作可能引起的偏离及其原因、后果及措施分析。如新增手阀的误关闭；

变更对特殊操作可能引起的偏离及其原因、后果及措施分析；如检修隔离操作时的泄漏。

详细分析见表 9.5。

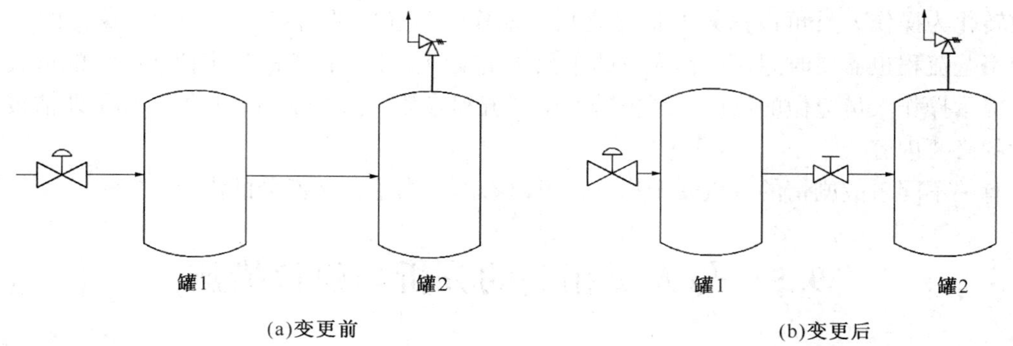

(a)变更前　　(b)变更后

图 9.2　变更：两储罐间增加阀门

表 9.5　变更的 HAZOP 分析：两储罐间增加阀门

引导词	偏离	原因	后果	现有安全措施	建议措施
多	压力过高	上游 PIC 调节回路故障，压力调节阀 PV 过大	储罐 1 可能超压甚至破裂，气体泄漏可导致人员伤亡等		储罐间连接管线上新增的手阀应为 LO 锁开，避免误关后，储罐 1 无法泄压
					在储罐 1 上增设 PSV，以便在储罐 2 停用检修时能够有效保护储罐 1
其他	隔离	PSV 校验时储罐间连接管线上新增的手阀泄漏	可能因气体泄漏导致人员伤亡	校验程序内规定，拆卸 PSV 时应检查现场压力表读数，确保充分泄压，并作气体置换	应在储罐间连接管线上新增的手阀后增设八字盲板，确保 PSV 校验时储罐的有效隔离

案例二　变更：丙烯管线停用

(1) 流程说明

丙烯塔进料管线，因进料位置变化，此进料管线停用，所有阀门关闭。丙烯中有微量的水，冬季最低温度低于 0℃。见图 9.3。

这是一个正式的案例，管线因未能紧密关闭，丙烯中的微量水因密度较大逐渐积聚在管道的弯头处（死区），在冬季夜间造成管道结冰涨裂，气温回升后，冰融化，丙烯气体从管道的裂口处泄漏，引起大火。

(2) 安全措施分析的关注点

管线用途发生变化是典型工艺变更。应关注：

HAZOP 分析前：

- PID 是否变更，管线应标注物流状况；
- 操作手册是否变更；
- 是否有完整的变更管理程序审批。

HAZOP 分析中：

- 熟悉现场的操作人员是否参与；
- 对停用管线进行的变更分析(表 9.6)及引导词(隔离)的设置；
- 管道死区的可能危害。

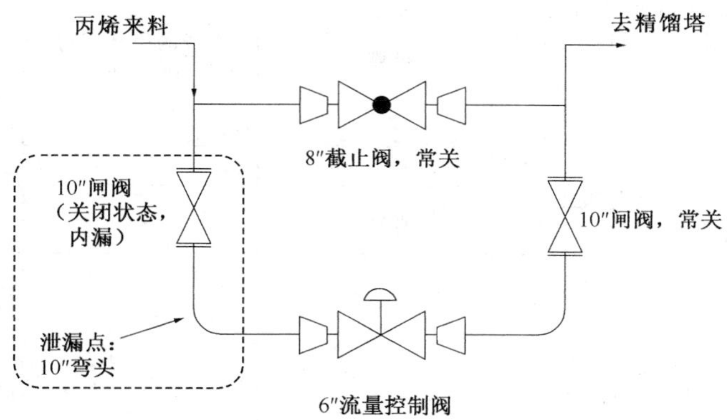

图 9.3　丙烯进料管线示意

表 9.6　变更的 HAZOP 分析：丙烯管线停用

引导词	偏离	原因	后果	现有安全措施	建议措施
其他	隔离	手阀泄漏	可能因手阀泄漏导致管线内形成死区，管线冬季结冰冻裂	无	应在管线上游的手阀后增设盲板，确保管线停用时的有效隔离

案例三：聚烯烃单元进料的 HAZOP 分析

流程说明

二聚烯烃流程，经分馏得到的烯烃/烷烃馏分，由中间罐用泵经过约 700m 的管道送往缓冲器/沉降槽。在此槽中将其所含少量水分分离，然后经过进料/成品热交换器，再经预热器加热到反应温度送入反应器。由于水会造成逆反应，故需不断地从沉降槽把水排掉。进料在反应部分的停留时间必须严格掌握，以保证烷烃能获得适当的转化并避免生成聚合物。二聚烯烃单元流程见图 9.4。简要的 HAZOP 分析如表 9.7、表 9.8 所示，表中部分内容省略，仅作说明使用。

表 9.7　HAZOP 分析：聚烯烃单元进料(从中间贮罐到缓冲器沉降槽)

引导词	偏离	原因	后果	现有安全措施	建议措施
否	无物料流动	(1) 中间贮罐无原料	反应缺原料，产量下降无物料情况下，热交换器中生成聚合物		(a) 在沉降罐 LIC 上装低液位报警
		(2) J_1 泵失效(电机故障)	同(1)	J_1 泵的运行状况指示显示在中控	同(a)

续表

引导词	偏　离	原　因	后　果	现有安全措施	建议措施
否	无物料流动	(3) 管道堵塞，错关切断阀或LV误关闭	同(1)		同(a)
			J_1 泵过热	管线的设计压力大于 J_1 的停泵压力	(c) 在 J_1 泵上装最小回流线 (d) J_1 泵备泵考虑为自起，自起30s后出口压力低，停备泵
		(4) 管道破裂	同(1)		同(a)
			烯烃泄漏		(e) 进一步明确管线的巡检与检测频率
多	物料流量过多	(5) LV开度过大或错开LV旁路	沉降槽溢流		(f) 在LIC上装高液位报警器检查泄放阀尺寸对泄放液体是否足够 (g) LCV旁路不用时，应为锁关
			沉降槽内水分离不完全，给反应部分带来问题		(h) 将 J_2 泵吸入口提高到离槽底30cm处
	压力过高	(6) J_1 泵在运转时错关了切断阀或LV	管线压力上升	管线的设计压力大于 J_1 泵的停泵压力	(i) 除返回线堵塞或切断外与(c)同； (j) 校核管线、流量和法兰额定值，如有必要，降低LV动作速度，在上游装一个压力表，在沉降槽上也单装一个压力表
		(7) 由于火灾或日照，切断阀上游管线热膨胀	管道破裂或法兰泄漏		(k) 在阀门部分安装热膨胀泄放装置(泄放线连接点需进一步研究)
	温度过高	(8) 中间储罐温度高	输送管线及沉降槽压力增高		(l) 中间贮罐如无高温报警器应安装一只
少	物料流量不足	(9) 法兰漏或接阀门的短管未封好，因而泄漏	物料泄漏在附近的公路上		与(e)同，校核方法和(j)同
	温度过低	(10) 冬季	集水槽和排水管线冻结		(m) 水槽和排水阀之间保温并用蒸汽伴管
部分		(11) 中间储罐水位高	集水槽迅速流满，进入反应段的水增多		(n) 从中间贮罐经常放水 (o) 在集水槽上装高液位报警器
	物料中轻烃含量高	(12) 中间储罐上游蒸馏若受干扰	系统压力较高		(p) 在挥发性更大的烃类出现下，校核沉降槽、管线及泄放阀尺寸是否合适
组分	有机酸	(13) 与(12)同	槽底、水槽及排水管过快腐蚀		(q) 校核设备材料是否适用
其他	维修	(14) 设备失效，法兰漏等	管线不能全部排清或吹净		(r) LV上游安装低排水管和氮气吹洗点沉降槽上装氮气排出口

表 9.8 HAZOP 分析：聚烯烃单元进料(由缓冲器/沉降槽到反应器进料/成品热交换器)

引导词	偏离	原因	后果	现有安全措施	建议措施
否	无物料流动	(1) 沉降槽中无原料	反应器无进料产量下降，在没有物料流动的情况下，热交换器内生成聚合物		(a) 在沉降槽上安装低液位报警器
		(2) J_2泵失效(电机故障)	和(1)同，见下述“反向”及其结果		(b) 在反应器进料 FRC 上装低流量报警器
		(3) 主管道堵塞，输送管线上的切断阀错关，LV 误关	和(1)同		同(b)
			返回线或 RGP 堵塞或返回线切断则 J_2泵过热		(c) 校核 J_2泵过滤器设计是否合适
					(d) 保证返回线自动切断阀及邻近反应器主管道上的切断阀及 FV 是开着的
					(e) 仪表空气失效时，进料 FRC 留在原位不动(与反应器控制系统的匹配以后要分析)
			管线承受泵的全部压力		(f) 校核管道及法兰额定值是否能承受 J_2泵的最大压力
		(4) 热交换器堵塞(反应器进料侧)	与(1)和(3)同		(g)与(b)、(c)、(f)同 重新安排使进料通过热交换器内管，成品通过热交换器外壳，这样会便于清洗(在热表面上进料较成品更易聚合，管子比壳体侧更易清洗) 重新安排的热交换器进料侧要考虑是否需装泄放阀(以后再考虑成品侧是否需要)
					(h) 在热交换器上、下游装压力表，发生堵塞时发出警报
					(i) 考虑在热交换器进料侧和成品侧装旁路(不用时锁关)
		(5) 管道破裂	同(1)		(j)同(b)和(f)
			烃泄漏在装置区域		(k)部分与(f)同，但校核装置布置及下水道的火灾危险性
多	反方	(6) 运转中的 J_2泵失效	热物料由泵返回管道，或经 J_2泵(如单向阀也失效了)突然由高压区回流沉降槽		(l) 反应器进料控制阀下游顺序装两个单向阀(只装一个可靠性不够)。单向阀应为不同形式，以防意外失效

续表

引导词	偏　离	原　因	后　果	现有安全措施	建议措施
多	反方	(6) 运转中的J_2泵失效	热物料由泵返回管道，或经J_2泵(如单向阀也失效了)突然由高压区回流沉降槽		(m)保证沉降槽上的泄放阀适应高压部分来的最大回流量。考虑在槽上装两个泄放阀
					(n)所有安全防护部分如泄放阀、单向阀，产量记录器等都要定期进行测试
	物料流量过多	(7) 反应器进料FV开度过大或FV旁路误开	反应部分烯烃转化不够(停留时间过短)造成产率低并影响下游装置		(p) 在反应器进料FRC上装物料流量过多报警器
					(q) FV旁路应为锁关
	压力过大或温度过高	(8) 管道或热交换器堵塞 切断阀或FV关闭反应器温度过高或车间局部着火	管道破裂，物料泄漏，产量下降，装置有着火的可能性		(r)与(f)、(k)同 考虑按(q)中反应器进料侧装泄放阀 考虑装遥控设备按最高温度/压力校核热交换器壳体设计
少	物料流量不足	(9) 法兰、阀短管封头不严 J_2泵密封泄漏	物料泄漏可能着火		(s)与(f)，(k)相同，但高压部分的法兰数减至最少，并在所有的阀短管头安装堵头
					(t)校核J_2泵密封设计并考虑加装蒸汽或水冷
		(10) 热交换器管子泄漏	进料污染反应后的成品，使化学成分下降并影响后部		(u) 在热交换器上、下游的管线上设取样点
	压力不足	(11) J_2泵效率下降	反应器进料速度下降，产量下降		(v) 校核23.4kg/cm^{2}表压时J_2泵的设计是否和反应器控制系统匹配
	温度过低	(12) 热交换器堵塞，造成热交换效率下降	反应器的预热器热负荷增大，反应器后冷却器冷却要求增大		(w) 在热交换器进出口装热节阀，以便定期检查其功能
部分	反应器进料中水含量高	(13) 缓冲器沉降槽中水分离不好	反应器转化率及效率下降		在沉降器集水槽上装高夜位报警器
	反应器进料中低级烃类含量多	(14) 中间贮槽上游蒸馏塔出故障	系统压力高		(x) 校核热交换器及其管线以及泄放阀的尺寸设计是否能应付挥发性更大的烃类突然进入
	热交换器内生成聚合物	(15) 反应部分进料速度低	热交换器堵塞加剧，反应效率及产量下降		(y)和(b)同 但应在热交换器下游反应器进料管道上装取样点，以定期检查聚合物生成情况该取样点也可用于一般分析如悬浮水的检查
其他	维修或检查	(16) 缓冲器沉降槽或其他管线泄漏或堵塞，按规定对槽进行检查	进行维修或检查时，必须将所有管线隔离完善(如加盲板)否则不能进槽检查		缓冲器沉降槽的氮气进出口应加装金属铭牌，在维修之前将槽内存物排空

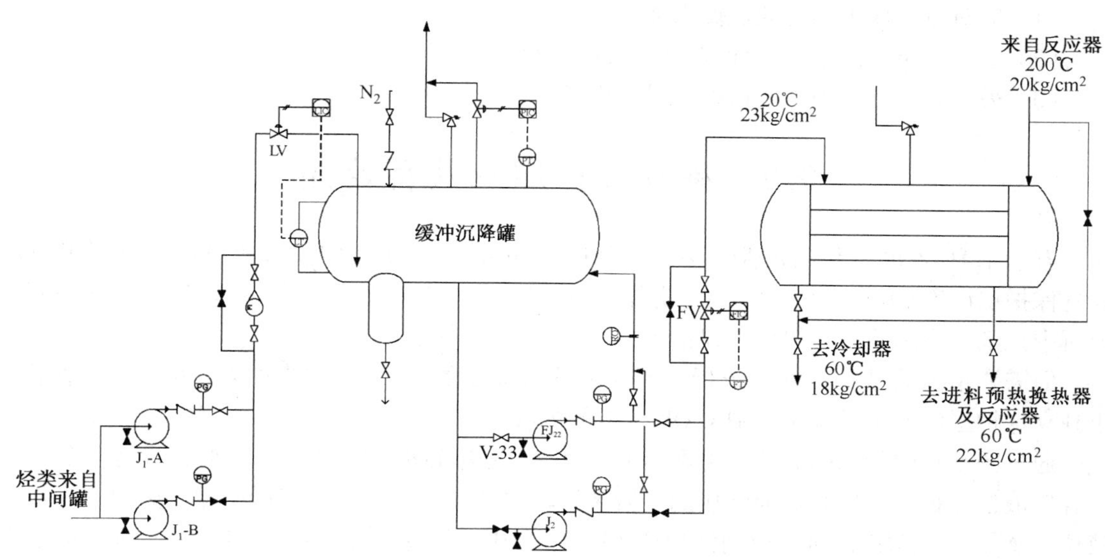

图9.4 二聚烯烃单元流程图

案例四：动力电缆接线箱氮气保护

（1）流程说明

某设备的动力电缆接线箱的氮气保护设计，原有设计A方案中，提供了氮气保护，目的希望成惰化空间，并在动力电缆接线箱工艺侧密封泄漏时，进行惰气吹扫。避免工艺侧的物料泄漏后发生爆炸。

（2）安全措施分析的关注点

方案1：不能对氮气保护的有效性做出连续监测。因这是一个关键设备的重要保护，HAZOP分析的时间也比较充裕，因此HAZOP分析团队进行了细致的分析。但是具体的建议措施并不能够达成统一，参见图9.5。

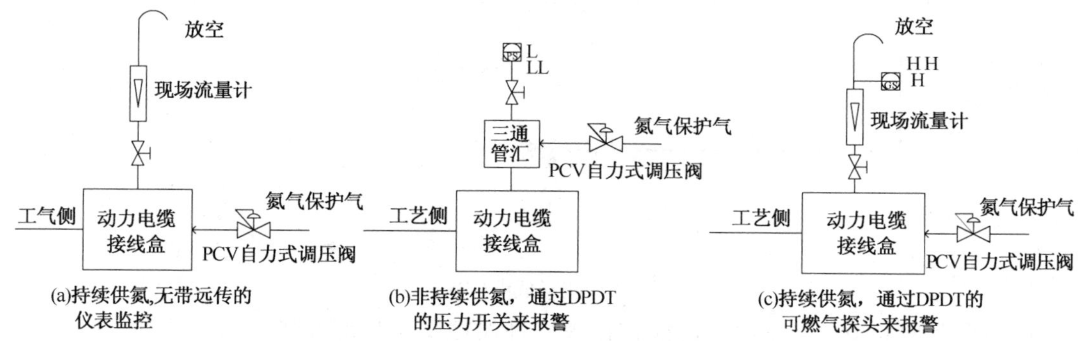

图9.5 动力电缆接线箱氮气保护

方案2：增设DPDT的压力开关，不做持续氮气吹扫，减少N_2消耗量，并作压力报警。

方案3：增设DPDT的可燃气开关，做持续氮气吹扫，并作可燃气浓度报警。

最终HAZOP分析团队达成一致：

(1) 应对氮气保护的有效性做出连续监测;
(2) 应进一步对详细的设计方案进行深入分析;
(3) 另外记录分析团队的讨论结果，供进一步深入分析。

9.7 独立保护层及其有效性

有别于 HAZOP 分析的定性，保护层分析(LOPA)是一种半定量分析方法，可用于识别独立保护层(依据 IEC 61511 Part3，附件 F)及安全仪表系统的要求，也可以帮助在 HAZOP 分析中识别安全措施，并提出建议措施。

但需要指出的是：HAZOP 分析中不仅仅考虑满足独立保护层要求的安全措施，其他不属于独立保护层的安全措施也是 HAZOP 分析的内容。

通过图 9.6 中所示的案例，可看出 HAZOP 分析与 LOPA 中存在的区别。这是一个典型的容器液位保护，高压容器向低压的下游装置输送液体，是典型的高低压界面保护。有两套液位传感器，一套用于 DCS 控制液位阀 LV，一套用于紧急停车系统(ESD)，关断出料管线上的 ESDV 阀门。初始事件是 LIC 控制回路失效，LV 开度过大。

在 LOPA 中，LIC 的报警，LV 阀门都不再成为独立保护层，因为它们与初始事件(LIC 控制回路失效)有关。

但是在 HAZOP 分析中，如果为了有效地避免高压物料进入低压系统，可以建议：ESD 除了关断 ESDV 阀，同时关断 LV 阀，LV 阀的选型应考虑增加电磁阀，LV 阀同时能够实现关断功能，LV 阀为‘失效关’形式。虽然这不是独立保护层类的安全措施，但也是一个提高执行机构可靠性的有效手段。

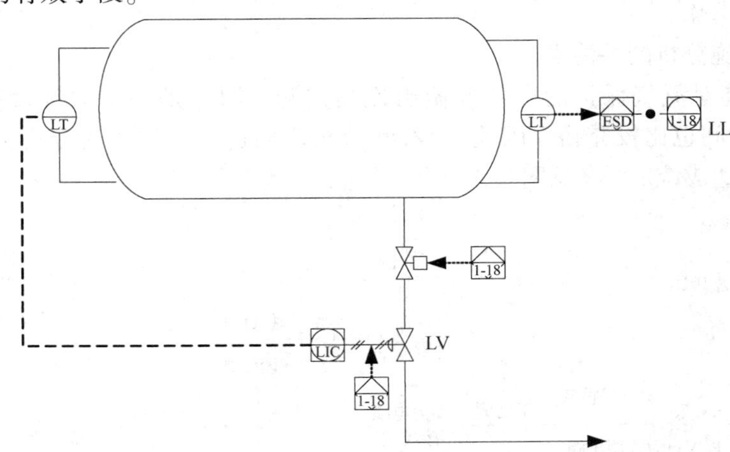

图 9.6 储罐低液位保护

在一个典型的工艺装置中，可能存在很多种保护层，其可以降低不可预期事件的发生频率。如：工艺设计(包括本质安全理念)；基本过程控制系统；安全仪表联锁系统；主动装置(如安全阀)；被动设施(例如围堰及防爆墙)；操作人员介入等。

在 LOPA 中，需要对提出或提供的独立保护层的有效性进行分析。这些保护层综合的效果将会与可接受风险的标准进行比对。如果满足企业的风险可接受标准则不需要提供额外的风险降低措施。如果其不符合风险可接受标准则需要增加额外的风险降低措施。这种额外的风险降低可以通过提高安全联锁系统的 SIL 等级或是增加更多的保护层来达到。

近年来，LOPA 方法被越来越广泛的使用。LOPA 方法可以综合每一位参与团队成员的经验贡献，从而降低做出主观决策的可能性。

LOPA 方法可以提供一种更为公开透明的 SIL 评估方法(分析不同的保护层、可接受风险标准和概率基础等)，并且 LOPA 分析方法的操作弹性允许其对一些难以确定的因素进行有条理的分析。只有满足了保护层以下 7 个相关特性的安全措施才能被认为是独立保护层。

功能性：一个独立保护层仅被设计用于防止或减缓某一个潜在危害事件的后果(例如：反应失控、有毒物质泄漏、物料泄漏或者火灾)。多种初始原因可能导致同样的危害事件，因此，多种事件事故剧情有可能触发同一个保护层的动作；

独立性：保护层的性能不受一个危险事件的初始原因或其他保护层失效的影响。例如：一个储罐物料溢出的初始原因是液位控制回路失效，则防止溢出的保护层不能是液位控制回路，控制回路的部件，如传感器、控制器和控制阀的任一个失效都会导致本剧情失去保护层能力。

可靠性：保护层在设计时已考虑到随机失效和系统性失效的情况，它可以在要求的时间周期内实现其原有设计功能。例如：一个保护层是向容器吹扫 5min。可靠性是一旦开始吹扫，能够持续 5min 的概率值。

可审核性：保护层的保护功能可以被定期验证。对于安全系统有必要进行保证性试验和维护。

完整性：完整性表达为对保护层所要求的失效概率。例如：SIL = 1 要求 10 次操作中有 9 次成功，允许一次失败。

权限管理(Access Security)：使用权限控制或物理锁定方法以减少无意的或未授权的变动。

变更管理：对设备、操作程序、原料、工艺条件等的任何改动必须进行复查、建档及核准工作。例如：当一个新的产物被引入反应器，应当先做变更管理，来证实反应压力释放系统在失控剧情中是足够的。

读者可以参考阅读 AQ/T 标准有关保护层分析的内容。在 HAZOP 分析中，为了便于定性分析，可以应用保护层的概念，将安全措施归并为三类：

- 本质安全措施或被动安全措施；
- 主动安全措施；
- 操作程序措施。

具体安全措施的内容参见本书附录 6。

思 考 题

1. 安全措施有哪些类型？各起什么作用？
2. 什么是预防性措施？什么是减缓性措施？
3. 如何识别与分析现有安全措施？
4. HAZOP 分析时如何提出建议措施？

5. 建议安全措施常有哪些类型?
6. 如何区分不合理的安全措施?
7. 如何考虑与人员相关的安全措施?
8. 什么是保护层?怎样才能维持保护层的有效性?
9. 举例说明什么是保护层的独立性。如何识别?
10. 何时需要使用安全仪表系统(SIS)?如何确定?

第10章 HAZOP分析方法的局限性及进展

➲ 要点导读

几十年来大量的应用表明HAZOP分析方法的确非常有用，并且扩展到许多其他应用领域。但是该方法和所有安全评价方法一样既有优点也有局限性。除了国际标准IEC 61882提到的局限性外，耗时费力，记录与结果的信息缺失和信息隐含也是HAZOP分析方法的不足。HAZOP分析方法和各种安全评价方法共有的局限性是完备性、再现性、不可预测性、经验相关性和主观性等问题。多种人为因素导致事故剧情在HAZOP分析中可能被遗漏。

本章所讨论的局限性不应成为拒绝使用安全评价方法的理由。随着安全科学技术的发展和实践经验的增长，人们已经有能力预估事故后果的风险是否不可接受，并且提出有效的安全措施。安全评价技术将企业的安全防线提前，是企业高可靠性和高质量风险管理的基础。

HAZOP分析正在实践中不断得到改进和发展，期望这些改进、发展和创新对读者应用HAZOP分析有所帮助。

10.1 HAZOP分析方法和各种安全评价方法的局限性

10.1.1 HAZOP分析方法的局限性

国际标准IEC 61882指出，尽管已证明HAZOP分析在不同行业都非常有用，但该技术仍存在局限性，在应用时需要注意：

- HAZOP分析作为一种危险识别技术，它单独地考虑系统各部分，分析偏离对各部分的影响。有时，一种严重危险会涉及系统内多个部分之间的相互作用。在这种情况下，需要使用事件树和故障树等分析技术对该危险进行更详细地研究。
- 与任何识别危险与可操作性问题所用的技术一样，HAZOP分析也无法保证能识别所有的危险或可操作性问题。因此，对复杂系统的研究不应完全依赖HAZOP分析，而应将HAZOP分析与其他合适的技术联合使用。在有效全面的安全管理系统中，将HAZOP分析与其他相关分析技术进行协调是必要的。
- 很多系统是高度关联的，某个系统产生偏离的原因可能源于其他系统。适当的局部减缓措施可能不一定消除真正的原因，仍会发生事故。很多事故的发生是因为小的局部修改并未预见到别处的连锁效应。此外控制系统把本来没有直接影响的部分联系起来，导致复杂的反馈。这种问题可通过从一个部分到另一个部分进行偏离推断得以解决，但实际上很少这样做。

• HAZOP 分析的成功很大程度上取决于主席的能力和经验，以及团队成员的知识、经验与合作。

• 就设计阶段的 HAZOP 分析而言，仅能考虑出现在设计中的问题，无法考虑设计中没有出现的活动和操作。

HAZOP 分析方法的局限性具体体现为：

(1) 耗时费力

为了保证分析质量，HAZOP 分析要求遍历工艺过程的所有关键“节点”，用尽所有可行的引导词，而且必须由团队通过会议的形式进行。因此进行 HAZOP 分析是一项相当耗时费力的任务。从这个意义上看，HAZOP 分析是一把“双刃剑”，其结构化、系统化既是优点，也随之带来了耗时费力的不足。

考察 HAZOP 分析可知，其耗时费力的主要原因在如下方面：

• “遍历”节点和参数“用尽”可行的引导词，识别危险剧情的排列组合可能是“天文数字”，其中不可避免地包括了大量重复劳动和无用功。事实上这一条规则在 HAZOP 分析时谁也无法真正做到。

• 节点选择不合适，既导致无用功，又导致遗漏主要危险剧情。

• 通常 HAZOP 分析时，人们习惯于选择具体参数(压力、流量、液位、温度、组成等五大工艺变量)及主要针对可操作性的引导词(较多、较少、无、相反、先于、之后、超前、迟后等)，两者构成的偏离大多数结果是可操作性剧情或部分危险传播路径片段，危险和主危险剧情少，当评价目标只关心危险剧情时，无用功多。

• 偏离选择不合适时导致剧情遗漏。或者说，危险识别能力受到所选择的偏离的限制。

• 重复剧情多。在一个事件链上当相邻的两个中间事件如果都没有其他原因或后果分支时，在两个事件点分别施加的任何偏离所得到的剧情都是相同的。这种结构只有在 HAZOP 分析全部完成后才能发现。

• HAZOP 双向推理会得到大量剧情候选，当比较哪一个候选剧情重要时，需要耗费很多时间。

• 方法间接，导致耗时。团队会议讨论的着眼点是中间事件的状态偏离，因此经常终极目标是不明确的。在分支多的部分容易走题。

为了提高分析效率，几十年来人们总结了许多行之有效的经验，例如，对于比较简单的部分采用故障假设(What-if)方法；双向推理时采用后果优先的方法；使用主危险分析方法，详见 10.4 节，减少偏离的数量；采用计算机软件辅助分析；提高 HAZOP 分析主席对会议的引导能力等。此外人们也期望尽可能详细地记录 HAZOP 分析信息，以便共享和再利用评估信息和经验。

(2) HAZOP 分析报告存在信息缺失和信息隐含

HAZOP 分析报告存在缺失剧情的中间关键事件信息的情况，即缺失了剧情的部分结构信息及与结构信息相关的内容信息。因此，近年来 HAZOP 分析要求记录剧情表，如图 10.1 所示。

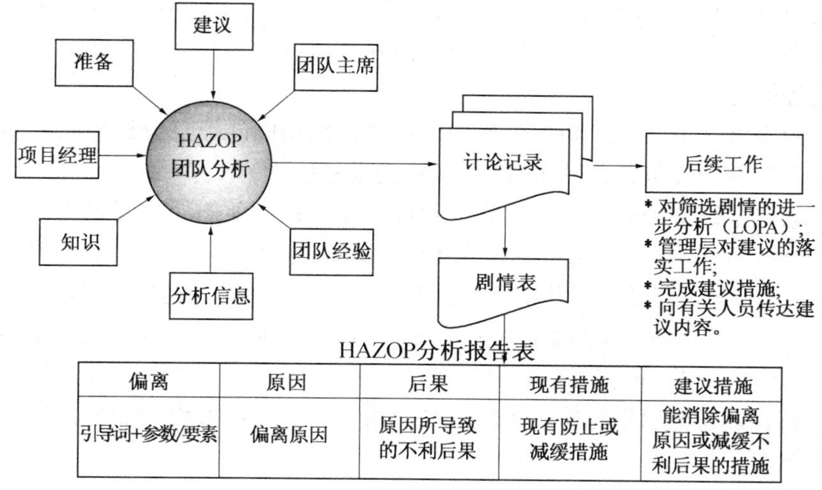

偏离	原因	后果	现有措施	建议措施
引导词+参数/要素	偏离原因	原因所导致的不利后果	现有防止或减缓措施	能消除偏离原因或减缓不利后果的措施

图 10.1 HAZOP 分析过程的信息传递

HAZOP 分析报告还可能隐含大量信息。因为 HAZOP 分析的结果是多维信息，报告表是二维的表达方式，导致较多信息必然分散隐含在报告表中。例如，一个由 3 个独立原因、4 个不同后果构成的多原因多后果的“领结”型危险剧情，在 HAZOP 分析报告中被拆散成 12 个“原因-后果”对偶，并分散穿插在多页报告表中。用户无法直接得到剧情全部信息。这种信息隐含导致评价结果的执行、审核和修改的困难，例如，需要调整安全措施(保护层)的位置，即改变了危险剧情的部分结构，涉及报告表的许多部分必须修改，当调整项目多的时候，修改变得极其困难。

近年来有 HAZOP 分析实践经验的专家在评价过程中增加了剧情表，可以详细地记录危险剧情的事件序列；在 HAZOP 分析报告表中增加剧情列、使能事件或条件列。解决以上问题的出路之一是实现 HAZOP 分析信息的标准化和危险剧情表达的图形化。

10.1.2 各种安全评价方法共有的局限性

各种安全评价方法包括 HAZOP 分析在内，存在如下共同的局限性。

(1) 完备性问题

虽然 HAZOP 分析通过使用引导词和基于偏离的双向推理可以识别更多的和更复杂的危险剧情，即使如此，任何 HAZOP 分析也不能担保所有的事故情况、原因和影响完全被考虑。这也是所有安全评价方法共有的局限性。又称为安全评价的完备性问题。

危险识别的不完备性主要来自两个方面：其一，在危险识别过程中分析者无法保证所有的危险条件或潜在的事故剧情都能正确地识别出来；其二，对于已经识别出的危险，分析者也不能担保所有的可能原因和潜在事故影响都被考虑到了。

一个安全评价师或团队能识别和估计出所有可能出错的事情是不可能的。但是，可以期望训练有素和有经验的实践者或团队，采用系统化的分析方法和经验识别最重要的事故、原因和影响。

更进一步，一次安全评价可以比喻成一个“照相快门”所捕捉的危险信息(静态的有时间限制的信息)，任何设计、操作规程、操作或维修的改变，哪怕是很小的变化，都有可能对设施的安全带来重大影响。要达到完备性必须使安全评价能跟踪系统的变更。

(2) 再现性问题

安全评价的许多结论与分析者做出的假定相关，用相同的信息分析相同的问题，可能得出不同的结论。又称为安全评价的再现性(或称为重复能力)问题。

不同的专家安全评价的结果难于达到一致性，原因在于他们的主观意识。甚至对于可以使用多种基于经验的方法所进行的高质量评价，仍然在很大程度上取决于主观判断的优劣。

分析师和工艺专家在评价时所作的细微假定，常常是结果背后的决定因素。因此，分析师在评价过程中记录工作文档时应当始终强调标明他们所知的假定，以便于后续使用者能识别必要信息和数据的确切含义。换言之，必须给出完整的文字信息使后续用户了解结论的来由。

一个团队只有不断地积累经验，才能提高分析中做出准确假设的能力，这和分析结论同等重要。

(3) 不可测知性

由于某些安全评价方法的固有特性，使得分析结果难于理解和使用，称为评价结果的不可测知性。安全评价可以产生数百页表格、会议记录、故障树、事件树模型和其他信息。这取决于评价方法的选择和问题的规模，消化安全评价的所有细节可能是一项繁重的任务。如果文档中评价师使用了大量“行话”、隐语和省略，审查者和使用者可能疑惑不解并且不知所措。好在不是所有的危险评价结果都有如此多的工作文档。有效的危险评价分析需要产生一个总结报告，该总结包括了改进建议或管理中应当考虑的过程安全问题。这类总结报表本身常常是简单且直接的。然而，取决于所采用的危险评价方法，其中所包含的问题的技术基础和结果的潜在效果可能是难于了解的。

统一安全评价信息标准，准确记录安全评价过程信息和结果信息，是克服危险评价不可测知性的有效方法之一。

(4) 经验相关性

一个安全评价团队在分析重要的潜在事故时可能不具备足够的经验，称为安全评价经验相关性限制。有些评价方法，是单纯依靠分析师经验的方法。其他一些更细致的方法需要创新思维和判断能力，以便预测潜在事故的原因和影响。所有安全分析方法都希望充分利用企业大量工艺过程的经验。当有些场合经验积累有限、不完全相关或没有类似经验时，分析师应当选用更加有预测性和系统化的方法。例如 HAZOP 分析或故障树分析。即使如此，这种分析结果的用户必须谨慎，因为这种分析的知识基础，对这些更加精密的分析方法而言是没有经过验证的。

实践表明，采用一种更加详细的分析方法并不能担保对风险更好的了解。安全评价时对经验的依赖比选择什么分析方法更重要。因此，为了充分发挥经验作用，HAZOP 分析必须用多人的经验互补、多专业专家经验的互补、有经验的团队主席的引导和裁判、对已经分析问题的审查及修正，以及对新出现问题的再评价和修正，才能提高安全评价的客观性和实用性。

(5) 主观性

安全评价师在用经验推论以便确定哪一个问题是重要的时候，必须进行主观判断。判断总会有不足或失误，称为安全评价主观性限制。

安全评价使用定性技术确定潜在事故情况的重要性。本质上看这种分析的结论是基于分析团队共有的知识和经验。因为分析团队所考虑的许多事情可能从来没有发生过，团队必须用他们的创新思维和判断能力，以便确定潜在的事故原因和影响是否存在重大风险。这些分析中的主观性可能会引起使用这些分析结果用户的忧虑。

有人错误地认为，只要使用了定量分析方法就可以克服主观性。定量分析方法还是需要依靠全面地搜索“什么出错了”？定量计算的基础也要用大量的判断来识别事故剧情和事故模型；定量方法所用的大量概率数据也是用来估计风险的。即无法避开主观性。

说到底，用户还是应当相信安全评价团队和所选用的安全评价方法。

以上所讨论的局限性不应成为拒绝使用安全评价方法的理由。仅凭经验认为一个小事故的后果可能没有什么大的影响，但是潜在事故的后果不总是轻微的，随着安全科学技术的发展和实践经验的增长，人们已经有能力预估事故后果的风险是否不可接受。安全评价技术还可以帮助分析师得到减少事故发生频率和减轻事故后果严重度的方法与措施。安全评价技术将企业的安全防线提前，是企业高可靠性和高质量风险管理的基础。

10.2 事故剧情在 HAZOP 分析中被遗漏的原因

（1）各种安全评价方法都有限制

目前还没有能够识别一个过程中所有事故的安全分析方法。这是由于不同的安全分析方法有其独到的一面，但都几乎存在着不足之处。原因在于事故剧情具有复杂性和多变性。从根本上看即使识别了所有事故剧情，按照合理降低风险的原则(ALARP)，一个过程的风险不可能全部被消除，即只能降低到一个限度以下。

（2）事故超出了 HAZOP 分析的范围

通常安全评价所关注的是火灾、爆炸和毒物释放，其他的危险如化学品暴露、载重落下等事故可能没有被包括在 HAZOP 分析的范围之内。然而在某些特定场合，化学品暴露或载重落下等事故可能是主要危险。

（3）团队成员经验有限

HAZOP 分析团队如果缺乏知识和经验，不了解事故的机理，则在 HAZOP 分析中可能无法识别某些事故。HAZOP 分析团队往往对工厂中所有可能发生的事故现象不可能都有深入的知识和经验。当有经验的现场技术人员参与时，有助于识别该工厂的事故剧情，但不常见的事故现象和故障机制可能识别不了。

即使团队具有这种知识和经验，他们还必须有能力将这些知识和经验用于正在分析的过程和它们实际是如何发生的判断等方面。当团队成员对某些剧情没有经验时，人们会习惯性地倾向于证实该剧情为不可信。然而这种结论可能是错误的。

（4）事故剧情可信性判断错误

HAZOP 分析团队为了考虑一个事故剧情是可能的，成员们必须相信该事故剧情必须有可信的原因，将导致危险必然发生。HAZOP 分析时经常讨论一个特定的危险剧情发生的可能性。个别人相信一个剧情是不可信的，有可能说服了其他成员的观点，但实际上是不正确的判断。

有多种因素影响了团队成员对危险剧情可信性的感知能力，这些包括了装置的在役年数和历史。一个建设得较好的装置已经成功地运行了很多年，团队倾向于审定某些危险剧情是不可信的，人的本能是不重视尚未碰到的风险。

团队的成员在该过程工作多年且对危险熟悉也会导致他们轻视危险。在 HAZOP 分析中，被团队接受为危险的剧情，可能证明与先前没有被考虑过的危险比较严重度低，而被不合适地排除。例如：人们往往不多考虑在一个窄的双向道路上开车必须限速，否则迎面相撞的潜在致命后果是非常严重的。

(5) 对所识别事故的严重性估计不足

如果成员对事故条件有经验认为不会导致严重后果，该剧情可能被团队排除，即使它的演变可能会导致严重后果。例如：操作人员倾向于接受温度超限但没有不利后果的事实，然而，在反应失控的场合，超温就是重大问题了。

(6) 事故剧情不被团队成员注意的原因

有许多理由认为一个事故剧情可能不被团队成员注意。如下：

① 人的本能(固有特性)。没有理由期望参与者都具有完美的素质和能力。人的能力随着天数在波动，面对复杂的问题和重复繁琐的问题，人的能力会因疲劳而厌倦。人的因素会减弱识别事故的能力，特别是对于复杂的剧情，因此会存在未被识别的剧情。

② 小事件容易被忽略。人们往往关注识别复杂剧情，然而大事故可能起源于简单的剧情，事后可能看起来是小事件所引发。

③ 信息超量。团队可能无法消化所有的工艺过程信息。通常团队了解过程信息是有一定限度的，了解 P&ID 是主要的，其他资料如自控设计资料、电气设计图、操作说明和设备的说明书、相关的设计规范等等，团队成员不可能都掌握。

④ 安全性的理解不足或遗漏。当团队碰到严重的、先前未知的潜在事故时，常常要重点讨论，花费大量时间。为了赶进度，可能把它拖到后面的过程危险分析中。这种转移的任务可能没有被审定，尚未完成的过程危险分析也分散了当前分析的注意力。

⑤ 不适当的类比。通常工艺过程中包括的部分是相似的甚至是同一的。团队推断它们的危险剧情应该是相同的，于是提供一个交叉的引用(参照)并且转向下一个项目的分析。然而，有时表面上较小的不同可能导致其他事故的可能性未被识别。团队也可能发现了这种不同之处，但没有看出在危险分析中的任何重要意义。例如，两条工艺管线完全相同，但一个有释放而另一个没有，则差别就大了。此外，管路周边三维环境情况不同，一旦出现管线失去抑制的事故，造成的后果严重度不同，也有很大差别。

(7) 事故剧情可能太复杂

HAZOP 依靠团队的能力识别导致事故的事件。如果一个事故是可信的话，应当证明其可能性。一个危险序列中包括的事件越多，团队建立概念和识别序列越困难，审定其可信性的可能性越小。在危险分析中必须做出此种决定的时候，需要用到定量计算法，然而又几乎都缺乏计算资源和定量数据。

一般而言，构成一个剧情的事件越多，它的可能性越小。因此通常的趋势是，如果一个剧情的事件越多，则证明是可能性足够低的，并且是不可信的。

然而进一步看，识别危险剧情的难点是当事故源来自过程的不同部分的场合。在 HAZOP 分析中，几乎都把过程在 P&ID 中划分为不同的片段，即所说的“节点”，以方便于分析。因为这种划分节点的方法优点是，能集中注意力于过程的特殊部分，有利于分析。然而，这种方式的特点是不利于识别由不同的节点组成事故源的剧情。综合考虑所有节点有利于这种问题的解决，但是不能保证识别出这种剧情。

过程的复杂性也使得识别剧情的困难加大，例如，多分支管路设有多个阀门和管道布线，团队完全了解会变得困难。控制系统也是如此导致问题变得复杂。团队可能勉强接受或甚至不知道他们不能全面了解该过程(自以为已经了解)。每当缺乏了解时，就会遗漏事故剧情。

(8) 事故剧情与 HAZOP 分析记录不同

过程危险分析时常常简化剧情。事故从初始事件开始，多种中间事件会随之发生。剧情的发展会有多种方式，又称路径，取决于过程对初始事件、使能事件或条件事件响应的成功与失败(即事件树结构)，或解释为事故沿过程不同的影响路径的传播。多个事件的多种组合决定了一个事故剧情的差异或变体。通常 HAZOP 分析记录的是团队认为最坏后果的剧情变体。

团队错误地识别了最坏的剧情是可能的。另外的剧情变体可能被认为是不可能的最坏后果而被取消。同时，也有可能提出的针对最坏剧情的安全措施无助于防止其他相关次要的后果事件。

与前面所讨论的局限性一样，事故剧情被遗漏的原因也不应成为 HAZOP 分析团队评价水平低的理由。本节通过指出 HAZOP 分析时容易发生遗漏的主要原因，目的在于帮助团队成员提高危险识别能力。危险识别能力的提高不但需要每一个 HAZOP 分析团队成员工程知识和实践经验的积累，而且需要团队协作、优势互补和集体智慧的充分发挥。在 HAZOP 分析过程中，每一个成员必须坚持严谨、细致、客观与实事求是的作风。防止危险识别的疏漏就是对人员生命和国家财产负责。

10.3 HAZOP 分析技术进展

(1) HAZOP 分析应用领域扩展

HAZOP 分析是面向化工过程所开发的安全技术。HAZOP 分析方法在危险识别中有广泛的适用性，人们普遍认识到 HAZOP 分析是一种多功能多用途的危险识别方法。因此近年来应用范围扩大了，例如：有关可编程电子系统；有关道路、铁路等运输系统；检查操作顺序和规程；评价工业管理规程；评价特殊系统，如航空、航天、核能、军事设施、医疗设备；突发事件分析；计算机硬件、软件、网络和信息系统危险分析、辅助实时在线故障诊断等。

(2) HAZOP 分析与多种安全评价方法结合

HAZOP 分析、故障树分析(FTA)、故障假设方法(What-if)、事件树分析和故障模式与影响分析方法(FMEA)都属于剧情分析方法。如图 10.2 所示，HAZOP 分析是沿剧情双向推理分析，FTA 是从后果向初始原因推理分析，其他三种方法是从初始原因向后果推理分析。不同的方法各有侧重，也各有所长。这些方法的相互结合、优势互补具有天然的可行性，并且在实际中得到大量应用。

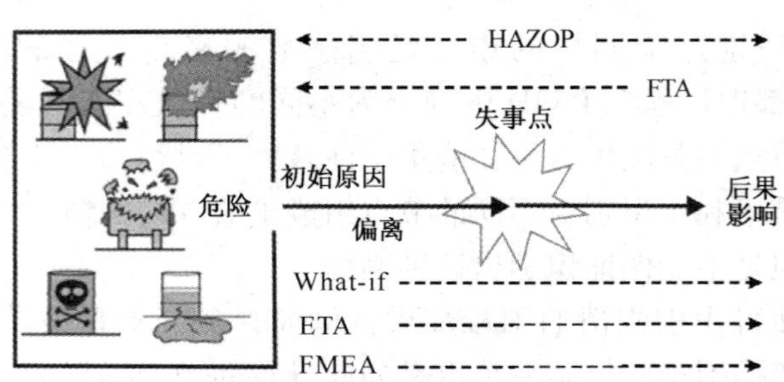

图 10.2 基于剧情的 HAZOP 分析推理模式

例如：

• 将 HAZOP 分析与 What-if 结合，比较简单的剧情用 What-if 分析，复杂的剧情用 HAZOP 分析，可以提高团队分析效率；

• 用 HAZOP 分析为 FTA 或 ETA 识别复杂剧情的路径，得到故障树或事件树；

• 先用 HAZOP 分析获得原因-后果对偶剧情，然后筛选出高风险剧情作为保护层分析(LOPA)的基础；

• 用 FMEA 方法协助 HAZOP 分析识别初始原因等。

(3) 结合半定量分析方法

HAZOP 分析是一种定性方法，可以识别出大量的危险剧情。通过使用风险矩阵方法，可以将危险剧情按风险大小排序。对于风险大的剧情重点考虑采用适当的安全措施降低剧情风险。这种方法属于半定量分析方法，提高了 HAZOP 分析的质量和效率，已经得到广泛应用。此外应用 HAZOP 分析还可以辅助定量风险评估(QRA)确定哪一个初始原因必须考虑、估算该初始原因的发生频率和估计后果的严重度。

(4) 考虑人为因素

历史事故统计表明 50%~90%的操作风险与人为因素有关。可操作性分析本身就涉及人为因素。在一个 HAZOP 分析的事故剧情中，人为因素与初始事件、中间事件、使能事件或条件原因、后果等都可能有关系。与人为因素相关的安全措施也是安全评价需要考虑的内容，例如：培训、操作规程、设备标识、检查与维修等。此外在保护层分析(LOPA)中，人为因素本身也是一种安全措施，只不过必须满足特殊要求。HAZOP 分析考虑人为因素的进展主要在以下方面：

• 对人为因素进行了详细分类；

• 提出了简单实用的识别人为因素导致事故的方法；

• 提出了双引导词和 8 引导词评价操作规程的方法；

• 提出了预防人为因素导致事故的安全措施。

(5) HAZOP 分析的改进

随着 HAZOP 分析在工业领域长期和大量的应用，人们不断积累了丰富的经验，使得 HAZOP 分析本身也得到不断地改进。主要改进如下：

① 后果优先法

后果优先法即在团队会议选定一个偏离之后，首先识别是否有不利后果。如果没有不利后果立即转向下一个偏离。目的在于节省会议时间。本方法的依据是，HAZOP 分析是从中间事件的偏离作为出发点，沿着事件序列反向识别原因，正向识别后果。如果先识别原因，对于那些没有不利后果的情况，前面的工作将浪费了时间。

② 最小范围 HAZOP 分析

对于那些经典的常见工艺过程，特别是执行过 HAZOP 分析的在役装置，许多问题是已知的。此外有些问题与安全无关。因此，提出了最小范围 HAZOP 分析的方法。例如主危险分析法，通常不考虑可操作性问题。当 HAZOP 分析目标所关注的是那些来源于使过程失去抑制的主要危险后果的危险剧情时，称为主危险分析(Paul Baybutt，2008)。本方法不从中间事件的偏离识别危险剧情，而是从可能导致主要危险剧情的初始事件出发识别剧情。通常能导致失去抑制的初始事件的类别是有限的，这样不会耗用团队更多的精力，并且尽可能不遗漏主危险剧情(详见 10.4 节)。其他识别危险剧情的步骤与常规 HAZOP 分析相同。另外，在变更管理时只考虑变更部分以及与变更相关的部分，也是一种最小范围的 HAZOP 分析。

③ 基于经验的 HAZOP 分析

由于 HAZOP 分析方法已经有几十年的历史，那些过程安全管理中严格坚持积累本企业安全经验和数据的单位，以及长期从事安全评价的专家，在 HAZOP 分析方面总结了大量行之有效的经验和知识。例如，HAZOP 分析参考要点(详见附录 10)，对于常见的工艺过程和设备给出了主要危险或风险因素，相当于知识库。此外还有：主危险初始原因归类；引导词归类；关注点归类；常用设备安全措施归类；人为因素归类等。在 HAZOP 分析时利用所积累的经验和知识，不但可以省略一些步骤、减少工作量，还可以提高分析效率和评价质量。

(6) 计算机辅助 HAZOP 分析

随着电子计算机的普及和软件技术的飞速发展，在 HAZOP 分析中使用计算机辅助进行资料收集整理、会议记录和报告制表已经成为普遍的做法。多年来许多商业化 HAZOP 分析软件陆续问世，并且得到广泛应用。计算机辅助 HAZOP 分析不但可以帮助分析团队完成大量的文字处理任务，还可以提高分析效率和分析质量，同时，还便于检查和修改 HAZOP 分析结论和报告中的问题。因此计算机辅助 HAZOP 分析已成为一种发展趋势，成为 HAZOP 分析的有效工具。

美英等发达国家在研发计算机辅助 HAZOP 分析软件方面已经有 30 多年历史。到目前为止已经研发成功多种相关应用软件。国外计算机辅助 HAZOP 分析软件主要有三种类型，分述如下：

① 文字记录和报告制表 HAZOP 分析软件

此类软件是最早问世的计算机辅助 HAZOP 分析的软件，也是开发得最多应用最广的软件。此类软件可以方便地进行电子化内容描述，增加和修改文字编辑；只用一定的努力就能够学会并实施评价；可以方便地编制 HAZOP 分析报告；有的软件还可以提供参考知识库或数据库，进行简便的风险度计算；除 HAZOP 分析外还支持 2~3 种其他方法等。此类软件在某种意义上是用电子化文字处理代替手写文字处理。

② 基于定性模型推理的 HAZOP 分析“专家系统”软件

将具体参数和它们之间的主要定性影响关系构造成定性模型，配合经验规则的判断，可以实现某种程度的自动 HAZOP 推理分析。基于定性模型的自动推理软件又称为“专家系统”软件。国外具有代表性的软件有如下两种：

● 美国普渡大学以 V. Venkatasubramanian 教授为首的研究群体对 HAZOP 分析定性推理方法的完善和工业化应用作出了显著成绩。该专家系统软件称为 HAZOPSuite，在多家企业应用成功。

● 英国拉夫堡大学在本领域的研究工作始于 1986 年。经过多年努力研发成功 HAZID 软件。该软件在 HAZOP 分析原创公司 ICI 以及多家企业现场应用成功。软件由 HAZID 技术有限公司独家商业化，并且得到拉夫堡大学的技术支持。HAZID 技术有限公司还是国际知名的工程设计软件公司(Intergraph)的合作伙伴。

这种软件所采用的技术先进，然而在实际工程和企业中认可程度不高，应用并不广泛。其主要原因在于：定性模型的质量是此类软件分析成功的关键，但是对于使用者而言建立一个高质量的定性模型具有很大的难度和挑战性；软件允许使用的引导词和参数有限，只能表达人工讨论的部分内容；软件自动推理没有与团队的集体智慧(头脑风暴)相结合，在某种意义上限制了 HAZOP 分析固有优势的发挥。因此，基于定性模型推理的 HAZOP 分析“专家系统”软件还有待进一步改进和发展。

③ 基于信息标准的智能化 HAZOP 分析软件

近十年来，随着互联网的广泛应用，为了实现信息的一致性集成、传递、共享和计算机化，信息标准化取得了重大进展和实际应用。计算机信息化的实践使人们认识到，使用人工自然语言形成的文档难以全面准确地表达危险评价的过程和结果信息，导致了危险评价的信息、知识的传递、审查、共享和运用计算机进行信息提取和推理的困难。系统化的过程安全管理要求风险评价信息必须传递/交换/共享，既包括了工艺装置的设计、施工、运行阶段直到报废的全生命周期阶段；也包括了各阶段中不同的管理层、不同的专业团队(工艺、设备、自控、施工建设、操作运行、系统维修、安全监管等)需要传递/交换/共享危险评价信息。如果这些信息是无序的任意的，人们花费在处理这些信息方面的成本可能比操作和管理它们的成本还要高。因此，危险评价的计算机化和网络化离不开危险分析信息的标准化。

实现危险分析信息标准化，现在有了十分有利的条件。与其密切相关的知识工程领域已经颁布了多种相关国际标准，在计算机通信、软件开发、工程设计、工程建设和大型工业企业管理中得到了广泛应用。

基于信息标准化的智能化 HAZOP 分析软件的创新基础来源于国际标准 ISO 15926“工业自动化系统与集成——过程工厂包括石油及天然气生产设施的生命周期数据集成”。首先考虑应用 ISO 15926 标准作为计算机辅助 HAZOP 分析软件信息基础的是 Kiyoshi Kuraoka 和 Rafael Batres(2008)。他们开发的这类软件的优点是，用信息标准记录团队评价的过程和结果，解决了传递/交换/共享评价信息的难题；借助于信息标准对复杂(时空)事件序列具有精准表达能力；从评价过程的标准化记录可以直接实施定性推理以获取结论，并以图形化方式，直观形象地记录和表达危险剧情。

这种软件突破了多年来困扰实现 HAZOP 分析智能化的难题，具有技术进步意义。但是，由于 ISO 15926 标准过于复杂、繁琐和庞大，有些内容对于广大使用者而言相当深奥，限制了此类软件的普及应用。ISO 15926 标准是基于“上层知识本体”的通用性标准，有必要结合工艺安全评价的具体特点，研发基于危险剧情的“领域知识本体”。这种信息标准简明、专业性强、便于推广应用。除此之外，还应当将前两类软件的优点结合起来。

(7) 国内计算机辅助 HAZOP 分析软件进展

“积极推广危险与可操作性分析等过程安全管理先进技术。支持 HAZOP 计算机辅助软件研究和开发，逐步深化 HAZOP 分析等过程安全管理技术的推广应用。”是国家安全生产监督管理总局对开发国内计算机辅助 HAZOP 分析软件的明确表态。

国内 HAZOP 分析软件的研究与开发始于 2000 年，历经十多年的研发和应用已经取得重大进展。目前国内已经产品化的 HAZOP 分析软件主要有两种：

一种软件名称为 CAH(Computer Aided HAZOP)，即计算机辅助 HAZOP。属于信息标准化和智能化自动推理类软件。CAH 软件的特点如下：

- 采用标准化和图形化信息表达。能够简明直观表达、记录和跟踪 HAZOP 分析会议的全部有效细节，解决了安全评价信息高完备性传递/交换/审查/共享的难题。它没有改变 HAZOP 分析特有的“头脑风暴”分析方式，还有利于团队“头脑风暴”的可视化发挥；
- 智能化程度高。采用高效双向“推理引擎”，能适应任意引导词的自动推理分析。可以从分析记录直接自动生成 HAZOP 分析报告、建议措施表、剧情结构图。可以交互式任意修改和调整 HAZOP 分析报告中的信息；
- 支持基于风险矩阵的 HAZOP 分析(包括 LOPA)；
- 支持多种安全评价方法(可扩展)；
- 提供了内容丰富的知识库、数据库(可扩展)；
- 支持人工和自动双模式。当分析对象简单时，可以直接实施人工填表；
- 支持超大系统分析。例如大型乙烯全流程 HAZOP 分析。

另一种软件名称为 PSMSuite™，即过程安全管理智能软件平台系统。其中的 HAZOP 模块是以人工智能领域的案例推理技术和本体论为基础，能够随着实践中 HAZOP 分析案例库的丰富，自动提示以前的相似案例，不断提高 HAZOP 分析能力与工作效率，确保分析结果的全面性、系统性和一致性，促进企业 HAZOP 分析知识管理与人才队伍建设。该软件还具有如下用户友好的多种功能：

- 携带含有 3000 多种化学品的 MSDS 数据库(可扩展)；
- 支持多个可定制的风险矩阵和偏离库；
- 提供常见设备偏离原因库；
- 支持 Word、Excel、PDF 等多种可定制的 HAZOP 报表；
- 支持 Excel 版本的 HAZOP 分析报告导入；
- 多个可选模块，包括检查表、保护层分析(LOPA)、SIL 验证、建议措施跟踪(ATS)管理等。

随着 HAZOP 分析的推广和普及应用，国产化计算机辅助 HAZOP 分析软件的品种、质量和水平将会得到进一步提高。

10.4　HAZOP 主危险分析

HAZOP 主危险分析是一种基于经验的“最小化”HAZOP 分析。由 CCPS 的发起人之一 Paul Baybutt 提出，并且在企业中得到应用。本方法有利于减少重要危险剧情的遗漏，在一定程度上可以提高 HAZOP 分析效率。

(1) 什么是主危险分析

当危险评价目标所关注的是那些来源于使过程失去抑制的主要危险后果的危险剧情时，称为主危险分析(MHA，Major Hazard Analysis)。

失去抑制的原因可以是直接的，例如，阀门误开、容器开裂或管道开裂等；也可以是间接的，例如，反应失控导致从压力释放设施的泄放或容器与管道开裂。主危险分析将 HAZOP 分析团队的“头脑风暴”限定在以上危险剧情的分析方面。方法是用一种结构化框架指导初始事件的识别。

(2) 常规 HAZOP 分析方法

常规 HAZOP 分析识别不利后果是通过无流量、压力高或液位低等偏离进行识别的。这种方法所得到的不一定是所考虑的不利后果，这些偏离所得到的多数是可操作性问题。这与 HAZOP 分析时常用的事件(参数)、引导词、偏离和节点的选择有关。选择具体参数(事件)得到的剧情大多是可操作性剧情。HAZOP 分析常用引导词有：“无、较多、较少、部分、异常、伴随、相反、先于、之后、超前、迟后”等 11 个，其中：“较多、较少、无、相反、先于、之后、超前、迟后”等直接与连续和间歇操作相关。具体参数：流量、压力、液位、温度和组成通常是直接对操作偏离敏感的变量。而 HAZOP 分析时基本上都是针对具体参数，这类参数再与操作相关的引导词结合为偏离，所识别的危险剧情通常是与可操作性相关也就毫无疑义了。

而用户往往希望只关注识别可能发生的主要危险。对于 HAZOP 分析，正如它的名称，是危险与可操作性两者同时考虑。它不易改变成只关注主危险的模式。目前一种常用的解决方法是广泛使用的“后果先于原因”的方法或称为“后果优先”的方法。然而，这种方法会遗漏剧情，因为可能的不利后果不总是与所分析的偏离相关，并且有些后果只能在识别出原因之后才能得到。

人类对系统危险的认识不可能一蹴而就，要想识别出尽可能全面的主危险剧情，必定是一个反复的不断深入的认识过程。当系统属于高度关联类型时，由于 HAZOP 分析单独考虑各部分(节点)偏离的影响，因此当全系统分析完成时，才能考虑全局性危险剧情。

专门针对主危险的故障假设方法，当剧情简单时，也许比 HAZOP 分析能更明确地识别主危险。但方法的结构性不如 HAZOP 分析，不能更深入地识别危险剧情。

为了便于直接识别主要危险，常规 HAZOP 分析需要适当的改进。

(3) HAZOP 主危险分析方法

主危险分析方法与常规 HAZOP 分析唯一不同之处是分析的起点不在中间事件部位，而在初始原因部位。即：不是从中间事件的偏离反向识别初始原因，正向识别不利后果；而是从特定的初始原因正向识别主危险后果。主危险分析需要将可能导致主要危险剧情的初始事件分类，即人为失误、设备失效或外部事件等。通常能导致失去抑制的初始事件的类别是有限的，这样不会耗用团队更多的精力，并且尽可能不遗漏主危险剧情。其他识别危险剧情的步骤与常规 HAZOP 分析相同。

主危险分析工作表的表达方式与常规 HAZOP 分析有所改进，即每一个节点所涉及的危险剧情在同一张表中记录；增加“使能事件/条件”列和“剧情”列。这种对危险剧情更全面的记录，为进一步分析(例如：LOPA 或 QRA)提供了信息。

(4) 主危险分析所考虑的初始事件

初始事件通常是概念性事件而不是具体事件。概念事件在 HAZOP 分析中的作用直到 2008 年才被 CCPS 在《危险评价方法指南》一书中正式确认。概念事件的特点是：事件属性具有复合性；事件属性无法唯一可观测；可能是一种分类的类别项，其中可能含有多种具体项；在因果影响中影响作用无法量化说明，但确实有影响，甚至可能有多种影响。常用“导致”或与其相似含义的行为动词表达。例如：影响、许可、产生、通向、引起、触发、使能、带来、链接、发生、招致、主使、教唆等。概念事件在国际标准 ISO 15926 中称为“抽象对象”，并且给出了准确的定义。

概念事件是构成危险剧情和准确描述危险剧情的要素。概念事件是危险剧情中连接各类原因事件的“纽带”(连接键)，也是导向各类不利后果的纽带。各类原因包括：初始原因、根原因、使能原因、条件等。各类后果包括：主要危险后果、无法抑制的后果、毒物泄漏、爆炸、火灾等。

主危险分析所考虑的初始事件范围举例如下：

① 泄漏/破裂

- 断裂，例如：由于裂缝的传播使得存储系统开裂；
- 刺穿，例如：由于冲击使得存储系统刺穿或出现孔洞；
- 释放设备卡住无法开启；
- 密封/垫片/法兰失效；
- 腐蚀/磨损；
- 污垢/堵塞；
- 流动喘振或液击；
- 设备故障；
- 其他。

② 人员的行动不正确或无作为

- 遗漏失误，例如：操作人员没有关闭一个阀门；
- 执行失误，例如：操作人员关错了阀门；
- 不必要的操作，例如：操作人员关了一个不该关的阀门；
- 违背，例如：操作人员停止了一个报警；
- 其他。

③ 控制系统失效

- 仪表失效；
- 逻辑求解器失效；
- 二次仪表失效；
- 通讯和控制界面失效；
- 信号和数据线路失效；
- 基础设施失效；

- 环境;
- 其他。

④ 反应

- 一个计划的反应失控;
- 触发了一个不期望的反应;
- 不期望的反应分支或序列反应;
- 进水;
- 进空气;
- 自发反应;
- 非故意地混入了化学品;
- 物理过程的化学放热;
- 其他。

⑤ 结构失效

- 设备支撑失效;
- 基础/地基失效;
- 周期性的负荷;
- 压力波动;
- 其他。

⑥ 公用工程失效

- 供电失效;
- 仪表风失效;
- 工厂用氮气失效;
- 冷却水失效;
- 蒸汽失效;
- 其他。

⑦ 外部自然事件

- 水灾;
- 闪电;
- 大风;
- 地震;
- 其他。

⑧ 人为外部事件

- 运输车冲击;
- 吊车重物掉落;
- 其他。

⑨ 其他

- 过程中的事故;
- 多重失效;

- 不正确的位置/电梯；
- 不正确的时间/顺序；
- 还有何事件出错。

需要注意的是，从有限的初始原因正向推理分析，不能保证识别到所有可能的主危险后果。因为有些主危险剧情可能需要从高严重度后果反向推理才能得到，而且反向识别的初始原因可能不在主危险分析所给出的初始事件之列。特别是要求危险与可操作性都必须分析时，显然主危险分析方法不如常规 HAZOP 分析方法。

思 考 题

1. 简述 HAZOP 分析方法有哪些局限性。
2. HAZOP 分析耗时费力的主要原因是什么？
3. HAZOP 分析报告存在哪些信息缺失和隐含？有何不足？
4. 简述安全评价方法的局限性？
5. 试述几种克服安全评价局限性的方法。
6. 安全评价的重要性和意义是什么？
7. 事故剧情在工艺危险分析中被遗漏的主要原因是什么？
8. 简述什么是 HAZOP 分析的后果优先方法。
9. HAZOP 分析方法常与哪些安全评价方法联合使用？有何优点？
10. 半定量方法解决了 HAZOP 分析的什么问题？
11. 什么是基于经验的 HAZOP 分析？
12. 什么是主危险？举三个例子说明。
13. 主危险分析有何不足？

附录1　P&ID中常见的控制回路、缩略词和图形标识

1. P&ID中的常见控制回路

（1）串级控制系统

串级控制系统是由两个控制器串联组成的系统，包括主控制回路和副控制回路，且主回路控制器的输出作为副回路控制器的设定值。

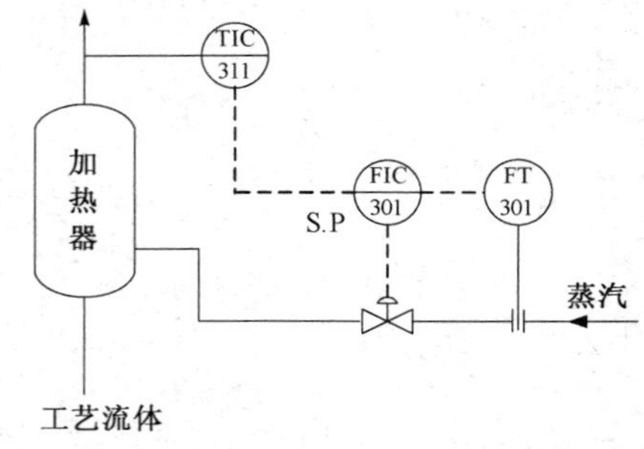

附图1.1　温度-流量串级控制系统

附图1.1为典型的温度-流量串级控制系统。加热器出口被加热的工艺流体温度控制TIC311为主环，加热器的出料温度为被控制变量。加热蒸汽流量控制FIC301为副环，蒸汽流量为操作变量。通过调节加热蒸汽流量控制加热器出口工艺流体温度。

串级控制系统设计和投用过程应考虑主环回路和副环回路广义对象特性的匹配、防止主环控制器积分饱和、无扰动切换等问题。

（2）比值控制系统

比值控制系统一般是为了保持两个流量值达到一定的比例关系，一般包括单闭环比值控制系统和双闭环比值控制系统两种类型。

在附图1.2和附图1.3的闭环流量比值控制系统分别设置比值计算器FY201和FY311，两个回路的调节器的设定值均为流量值。在某些情况下，也可将比值控制系统调节器设定值设为两个流量的比值。

附图1.2控制系统有一个流量仅被FT201检测，但无回路调节器，属于开环回路。开环回路能够保证两个流量比值稳定，并不能保证两个流量的负荷稳定。多数情况下这类开环回路控制系统可以作为串级控制系统的副环回路，而其他工艺参数比如温度，将作为控制回路的主环回路，构成串级比值控制系统。

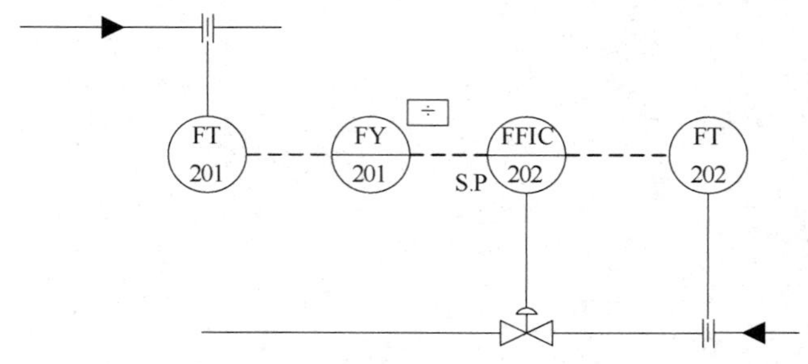

附图1.2　单闭环流量比值控制系统

附图1.3控制系统两个流量均设置回路调节器，同属于闭环回路，这种双闭环比值控制系统不仅能使两个流量比值稳定，而且能够保持系统负荷稳定。

设计比值控制系统应注意主动量和从动量的选择以及流量、温度、压力补偿等问题。

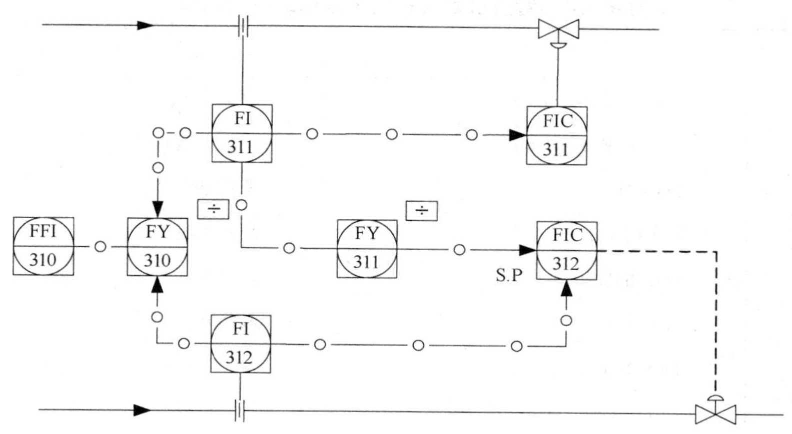

附图 1.3　双闭环流量比值控制比值报警系统

(3) 选择控制系统(超驰控制)

生产过程中一个被控变量往往受到多种条件的约束，根据此约束条件，为使被控变量保持稳定，对几个被控变量进行选择性控制，就构成了控制性回路。

如附图 1.4 所示裂解气出口温度稳定是工艺系统的要求，操作变量是燃料气压力(调节燃料气流量)。燃料气热值的变化是影响裂解炉出口温度变化的主要干扰因素，所以组成一个以炉出口温度 TIC210 为主环、热值 QC220 为副环的串级控制系统。当燃料气压力过低时，裂解炉无法正常运转，这时通过选择器 QY200 把燃料气压力控制器 PICA201 选择为副环，而把热值控制器 QC220 切除掉，这时炉子处在出口温度 TIC210 为主环，燃料气压力控制器 PICA201 为副环的串级控制系统中。

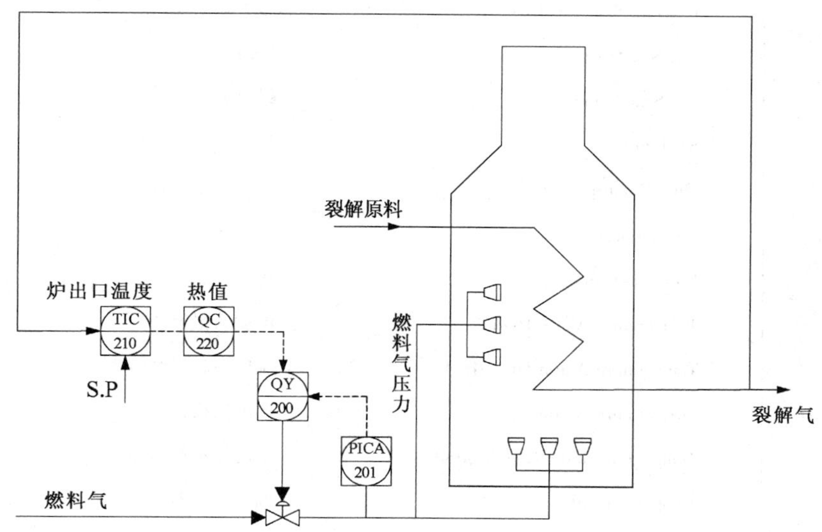

附图 1.4　裂解炉燃料气压力的选择性控制系统

2. P&ID 中的常见缩略词

管道仪表流程图上常见的缩略词举例如附表 1.1 所示。

3. P&ID 中的常见图形标识

管道仪表流程图上常见的管道符号和图形标识如附图 1.5 所示。

附表 1.1　管道仪表流程图中常见的缩略词举例

缩　略　词	英文表述	中文表述
CWS	Cooling Water Supply	冷却水供应
CWR	Cooling Water Return	冷却水返回
FAL	Flow Alarm Low	低流量报警
FC	Fail Closed	故障关闭
FI	Flow Indicator	流量显示
FO	Fail Open	故障开
FT	Flow Transimitter	流量变送器
LAL	Level Alarm Low	液位低报警
LRC	Level Recording Controller	液位记录控制器
LT	Level Transmitter	液位变送器
PAH	Pressure Alarm High	压力高报警
PAL	Pressure Alarm Low	压力低报警
PALL	Pressure Alarm Low-Low	压力低低报警
PI	Pressure Indicator	压力显示仪
PSL	Pressure Switch Low	压力低开关
PSLL	Pressure Switch Low-Low	压力低低开关
PSV	Pressure Safety Valve	压力安全阀
CSO	Car Seal Open	铅封开
CSC	Car Seal Closed	铅封关
S. P	Set Point	设定值
MCC	Motor Control Center	马达控制中心
RO	Restriction Orifice	限流孔板
PT	Pressure Transmitter	压力变送器
TAH	Temperature Alarm High	温度高报警
TAHH	Temperature Alarm High-High	温度高高报警
TAL	Temperature Alarm Low	温度低报警
TIC	Temperature Indicating Controller	温度显示控制器
TI	Temperature Indicator	温度显示器
TT	Temperature Transmitter	温度变送器
S/D	Shut Down	关断
UVL	Ultraviolet Light Detector	紫外光探测器
XAL	Analyzer	分析仪

附图 1.5　管道仪表流程图中常见的管道符号和标识

附录 2 常用引导词及含义表

引 导 词	含 义
无(NO)	设计或操作意图的完全否定
过多(MORE)	同设计值相比，相关参数的量化增加
过少(LESS)	同设计值相比，相关参数的量化减少
伴随、以及(AS WELL AS)	相关参数的定性增加。在完成既定功能的同时，伴随多余时间发生，如物料在输送过程中发生相变、产生杂质、产生静电等
部分(PART)	相关性能的定性减少。只完成既定功能的一部分，如组分的比例发生变化、无某些组分等
逆向/反向(REVERSE)	出现和设计意图完全相反的事或物，如液体反向流动、加热而不是冷却、反应向相反的方向进行等
异常、除此以外(OTHER THAN)	出现和设计意图不相同的事或物，完全替代；如发生异常事件或状态、开停车、维修、改变操作模式等
早(EARLY)	某事件的发生较给定时间早，如：过滤或冷却
晚(LATE)	某事件的发生较给定时间晚，如：过滤或冷却
先(BEFORE)	某事件在序列中过早的发生，如：混合或加热
后(AFTER)	某事件在序列中过晚的发生，如：混合或加热

附录3　常用偏离表和常用偏离说明

见附表3.1和附表3.2。

附表3.1　常用偏离表

参数/要素＼引导词	无	低	高	逆　向	部　分	伴　随	先	后	其　他
流量	无流量	流量过低	流量过高	逆流	错误浓度	其他相			物料错误
压力	真空丧失	压力过低	压力过高	真空	错误来源	外部来源			空气失效
温度		温度过低	温度过高	换热器内漏		火灾/爆炸			
黏度		黏度过低	黏度过高						
密度		密度过低	密度过高						
浓度	无添加剂	浓度过低	浓度过高	比例相反					杂质
液位	空罐	液位过低	液位过高		错误的罐	泡沫/膨胀			
步骤	遗漏操作步骤			步骤顺序错误	遗漏操作动作	额外步骤			
时间		时间太短太快	时间太长太迟				操作动作提前	操作动作延后	错误时间
其他	公用工程失效	低混合/反应	高混合/反应	逆向反应		静电			腐蚀
特殊	取样/测试/维护/倒淋	开车	停车		粉尘爆炸	人员因素			设施布置

附表3.2　常用偏离说明

偏　　离	说　　明
无流量	没有流量
流量过低	流量比设计/操作要求少
流量过高	流量比设计/操作要求多
逆流	流量沿设计或操作目标相反的方向
错误浓度	在正常流量中伴随其他物质(如污染物)
其他相	流量是错误的状态(如液态取代气态)
物料错误	流量不是预期的产品（或错误的等级/规格)
真空丧失	真空丧失(如抽风机故障)
压力过低	压力比设计/操作要求低
压力过高	压力比设计/操作要求高
真空	异常真空(如蒸气泄漏/排污/喷射)
错误来源	错误压力来源(如软管/快速接头连接错误)
外部来源	外部压力源压力偏离设计/操作要求
空气失效	仪表空气中断
温度过低	温度比设计/操作要求低

续表

偏　离	说　明
温度过高	温度比设计/操作要求高
换热器内漏	换热器管束或管板泄漏，流体可能从高压侧窜入低压侧
火灾/爆炸	外部火灾/爆炸影响
黏度过低	黏度比设计/操作要求低
黏度过高	黏度比设计/操作要求高
密度过低	密度比设计/操作要求低
密度过高	密度比设计/操作要求高
无添加剂	未按设计/操作要求加入适当的添加剂
浓度过低	浓度比设计/操作要求低
浓度过高	浓度比设计/操作要求高
比例相反	物料比例偏离设计/操作要求
杂质	物料内杂质含量超过设计/操作要求
空罐	容器液位丧失
液位过低	液位比设计/操作要求低
液位过高	液位比设计/操作要求高
错误的罐	物料进入错误的罐，不同物料可能混合(如不同规格产品混合)
泡沫/膨胀	容器内产生泡沫/膨胀导致液位无法准确测量
遗漏操作步骤	操作步骤遗漏(如干燥器未经再生直接使用)
步骤顺序错误	操作步骤执行顺序错误(如再生流程步骤错误)
遗漏操作动作	操作步骤中某一动作遗漏(如再生时遗漏 N_2 吹扫)
额外步骤	增加设计/操作要求之外的步骤
时间太短太快	操作时间比设计/操作要求的短/快
时间太长太迟	操作时间比设计/操作要求的长/迟
操作动作提前	操作动作早于设计/操作要求
操作动作延后	操作动作晚于设计/操作要求
错误时间	设计/操作要求之外的时间进行操作
公用工程失效	公用工程系统故障失效(如停电、蒸汽中断)
低混合/反应	混合/反应比设计/操作要求低
高混合/反应	混合/反应比设计/操作要求高
逆向反应	反应沿设计/操作目标相反的方向
静电	静电积聚，潜在点火源
腐蚀	过度降低操作寿命期
取样/测试/维护/倒淋	取样、测试、维护、倒淋操作时可能导致危害、生产延误及财产损失
开车	开车操作时可能导致危害、生产延误及财产损失
停车	停车操作时可能导致危害、生产延误及财产损失
粉尘爆炸	粉尘爆炸
人员因素	设计/操作要求对人员影响(如连续工作时间、劳动强度、人体工程学)
设施布置	设施布置不满足设计/操作要求或影响操作效率

附录4　典型初始事件发生频率表

附表4.1~附表4.3对典型初始事件的频率情况进行了详细说明。

附表4.1　典型初始事件发生频率表

初始事件	条　件	频率/a^{-1}
基本过程控制系统（BPCS）故障	基本过程控制系统（BPCS）涵盖完整的仪表回路，包括传感器、逻辑控制器以及最终执行元件	$>10^{-1}$
压力调节器故障	现场压力调节器或减压阀	$10^{-1}\sim10^{-2}$
工艺供应中断	供应中断。如泵故障、意外堵塞或其他主要供应问题	$>10^{-1}$
安全泄放装置提前打开	提前打开导致事故	$10^{-1}\sim10^{-2}$
操作员失误或维护行为	日常操作任务中发生疏忽或故意误操作。操作人员经过对指定任务的培训并且此任务有相关程序文件可以参考。单个操作人员对指定任务的操作频次大于1次/a，没有其他人员复查	$>10^{-1}$
	日常操作任务中发生疏忽或故意误操作。操作人员经过对指定任务的培训并且此任务有相关程序文件可以参考。指定任务有人员复查其完成的正确性	$10^{-1}\sim10^{-2}$
	日常操作任务中发生疏忽或故意误操作。操作人员经过对指定任务的培训并且此任务有相关程序文件可以参考。单个操作人员对指定任务的操作频次小于1次/a	$10^{-1}\sim10^{-2}$
机械失效（金属材质）	没有活动部件——没有振动 低振动 高振动	$10^{-2}\sim10^{-3}$ $10^{-1}\sim10^{-2}$ $>10^{-1}$
机械失效（非金属材质）	没有活动部件——没有振动 低振动 高振动	$10^{-1}\sim10^{-2}$ $>10^{-1}$ $>10^{-1}$
机械失效（软管连接）	没有活动部件——没有振动 低振动 高振动	$10^{-2}\sim10^{-3}$ $10^{-1}\sim10^{-2}$ $>10^{-1}$
泵失效	单台泵失效导致下游工艺没有充足的供给，直接导致潜在危害场景	$>10^{-1}$
	双泵操作，有一台备泵，备泵非自启。单台泵失效导致下游工艺没有充足的供给，直接导致潜在危害场景	$>10^{-1}$
	双泵操作，有一台备泵，备泵可自启。两台泵同时失效导致下游工艺没有充足的供给，直接导致潜在危害场景	$10^{-1}\sim10^{-2}$
其他初始原因	分析小组应当全面考虑初始原因可能涉及的各个方面	使用专家经验或失效数据库数据

注：起始事件或条件可能会影响此表中频率的选取。

附表 4.2　初始事件典型频率表

初始事件	频率范围/a^{-1}
压力容器疲劳失效	10^{-5}~10^{-7}
管道疲劳失效-100m-全部断裂	10^{-5}~10^{-6}
管线泄漏(10%截面积)-100m	10^{-3}~10^{-4}
常压储罐失效	10^{-3}~10^{-5}
垫片/填料爆裂	10^{-2}~10^{-6}
涡轮/柴油发动机超速，外套破裂	10^{-3}~10^{-4}
第三方破坏(挖掘机、车辆等外部影响)	10^{-2}~10^{-4}
起重机载荷掉落	10^{-3}~10^{-4}/起吊
雷击	10^{-3}~10^{-4}
安全阀误开启	10^{-2}~10^{-4}
冷却水失效	1~10^{-2}
泵密封失效	10^{-1}~10^{-2}
卸载/装载软管失效	1~10^{-2}
BPCS 仪表控制回路失效	1~10^{-2}
调节器失效	1~10^{-1}
小的外部火灾(多因素)	10^{-1}~10^{-2}
大的外部火灾(多因素)	10^{-2}~10^{-3}
LOTO(锁定/标定)程序失效(多个元件的总失效)	10^{-3}~10^{-4}/次
操作员失效(执行常规程序，假设得到较好的培训、不紧张、不疲劳)	10^{-1}~10^{-3}/次

注：本表摘自《化工企业保护层分析应用导则》。

附表 4.3　典型设备的泄漏频率

设备类型	泄漏频率/a^{-1}			
	5mm	25mm	100mm	完全破裂
单密封离心泵	6×10^{-2}	5×10^{-4}	1×10^{-4}	
双密封离心泵	6×10^{-3}	5×10^{-4}	1×10^{-4}	
塔器	8×10^{-5}	2×10^{-4}	2×10^{-5}	6×10^{-6}
离心压缩机		1×10^{-3}	1×10^{-4}	
往复式压缩机		6×10^{-3}	6×10^{-4}	
过滤器	9×10^{-4}	1×10^{-4}	5×10^{-5}	1×10^{-5}
翅片/风扇冷却器	2×10^{-3}	3×10^{-4}	5×10^{-8}	2×10^{-8}
换热器(壳程)	4×10^{-5}	1×10^{-4}	1×10^{-5}	6×10^{-6}
换热器(管程)	4×10^{-5}	1×10^{-4}	1×10^{-5}	6×10^{-6}
19mm 直径管道	1×10^{-5}			3×10^{-7}
25mm 直径管道	5×10^{-6}			5×10^{-7}
51mm 直径管道	3×10^{-6}			6×10^{-2}
102mm 直径管道	9×10^{-7}	6×10^{-7}		7×10^{-8}
152mm 直径管道	4×10^{-7}	4×10^{-7}		7×10^{-8}
203mm 直径管道	3×10^{-7}	3×10^{-7}	8×10^{-8}	2×10^{-8}

续表

设备类型	泄漏频率/a^{-1}			
	5mm	25mm	100mm	完全破裂
254mm 直径管道	2×10^{-7}	3×10^{-7}	8×10^{-8}	2×10^{-8}
305mm 直径管道	1×10^{-7}	3×10^{-7}	3×10^{-8}	2×10^{-8}
406mm 直径管道	1×10^{-7}	2×10^{-7}	2×10^{-8}	2×10^{-8}
>406mm 直径管道	6×10^{-8}	2×10^{-7}	2×10^{-8}	1×10^{-8}
压力容器	4×10^{-5}	1×10^{-4}	1×10^{-5}	6×10^{-6}
反应器	1×10^{-4}	3×10^{-4}	3×10^{-5}	2×10^{-6}
往复泵	7×10^{-1}	1×10^{-2}	1×10^{-3}	1×10^{-3}
常压储罐	4×10^{-5}	1×10^{-4}	1×10^{-5}	2×10^{-5}

注：①本表摘自 SY/T 6714—2008《基于风险的检验方法》。

② 泄漏频率列出了 4 种场景的情况。

附录 5　常见不利后果严重度分级表

附表 5.1~附表 5.3 为某石油化工公司的实例，此处列出仅供参考。

附表 5.1　后果严重度分级表(一)

严重度等级	人员安全	公众影响	环境影响
特大	5 人以上死亡	1 人以上死亡	对环境造成持续性重大影响或生态破坏
重大	1~5 人死亡	多起确认的公众受伤	对环境造成长期不可逆后果
严重	需住院治疗或长期失去行为能力	1 起确认的公众受伤	排放超标并对环境造成长期可逆后果
一般	OSHA 可记录事故	公众噪音/气味投诉	排放超标，但可采取有效缓解措施，对环境无明显后果
轻微	急救处理	公众询问	少量非预期危险物质泄漏至环境，无后果

附表 5.2　后果严重度分级表(二)

严重度等级	人员安全	环境影响	经济损失
特大	3 人以上死亡	对区域环境造成不可修复性的严重破坏	经济损失超过 500 万元人民币
重大	1~3 人死亡，或造成经济损失	对区域环境造成严重破坏	经济损失 100 万~500 万元人民币
严重	无死亡但造成人员永久性致残	对周边区域环境造成有限影响	经济损失 10 万~100 万元人民币
一般	人员受伤需要卧床休息一段时间	对临近区域环境造成临时性影响	经济损失 1 万~10 万元人民币
轻微	人员受伤仅需急救处理	对临近环境仅有轻微影响，泄露液体有围堰或收集池收集	经济损失小于 1 万元人民币

附表5.3 后果严重度分级表(三)

严重度等级	人员安全	环境影响	声誉	经济损失
特大	现场多人死亡；现场以外1人致命，现场以外多人永久性残疾	大量危险物质失控性泄漏；对设施以外地方产生影响；现场以外地方受影响，须长时间方可恢复或清理	国内或国际媒体关注；被起诉或处以重罚；国家级信誉评级变化	经济损失超过1000万元人民币
重大	现场人员有1人死亡或多人永久性残疾；场外人员1人永久性残疾或多人受伤	危险物质失控性泄漏；影响周围紧邻区域，对现场以外的某些区域有长期影响，须长时间恢复或清理	国内媒体关注；遭到主管部门起诉	经济损失100万~1000万元人民币
严重	现场人员1人永久性残疾或多人一段时间无法工作；场外人员多人轻伤或1人一段时间无法工作	危险物质泄漏失控至场外；对现场有长期影响，对场外环境产生有限影响	地区媒体关注；管理机构全面介入并关注当前事件引发的课题	经济损失10万~100万元人民币
一般	现场人员多人轻伤(可记录)；场外1人可记录轻伤	危险物质泄漏受控在场内；对场内环境造成非长期的影响	地区媒体关注；管理机构加强现场管理(通知整改)	经济损失1万~10万元人民币
轻微	现场人员无或轻伤，急救；不影响现场以外人员	危险物质泄漏受控在场内；对场外区域没有影响，可以很快清除	邻居/社区投诉；管理机构未采取正式措施	经济损失小于1万元人民币

附录 6　常用安全措施表

序　　号	安全措施(或 IPL)	备　　注
1	安装在火源、可燃源或可燃蒸气处所(包括有毒物料、粉尘)的阻爆器或稳定型阻爆器(阻火器)	
2	安装在火源、可燃源或可燃蒸气处所(包括有毒物料、粉尘)的非稳定型阻爆器(阻火器)	
3	自动火灾抑制系统(喷水型水和泡沫、其他的灭火剂)	
4	现场就地自动火灾抑制系统(非水的，如干粉型)	
5	用于过程设备的自动爆炸抑制系统(干粉型)	
6	隔离防火和容器外保护或其他相关设备	
7	烟气检测联合自动喷淋(灭火)系统	
8	单 BPCS(基本过程控制系统)回路(无需人员介入)	
9	BPCS 回路(无需人员介入)作为第二 IPL(独立保护层)或当初始事件是 BPCS 失效时作为 IPL	
10	气动控制回路	
11	弹簧式安全阀，处于清洁的维护，没有堵塞的历史故障或污垢，并且没有上游和下游的截止阀或截止阀的开/关是可以监控的状态	注意附加的条件
12	双备份弹簧式安全阀，处于清洁的维护，每一个安全阀的尺寸必须经过考虑以便在危险剧情发生时有足够的备份释放量，并且没有上游和下游的截止阀	注意附加的条件
13	多安全阀设置的场合必须所有的安全阀打开以便达到释放能力	
14	单弹簧式安全阀具备堵塞清理服务	
15	先导式压力释放阀，具备清洁维护，没有出现过污垢和堵塞	
16	有爆破片保护的弹簧式安全阀	
17	爆破片	
18	净重负荷式紧急压力释放阀(已知保护排放量)，具备清洁维护，没有出现过污垢和堵塞	注意附加的条件
19	弹簧负荷式紧急压力释放阀(已知保护排放量)，具备清洁维护，没有出现过污垢和堵塞	注意附加的条件
20	折(拨)杆式压力释放设备(BPRV)(折杆式安全阀)	一种新型安全阀
21	折杆式紧急停车设备	
22	泄爆板(可以防止低压设备内爆变形)	
23	平底储罐的脆性顶盖	
24	内部有粉尘或蒸气/气体爆燃爆炸的泄爆板(泄爆窗、泄爆栅)	
25	建筑的泄爆墙或泄爆板	
26	防爆屏	
27	真空调节器(阀组)	

续表

序　号	安全措施(或IPL)	备　注
28	连续通风设施(性能可调整)	
29	连续通风设施(性能可调整，有报警诊断)	
30	紧急通风(换气)设备	
31	储罐/容器/储槽的溢流管线具有液封设施	
32	储罐/容器/储槽的溢流管线或顶盖溢流管	
33	储罐内置型自动泡沫灭火设施	
34	呼吸阀(具有阻火功能的呼吸阀)	可选温度报警型
35	人员对一个“通告”的响应(声、光报警)，假定没有其他报警分心，并且具有10min时间完成要求的行动或在控制室具有5min的手动模式处理时间	注意附加的条件
36	人员对一个“通告”的响应(声、光报警)具有24h的处理时间	注意附加的条件
37	人员的现场读数或采样分析，具有采样和现场读数两倍的时间，在这段时间内危险从一个初始原因传播到后果	注意附加的条件
38	在班组的鼓励下，按照规程的明文说明，操作工进行双倍的检查	
39	卡封(例如：铅封)	
40	加锁/加链(加锁/加链标识为LOTO)	
41	管理使用权控制	
42	特殊个人防护设施(PPE)	
43	管线喘振回潮容器	
44	双层管壁管线	
45	双层容器/储罐(例如氨和液化天然气储罐)	
46	防火堤(防护墙)	
47	单止逆阀(在相对大的回流剧情时，无阀门泄漏)	
48	单止逆阀——高试验频率(在相对大的回流剧情时，无阀门泄漏)	
49	串联双止逆阀(在相对大的回流剧情时，无阀门泄漏)	
50	高密封止逆阀	
51	限位机械停止(系统)(可调整)	
52	限位机械停止(系统)(安装后，不可调整)	
53	清洁维护的限流孔板(具有过量流量剧情的场合)	
54	过流保护阀	
55	透平超速机械“跳闸”(装置)	
56	紧急涤气/吸收设施，清除有关组分释放到大气	
57	火炬燃烧/耗尽(焚烧炉)设施，清除有关组分释放到大气	
58	常规的能量排放/“卸载”系统	
59	连续(维持)调整装置(可以维持50%的调整量，例如燃烧器供气)	
60	机械动作型紧急停车/隔离设备	
61	SIL 1功能安全仪表	
62	SIL 2功能安全仪表	
63	SIL 3功能安全仪表	
64	惰性(化)系统	

附录 7　常见独立保护层频率消减因子

附表 7.1、附表 7.2 给出了某石油化工公司常见独立保护层(Independent Protection Layer，IPL)的频率消减因子(Frequency Reduction Factor，FRF)实例，仅供参考。

附表 7.1　常见独立保护层(IPL)的频率消减因子(一)

独立保护层(IPL)	考虑作为独立保护层的进一步限制	频率消减因子
标准操作规程(SOP)	操作人员巡检频率必须满足检测潜在事故的需要。操作员需要通过独立的传感器或阀门来记录指定的值。记录中必须标示出不可接受的超出范围的值。操作规程中需要有对处理这些超出范围值的响应方法	1.0
报警及人员响应	BPCS 传感器产生的报警包括操作人员的行动可以完全地减缓事故场景。BPCS 传感器、操作人员以及最终执行元件都必须独立于初始事件。操作人员有超过 15min 的响应时间或通过报警目标分析(AOA)评价的更短的响应时间	1.0
基本过程控制系统(BPCS)	任何 BPCS 回路(控制、报警或就地)都不能受事故场景原因失效的影响	1.0
安全仪表系统(SIS)	独立于 BPCS。达到 SIL 1 级	1.0
阻火器	必须设计用于减缓事故场景	1.0
真空破坏器	必须设计用于减缓事故场景	1.0
100%能力的安全阀/爆破片组合——堵塞工况且无吹扫	PSV 设计泄放量须满足事故场景泄放量要求，必须泄放至安全区域	1.0
安全仪表系统(SIS)	独立于 BPCS。达到 SIL 2 级	2.0
100%能力的安全阀——清洁工况/堵塞工况，有吹扫	PSV 设计泄放量须满足事故场景泄放量要求，必须泄放至安全区域	2.0
冗余 100%能力安全阀(独立工艺连接)——堵塞工况且无吹扫	各单个 PSV 设计泄放量须满足事故场景泄放量要求，必须泄放至安全区域	2.0
容器爆破片	必须泄放至安全区域或已考虑为安全泄放	2.0
安全仪表系统(SIS)	独立于 BPCS，达到 SIL 3 级	3.0
其他独立保护层	分析小组应当全面考虑独立保护层的减缓效果	1.0~3.0

附表 7.2 常见独立保护层(IPL)的频率消减因子(二)

独立保护层(IPL)		说明 (假设具有完善的设计基础、 充足的检测和维护程序、良好的培训)	频率消减因子
本质更安全设计		如果正确执行，将大大地降低相关场景后果的频率	1.0~6.0
BPCS		如果与初始事件无关，BPCS 可作为一种 IPL	1.0~2.0
关键报警和人员响应	人员行动，有 10min 的响应时间	行动应具有单一性和可操作性	0~1.0
	人员对 BPCS 指示或报警的响应，有 40min 的响应时间		1.0
	人员行动，有 40min 的响应时间		1.0~2.0
安全仪表功能	安全仪表功能 SIL 1	见 GB/T 21109	1.0~2.0
	安全仪表功能 SIL 2		2.0~3.0
	安全仪表功能 SIL 3		3.0~4.0
物理保护	安全阀	此类系统有效性对服役的条件比较敏感	1.0~5.0
	爆破片		1.0~5.0
释放后保护措施	防火堤	降低由于储罐溢流、断裂、泄漏等造成严重后果的频率	2.0~3.0
	地下排污系统	降低由于储罐溢流、断裂、泄漏等造成严重后果的频率	2.0~3.0
	开式通风口	防止超压	2.0~3.0
	耐火涂层	减少热输入率，为降压、消防等提供额外的响应时间	2.0~3.0
	防爆墙/舱	限制冲击波，保护设备/建筑物等，降低爆炸重大后果的频率	2.0~3.0
	阻火器或防爆器	如果安装和维护合适，这些设备能够防止通过管道系统或进入容器或储罐内的潜在回火	1.0~3.0

附录 8 典型设备事故剧情及安全措施选择方案

附表 8.1~附表 8.5 对流体输送设备、传热设备、管路、反应器、容器及储罐五类设备的典型事故原因以及后果进行了简要描述。

附表 8.1 流体输送设备典型事故

流体输送设备					
序号	偏离	事故剧情	本质安全措施或被动安全措施	主动安全措施	操作程序措施
1	超压	控制回路故障或下游的关断阀关闭，或盲板未拆除，或泵/压缩机的出口堵塞无流量，导致超压或超温	（1）为设备设置最小流量线，保证设备最小流量（通过孔板控制流量） （2）下游管线等级满足堵塞工况的压力条件	（1）温度高关断联锁 （2）压力高关断联锁 （3）流量低或功率低关断联锁 （4）紧急泄压装置 （5）最小流量线（流量自动控制）	（1）操作人员根据高温、高压或低流量报警采取相应措施 （2）程序上控制避免泵/压缩机无流量输出现象
2	超压	泵或压缩机实际输送的介质密度大于设计条件的介质密度，特别是在开车及复杂工况下	按照可能出现的最高操作压力条件进行设计	（1）紧急泄压装置 （2）检测到出口压力高时，泵/压缩机自动停车	操作人员根据出口压力高报警采取相应措施
3	超压（鼓风机或压缩机）	鼓风机/压缩机入口泄漏，空气进入系统产生可燃环境	整个系统保为正压设计	（1）在氧含量高时，自动氧含量检测仪联锁关断鼓风机或关闭切断阀 （2）惰性气体系统或补气系统 （3）自动调节压力以限制氧气进入或产生负压 （4）设置阻火器 （5）防爆系统	开车前对吸入端管线进行泄漏试验
4	超压	泵送/压缩流体放热分解导致超压（例如：乙炔）	（1）容器设计考虑分解超压的工况 （2）限定各级的压缩比，避免温度过高 （3）消除盲端或其他死点区域	（1）温度/压力高关断联锁 （2）紧急泄压装置	操作人员根据温度高显示采取相应措施
5	温度高（轴承）	润滑系统故障造成轴承温度高，导致失效		（1）轴承温度高停车联锁 （2）润滑油压力低/液位低停车联锁	（1）操作人员根据润滑油箱温度高显示/报警采取相应措施 （2）操作人员对润滑油泵出口压力低报警的响应

续表

流体输送设备					
序号	偏离	事故剧情	本质安全措施或被动安全措施	主动安全措施	操作程序措施
6	温度高(压缩机)	上游或级间冷却故障，导致压缩机下一级入口温度高，造成压缩机损坏	根据最高温度条件选用适当材料并进行专门设计	(1) 温度高停车联锁 (2) 冷却液流量低，停车联锁	操作人员根据入口温度高或冷却液流量低显示/报警采取相应措施
7	温度高	整个循环操作没有充足的冷却	根据最高温度条件选用适当材料并进行专门设计	(1) 温度高停车联锁 (2) 循环回路上设置冷却器	操作人员对温度高报警采取相应措施
8	流量低(离心泵)	离心泵入口流量减少，产生汽蚀，泵振动过大，损坏泵密封	消除可能限制吸入端流量的因素	(1) 流量低停车联锁 (2) 振动高停车联锁 (3) 流量低报警时，自动由出口向入口回流	操作人员根据流量低或振动大的情况采取相应措施
9	流量低(离心压缩机)	离心压缩机流量减少，发生喘振，导致振动大，造成压缩机损坏	使用除了离心压缩机以外型式的压缩机	(1) 自动防喘振系统 (2) 流量低停车联锁 (3) 振动高停车联锁	
10	逆流	泵/压缩机出口压力高产生回流，导致密封失效或泄漏	(1) 使用无机械密封的泵 (2) 不采用并联安装设备	(1) 出口设置止回阀 (2) 设备跳车或压力高时，出口关断 (3) 阀自动关断 (4) 紧急泄压装置	制定程序，隔离不运行的并联设备
11	逆流(离心压缩机)	控制系统故障造成通过循环线回流，导致低压段超压泄漏	提高低压端设计压力	(1) 设置止回阀或自动切断阀，防止下游回流 (2) 回流线加限流或调压 (3) 低压段紧急泄压阀按最大回流量设计	
12	超速(压缩机)	由于调速系统故障或泄漏导致压缩机超速，造成设备损坏或泄漏	使用高可靠性转子部件	转速高报警，压缩机超速停车联锁	
13	泄漏	泵内进入固体颗粒，导致密封损坏泄漏	(1) 双密封或串联密封 (2) 选用适应存在固体颗粒工况的泵(例如：隔膜泵)	(1) 检测到密封液泄漏时，自动停泵 (2) 自动反冲洗过滤器，减少物料中固体颗粒	(1) 在泵或压缩机入口设置可以人工清洗的滤网或过滤器 (2) 设置带报警的密封泄漏检测系统 (3) 在出入口设置手动远程关断阀 (4) 定期检修轴封
14	泄漏	泵低负荷操作，导致过度内循环，造成密封和轴承频繁故障	(1) 选取与工况相匹配的泵 (2) 设置最小流量线，保证泵的最小流量(通过孔板控制流量)	(1) 最小流量线(流量自动控制) (2) 最小流量时，泵跳车	操作程序规定避免泵在过低流量运行

续表

流体输送设备					
序号	偏　离	事故剧情	本质安全措施或被动安全措施	主动安全措施	操作程序措施
15	泄漏	轴承或设备密封因对中不当产生出问题，导致密封泄漏或局部过热，引发着火	选择无对中要求的泵或压缩机(例如隔膜或活塞式)	带自动停机功能的在线振动监测	(1) 操作人员根据轴位移报警采取相应措施 (2) 定期检查设备运行状态
16	组分或相态错误(压缩机)	液体进入压缩机，导致压缩机转子损坏	选用可适应液体的压缩机(例如：液环压缩机)	(1) 设置带自动排液设施的进口分液罐，并且液位过高时关停压缩机 (2) 在进口分液罐和压缩机之间的管线上设置伴热 (3) 在线振动监测自动停车	操作人员根据缓冲罐高液位报警采取相应措施

附表 8.2　传热设备典型事故

传热设备					
序号	偏　离	事故剧情	本质安全措施或被动安全措施	主动安全措施	操作程序措施
1	超压	换热器内件的腐蚀/冲蚀造成换热面泄漏或破裂，导致低压侧超压	(1) 采用双管板设计 (2) 密封焊接列管和管板 (3) 更改设计以减少腐蚀(比如：降低流速，设置进口挡板) (4) 低压侧避免死区，开放式设计 (5) 采用中间介质传热 (6) 低压侧与高压侧采用相同设计压力 (7) 采用抗腐蚀合金材料 (8) 采用低腐蚀性传热介质	低压侧设置紧急泄压装置	(1) 设置腐蚀监测设施(比如：挂片) (2) 定期检测/分析低压侧流体，以检查高压侧流体泄漏情况
2	超压(管壳式换热器)	换热管和壳体之间热膨胀/收缩不一致导致换热管泄漏或破裂(固定管板式换热器)	(1) 设计采用U形管式换热器 (2) 设置膨胀节或内浮头 (3) 低压侧与高压侧采用相同设计压力 (4) 设计采用除管壳式以外的其他形式换热器(螺旋式、板式、框架式)	(1) 低压侧设置紧急泄压装置 (2) 启动及关断时自动调节工艺流体流量	(1) 操作程序控制调节启动及关断时工艺流体进量 (2) 定期检测/分析低压侧流体，以检查高压侧流体泄漏情况

续表

传热设备					
序号	偏　离	事故剧情	本质安全措施或被动安全措施	主动安全措施	操作程序措施
3	超压（管壳式换热器）	换热管剧烈振动导致泄漏或破裂，造成低压侧超压	（1）优化设备设计（比如：适当的折流板间距）满足最大进口压力/流速条件 （2）低压侧与高压侧采用相同设计压力 （3）设计采用除管壳式以外的其他形式换热器（螺旋式、板式、框架式）	低压侧设置紧急泄压装置	定期检测/分析低压侧流体，以检查高压侧流体泄漏情况
4	超压	热量输入过多导致冷侧流体蒸发（比如：控制系统失效，冷侧堵塞）	（1）限定热介质的温度 （2）冷侧流体设计压力与最大操作压力相同	（1）紧急泄压装置 （2）高温报警并联锁隔离热介质	根据温度显示手动调节热介质
5	超压（冷凝侧）	由于结垢、不凝气积聚或冷却介质减少，导致换热效果差	（1）设计选择适当流速，以尽量减少结垢 （2）设计不易结垢的换热器形式（比如直接接触） （3）增加空冷器表面积，以自然对流换热 （4）持续排放不凝气 （5）设计满足最大压力条件	（1）紧急泄压装置 （2）设置可自动切换的备用冷却介质供给系统 （3）自动调节冷却介质温度，以避免管壁温度过低导致固体颗粒沉积 （4）自动排放不凝气 （5）根据监测放空温度高来自动隔离流体输入	（1）手动调节冷却介质 （2）定期清理换热器 （3）压力高时手动放空 （4）手动启动备用冷却系统 （5）根据监测放空温度高来手动隔离流体输入
6	超压（空气热交换器）	环境温度升高导致空气热交换器内蒸发率升高	（1）设计满足最大压力/温度条件 （2）使用除空气外的其他热媒	（1）紧急泄压装置 （2）自动调节蒸发器压力来控制蒸发率	手动调节蒸发器压力
7	超压	热媒持续流入，冷侧流体阻塞不流动	冷侧避免死区	（1）设置散热装置 （2）冷侧监测无流量时，联锁隔离热介质输入	（1）操作程序控制切断阀关闭 （2）冷侧无流量时手动隔离热媒
8	真空（空气冷却器）	由于环境温度下降或雨水导致热交换率过高	（1）设计满足最低压力/温度条件 （2）设计选用其他替代类型换热器	（1）自动破真空系统 （2）通过蒸汽或空气再循环来给空气预热从而自动调节进气温度	（1）手动破真空 （2）手动调节空气进气温度
9	温度高	外部着火	（1）采用其他形式的换热器来尽量减少外部着火的影响 （2）耐火保温（限制热量输入） （3）管道的坡度设计，液体可自流至远端的收集池 （4）设备设在火灾影响区域以外 （5）使用泡沫玻璃保温来避免保温层着火	（1）固定式消防水喷射，或可燃气/火焰/烟雾探测设备触发泡沫灭火系统 （2）紧急泄压装置	（1）应急响应计划 （2）手动启动固定式消防水喷射或泡沫灭火系统

续表

传热设备					
序号	偏离	事故剧情	本质安全措施或被动安全措施	主动安全措施	操作程序措施
10	温度高（换热管表面温度）	换热管的机械完整性损失	(1) 设计满足最大压力和温度条件 (2) 以适当介质流速设计换热器，以尽量减少结垢 (3) 选用最高温度不超过换热器设计温度的热媒	(1) 选用不易结垢的换热器设计形式（比如：刮板式换热器） (2) 自动调节热媒温度	(1) 高温报警 (2) 手动调节热媒温度 (3) 定期检修
11	温度低（空冷换热器）	环境温度过低使液体冻结并导致换热管破裂	选择不同类型的换热器以尽量减小或消除冻结后果	(1) 通过蒸汽或空气再循环来给空气预热从而自动调节进气温度 (2) 空气流量控制调节（例如：可调风机）	手动调节空气温度或流量
12	组分错误	流体混合导致放热反应、相态变化，或由于腐蚀/侵蚀、振动或热膨胀不均匀	(1) 选择与工艺物料无激烈反应的传热介质 (2) 设备的设计条件满足放热反应产生的最高温度和压力条件 (3) 采用中间传热介质 (4) 设计采用双管板形式 (5) 密封焊接换热管与管板	(1) 紧急泄压装置 (2) 设置下游流体浓度分析报警，并联锁自动关断	(1) 下游流体浓度分析报警 (2) 定期对流体取样分析
13	泄漏（空冷式换热器）	由于风扇叶片碰撞导致振动/风扇故障和换热管破裂	选择其他替代类型换热器设计	风扇设置振动监测，并实现自动关停	风扇振动超标时手动关停
14	泄漏（刮板式换热器）	因轴不对中或者异物进入而导致的换热器刮板表面出现刮痕泄漏	(1) 换热器入口设置格栅以去除异物 (2) 采用其他类型换热器设计	电动机电流或功率过高时自动关停	高电流或者功率的电机手动关停
15	泄漏（板式换热器）	密封垫暴露于火中失效	(1) 采用其他类型换热器设计 (2) 换热器设置在火灾影响区域以外 (3) 使用防火垫片（金属包覆垫） (4) 采用焊接板设计 (5) 在换热器周围设置飞溅防护外壳	自动灭火系统	(1) 应急响应程序 (2) 手动启动灭火系统
16	泄漏（结焦）	换热器暴露于火中引起燃烧失效	(1) 采用其他类型换热器设计 (2) 换热器设置在火灾影响区域以外	自动灭火系统	(1) 紧急响应程序 (2) 手动启动灭火系统

附表 8.3　管路典型事故

管路					
序号	偏离	事故剧情	本质安全措施或被动安全措施	主动安全措施	操作程序措施
1	超压	固体沉积导致管道、阀门或阻火器堵塞	(1) 管路规格设计满足避免沉积的最小流速要求 (2) 管道设计满足最大压力条件 (3) 去除管道阻火器	(1) 紧急泄压装置 (2) 通过分离罐、过滤器等去除工艺流体中的固体，并设置自动排污 (3) 采取管道伴热尽量降低固体沉积	(1) 手动排放去除工艺流体中的固体(分离罐、过滤器等) (2) 定期手动清除 (3) 操作人员根据压力高报警采取措施 (4) 通过冲洗、吹扫、通球等不同方式定期清除沉积 (5) 使用并联安装可切换的阻火器
2	超压	突然停泵或管道阀门迅速关闭造成水锤现象，并导致管道破裂	(1) 管道设计根据水击计算结果，进行强度设计 (2) 通过选择齿轮齿数比来限定电动阀门关闭速度 (3) 在气路管线设置节流孔板以限定气动阀关闭速度 (4) 选用关闭缓慢的手动阀(如：闸阀) (5) 在管道与泵上设置破真空阀，避免水击产生	设置水击缓冲罐	操作程序规定缓慢关闭阀门
3	超压	管路内液体阻塞，在死区内热膨胀，导致管道破裂	(1) 移除阀门、单向阀或盲板等，消除液体阻塞的可能性 (2) 阀门间设置排净线，并自动排液 (3) 阀门间的间距最小化，以确保热膨胀不会超过管道设计压力 (4) 阀门设置带流量限制的旁路，以使压力均衡 (5) 在阀心上开孔以使压力均衡	泄压装置	程序规定，关断后应排净所有关断管线内的积液
4	超压	自控阀门误开，导致阀门下游超压	(1) 下游管道与设施设计满足上游全负荷压力条件 (2) 设置阀门机械限位防止调节阀完全打开，或设置节流孔板	(1) 下游管道设置压力高关断上游管线 (2) 设置泄压装置来保护下游管道	

续表

管　　路					
序号	偏　　离	事故剧情	本质安全措施或被动安全措施	主动安全措施	操作程序措施
5	超压	泄放装置上游或下游切断阀意外关闭导致泄压能力降低	(1) 去除泄放管路上的切断阀 (2) 安全阀根部采用全通径的三位隔离阀设置		对安全阀上下游隔离阀的锁开、铅封开等状态进行登记，并制定管理程序
6	超压	固体沉积物堵塞泄放装置(聚合、固化)	在泄压装置进口设置吹扫装置	(1) 单独设置爆破片或结合安全阀设置爆破片 (2) 泄放装置进口设置自动冲洗	使用冲洗液定期手动冲洗泄放装置进口
7	超压	管道内爆燃和爆炸造成泄漏	(1) 限定温度、压力或管径以防止爆燃与爆炸发生(如：乙炔) (2) 避免或尽量减少使用弯头和可能导致湍流及火焰加速的管件	(1) 在管道适当位置设置多个爆破片/放空口 (2) 在设备与潜在点火源之间设置阻爆器 (3) 利用液封隔离点火源 (4) 在可燃条件范围之外操作。如提前做好氧含量分析、可燃气体分析或补气 (5) 气体火焰探测并迅速关闭阀门或启动火焰抑制系统	开车前进行惰性气体吹扫
8	温度高	管道伴热或保温不当造成局部过热，导致放热反应	(1) 管道与伴热之间采用导热层(夹层伴热) (2) 使用限定最高安全温度的传热介质(套管)	电伴热设有最高温度限制	操作人员根据高温指示及温度高报警采取措施
9	温度高	外部着火导致意外工艺反应(如乙炔分解)	(1) 采用防火隔热层，并使用不锈钢包扎 (2) 采用连续焊接管	火灾探测系统触发自动雨淋系统	启动火灾探测系统、手动雨淋系统
10	温度低	寒冷天气，导致积水冻结或末端盲管内物料凝固	(1) 工艺管线保温 (2) 消除管道内积聚点或管道末端盲管 (3) 盲管应坡向低点，并避免物料积聚 (4) 排污管应倾斜安装，避免积聚	(1) 管线伴热 (2) 潜在积聚部位设置自动排放装置 (3) 在输送粗糙固体物料时使用三通代替弯头	(1) 制定程序维持管线最小流量 (2) 手动排放可能积聚部位的积液
11	温度低	寒冷环境，造成管道内蒸汽凝结，导致水锤	管线锚固	管道伴热	制定程序缓慢预热下游管道

续表

管　　路					
序号	偏　　离	事故剧情	本质安全措施或被动安全措施	主动安全措施	操作程序措施
12	流量高	管道内流体流速高，特别是双相流体或粗糙固体会造成管道冲蚀，导致泄漏	（1）管道设计选型限定流速 （2）管道选用抗冲蚀材料 （3）三通、弯头或其他高腐蚀部位增加壁厚 （4）易发生冲蚀部位尽量减少使用管件 （5）输送粗糙固体物料时使用三通代替弯头		（1）操作规程限定流速 （2）定期检测高磨损部位
13	流量高	控制阀压降过高造成振动，导致泄漏	（1）阀门安装位置尽可能靠近容器进口 （2）设置多种减压装置（阀或孔板） （3）选用适用于高压力降的阀门类型 （4）安全固定		
14	逆流	管道连接处的差压、排液线或临时接管导致的物料回流造成不期望的反应、溢流冒罐等	（1）使用不相容的快速接头、法兰等，以避免错误地连接 （2）使用单独的管线	（1）低压管道设置止回阀防止回流 （2）检测到压差低时自动隔离	（1）制定各连接管线间适当的隔离程序 （2）检测到压差低时手动隔离
15	泄漏	取样口、排放口或其他设施隔离失效，导致泄漏	排净与取样点采用自关阀（自动关）	自动关闭的采样系统	设置双阀一倒淋的隔离，设置盲板等
16	泄漏	由于超压、热应力和物理冲击影响导致视镜与玻璃转子流量计破损	（1）避免使用玻璃视镜和玻璃转子流量计 （2）在玻璃连接处设置节流孔 （3）提供物理防护免受伤害（如：铠装视镜） （4）采用设计压力超过最高操作压力的玻璃视镜	设置止回阀，限制因视镜或转子流量计失效引起的泄漏	制定程序对玻璃视镜在不使用时进行隔离
17	泄漏	由于穿孔，导致法兰泄漏、阀泄漏、管道破裂、管廊倒塌，或不适当的管道支撑导致管道泄漏	（1）尽可能使用全焊接管道 （2）避免采用地下管线 （3）采用套管设计 （4）尽量减少不必要管件 （5）采用完整性等级较高的密封（如：夹紧接头） （6）对法兰采取防护措施，防止操作人员暴露于其泄漏范围 （7）尽量使用小直径管道，以提高其强度 （8）合理设计并支撑固定管道	（1）检测到流量高、压力低或外部泄漏时自动隔离 （2）在火灾条件下，防火熔断阀自动关闭	（1）通过远程控制阀手动隔离 （2）程序上进行限制，以避免损毁（起重机限制、攀爬限制） （3）定期检查泄漏情况

续表

管　　路					
序 号	偏　　离	事 故 剧 情	本质安全措施 或被动安全措施	主动安全措施	操作程序措施
18	泄漏	热应力过大，导致管道损坏	(1) 设置膨胀弯与膨胀节 (2) 膨胀节保温隔热 (3) 设置额外支撑防止下沉		
19	泄漏	输送软管老化，泄漏	(1) 避免软管连接(采取硬管道连接) (2) 采用较高等级软管(如：金属软管) (3) 采用压力等级较高软管	(1) 在软管上游和下游额外设置止回阀 (2) 检测到流量高、压力低或外部泄漏时自动隔离 (3) 在火灾条件下，防火熔断阀自动关闭	(1) 输送软管在使用前进行压力测试 (2) 检测到流量高、压力低或外部泄漏时手动隔离 (3) 定期更换软管 (4) 软管穿路铺设时应进行防护(如：护板) (5) 软管弯曲时避免出现死角
20	泄漏 (衬里管/软管)	管子衬里破坏	(1) 采用无衬里的金属软管 (2) 采用半导电的衬里，以减少因静电积聚老化 (3) 采用较厚的衬里材料 (4) 限定液体流速，减少静电积聚		(1) 对金属管壁进行定期测厚 (2) 定期分析工艺流体中金属含量
21	错误组分	操作人员连接管路快速接头错误	(1) 设置特定不同的管接头，以防误连接 (2) 避免使用快速接头连接		(1) 制定程序避免交叉连接错误 (2) 对不同管路进行标注,并以不同颜色区分

附表 8.4　反应器典型事故

反　应　器					
序 号	偏　　离	事 故 剧 情	本质安全措施 或被动安全措施	主动安全措施	操作程序措施
1	超压 (间歇、半间歇及段塞流反应器)	催化剂过量导致反应失控	(1) 催化剂装填罐容积仅能装填所需数量催化剂，以防止催化剂过量 (2) 容器设计满足最大压力条件 (3) 使用不同类型的反应器	(1) 紧急泄压装置 (2) 压力或者温度传感器启动底部泄放阀把反应物料排放到盛有稀释剂、抑制剂的排污槽或者事故池 (3) 自动添加稀释剂、抑制剂或者速止剂到反应器中 (4) 根据累积流量限定催化剂装填量	(1) 操作程序控制添加催化剂的数量和浓度 (2) 手动启动底部泄放阀将反应物料排放到盛有稀释剂、抑制剂的排污槽或者事故池 (3) 手动向反应器中添加稀释剂、抑制剂或者速止剂

续表

反　应　器					
序 号	偏　　离	事 故 剧 情	本质安全措施 或被动安全措施	主动安全措施	操作程序措施
2	超压 （间歇、半间歇反应器）	添加反应物过快导致反应失控	（1）将进料系统输送量限定在安全进料速度内（例如，固体的螺旋给料机或者液体的限流孔板） （2）容器设计满足最大压力条件 （3）投料系统设计能够保证投料不会在反应器内形成持续高压 （4）使用不同类型的反应器	（1）温度和压力传感器联锁关断进料管线上的阀门 （2）紧急泄压装置 （3）压力或者温度传感器启动底部泄放阀把反应物料排放到盛有稀释剂、抑制剂的排污槽或者事故池 （4）自动添加稀释剂、抑制剂或者速止剂到反应器中 （5）高流量报警和联锁关断	（1）手动向反应器中添加稀释剂、抑制剂或者速止剂 （2）高流量报警时手动关断 （3）手动启动底部泄放阀将反应物料排放到盛有稀释剂、抑制剂的排污槽或者事故池 （4）制定程序控制调节反应物浓度
3	超压 （间歇、半间歇釜式反应器）	搅拌故障导致反应失控，或轴承/密封过热引起气相空间易燃物燃烧	（1）容器设计满足最大压力条件 （2）使用不同类型的反应器（段塞流） （3）替代的搅拌方法（例如：外部循环可以避免轴封成为气相空间的点火源）	（1）搅拌器功率及状态监测，联锁切断反应器反应物或催化剂进料，或启动紧急冷却 （2）为搅拌机电机备份不间断电源 （3）紧急泄压装置 （4）压力或者温度传感器启动底部泄放阀把反应物料排放到盛有稀释剂、抑制剂的排污槽或者事故池 （5）气相空间的惰化 （6）为密封设置氮气隔离密封 （7）在搅拌速度降低、密封流体流量低或搅拌轴转速低时自动停止搅拌	（1）操作人员定期检查机械密封密封液 （2）容器内设置搅拌（速度）报警传感器 （3）设置机械密封的液封液位低报警 （4）速度或振动报警传感器 （5）手动启动底部泄放阀，将反应物料排放到盛有稀释剂、抑制剂的排污槽或者事故池 （6）手动启动反应器惰性密封气，以避免混合
4	超压（间歇、半间歇反应器）	反应物过量或者进料过多导致反应失控	（1）催化剂装填罐容积仅能装填所需数量催化剂，以防止催化剂过量 （2）容器设计满足最大压力条件 （3）选用连续反应器	（1）紧急泄压装置 （2）通过进料累加器或重量与反应器控制进料量对比，实现反应物进料联锁 （3）压力或者温度传感器启动底部泄放阀把反应物料排放到盛有稀释剂、抑制剂的排污槽或者事故池 （4）自动添加稀释剂、抑制剂或者速止剂到反应器中	（1）通过进料装罐的重量比较或流量累加指示来实现手动流量关闭操作 （2）手动启动底部泄放阀将反应物料排放到盛有稀释剂、抑制剂的排污槽或者事故池

续表

反 应 器					
序号	偏　离	事故剧情	本质安全措施或被动安全措施	主动安全措施	操作程序措施
5	超压	添加反应物错误导致反应失控	(1) 使用专用的进料罐,反应器生产单一产品 (2) 容器设计满足最大压力条件 (3) 避免管线的交叉连接，防止物料混流 (4) 反应物选用专用的接管，不同接管配备不同连接接头	(1) 紧急泄压装置 (2) 发现反应错误，自动停止进料(例如异常热平衡)	(1) 制定程序发现错误反应时停止进料 (2) 制定程序进行反应确认和质量的双重检查 (3) 专用的反应物存储区和卸载设施
6	超压	冷量减少导致反应失控	(1) 容器设计满足最大压力条件 (2) 使用存量大的循环液、冷却液以吸收放热	(1) 冷却液流量低或压力低或反应温度高时，通过单独的供水管线启动辅助冷却介质(例如：市政供水或者消防水) (2) 检测到冷却失效时自动停止进料 (3) 紧急泄压装置 (4) 压力或者温度传感器启动底部泄放阀把反应物料排放到盛有稀释剂、抑制剂的排污槽或者事故池(这种方法对系统未必有效，如聚合反应有显著的黏度增加) (5) 自动添加稀释剂、抑制剂或者速止剂到反应器中	(1) 手动开启二次冷却系统 (2) 手动启动底部泄放阀将反应物料排放到盛有稀释剂、抑制剂的排污槽或者事故池 (3) 手动把稀释剂、抑制剂或者速止剂直接加入到反应器中
7	超压	反应过度及/或催化剂添加错误导致反应失控	(1) 容器设计满足最大压力条件 (2) 使用预稀释浓度的催化剂	(1) 紧急泄压装置 (2) 检测到反应速率异常，自动隔离催化剂及进料(例如异常热平衡) (3) 压力或者温度传感器启动底部泄放阀把反应物料排放到盛有稀释剂、抑制剂的排污槽或者事故池	(1) 在使用前钝化新鲜的催化剂 (2) 制定程序对催化剂活性和类别进行测试和验证 (3) 检测到反应速率异常，手动隔离催化剂及进料 (4) 手动把稀释剂、抑制剂或者速止剂直接加入到反应器中
8	超压	活性差或错误的催化剂导致在反应器或者下游容器中延迟的反应失控	反应器或者下游容器设计满足最大压力条件	(1) 紧急泄压装置 (2) 检测到反应速率异常，自动隔离催化剂及进料(例如异常热平衡)	(1) 制定程序对催化剂活性和类别进行测试和验证 (2) 检测到反应速率异常，手动隔离催化剂及进料

续表

反 应 器					
序号	偏 离	事故剧情	本质安全措施或被动安全措施	主动安全措施	操作程序措施
9	超压	稀释剂加入量少导致放热量过大	容器设计满足最大压力条件	(1)检测到稀释剂添加量少时自动隔离进料 (2)检测到反应速率异常,自动隔离催化剂及进料(例如异常热平衡)	(1)发现稀释剂添加量少时，手动隔离进料 (2)检测到反应速率异常，手动隔离催化剂及进料
10	超压(间歇、半间歇)	反应物添加顺序错误	容器设计满足最大压力条件	(1)通过可编程逻辑控制器控制加料顺序 (2)发现顺序错误时,联锁关断反应物添加 (3)监测到反应程序错误，自动隔离催化剂和进料(例如异常热平衡)	(1)发现反应程序错误时，手动隔离进料 (2)发现物料添加顺序错误时，手动隔离进料
11	超压	外部着火导致反应失控	(1)防火隔离(减少热量输入) (2)反应器设置导流槽，导流至远端的集液槽或事故池 (3)把反应器安置在着火影响区域之外	(1)自动开启固定消防水喷射及泡沫灭火系统 (2)紧急泄压装置 (3)自动将反应物排到装有稀释剂、抑制剂的排污罐中 (4)自动向反应加注稀释剂、抑制剂或者速止剂	(1)手动启动固定消防设施 (2)手动将反应物排到装有稀释剂、抑制剂的排污罐中
12	超压	当单体进料时，发生破乳效应，单体进入水相顶部的油层，导致反应失控	(1)容器设计可以承受因大量单体(未乳化)导致反应失控所产生的最大压力 (2)反应器上游设置静态混合器	(1)紧急泄压装置 (2)热平衡发生变化时自动关闭进料或者快速排液	(1)操作人员对乳化单体的进料进行抽样检查，并且观察样品在未搅拌情况下的稳定性 (2)热平衡改变时手动停止进料或者快速排液
13	超压	加热系统失效导致反应器温度升高，进而引起反应飞温	(1)限定热介质的温度 (2)容器设计满足最大压力条件	(1)紧急泄压装置 (2)自动减压 (3)自动注入抑制剂 (4)自动隔离热介质或者进料 (5)紧急冷却	(1)手动排放反应器内物料 (2)手动加注抑制剂 (3)手动隔离热介质或者进料
14	温度高(规整填料或管式反应器)	催化剂附着在容器壁上造成局部过热，导致高温、潜在的机械损伤或导致反应飞温	(1)使用替其他形式的反应器(例如：流化床) (2)使用多个小直径反应床以避免分布不均 (3)尽量减少反应器顶部空间容积以减少停留时间(部分氧化反应器)及减少自燃的可能性	(1)高温传感器联锁关断反应器 (2)发现反应床温度高或流量低时，自动减压 (3)发现局部过热时，自动向填充床层或填充管引入急冷液	(1)发现床层温度高时，手动关断反应器 (2)利用红外光学检测系统检测外壁温度 (3)发现床层温度高或流量低时，手动减压 (4)发现局部高温时手动向填充床层或填充管引入急冷液 (5)制定程序确保催化剂填装均匀

续表

反 应 器					
序 号	偏　　离	事 故 剧 情	本质安全措施 或被动安全措施	主动安全措施	操作程序措施
15	逆流	反应器内物料进入上游进料罐导致反应失控	(1) 容器设计满足最大压力条件 (2) 采用容积式进料泵替代离心泵 (3) 进料罐安装高度高于反应器，反应器设置紧急泄压装置，泄放压力低于进料罐最低操作压力	(1) 在进料管线设置止回阀 (2) 发现进料管线流量低或没有流量或者压差异常时，自动关闭隔离阀 (3) 在进料罐或者进料管线上设置紧急泄压装置	(1) 手动关闭进料管线上隔离阀 (2) 监测进料管线低流量或没有流量
16	组分错误	由于热/冷介质间的泄漏或异物进入造成污染(例如：腐蚀)	(1) 使用与工艺物料不发生反应的热交换介质 (2) 容器设计满足最大压力条件 (3) 使用外部夹套加热替代内部加热盘管 (4) 使用更高等级的金属材料或使用衬里 (5) 传热介质侧压力低于工艺侧压力	紧急泄压装置	(1) 定期检测工艺流体防止污染 (2) 制定程序在运行前对夹套、盘管和热交换器进行泄漏及压力测试 (3) 制定衬里的检测程序
17	组分错误	由于停留时间短、温度低等，反应不完全。在随后反应过程中出现意外反应(在反应器或者下游容器中)	反应器或者下游容器容器设计满足最大压力条件	(1) 发现反应器温度低时自动隔离进料 (2) 根据反应器物料组分在线监测，自动隔离进料	(1) 发现反应器温度低时手动隔离进料 (2) 根据反应器物料组分在线监测或抽样结果，手动隔离进料

附表 8.5　容器及储罐典型事故

容器及储罐					
序 号	偏　　离	事 故 剧 情	本质安全措施 或被动安全措施	主动安全措施	操作程序措施
1	超压	液体过度装填造成背压或静压头过大	(1) 容器设计能够承受最大上游压力 (2) 设置开式放空口或溢流管线	(1) 紧急泄压装置 (2) 设置液位联锁防止溢流	(1) 制定程序监测输送过程液位 (2) 输送前确认储罐有足够的盛装高度 (3) 高液位报警时按规程调节，以防止溢流
2	超压	高压的公用工程系统误开或失控	(1) 不接入高于容器额定压力的公共工程管线 (2) 容器与高压设施采用不同的连接头，以避免误接入高压公用工程 (3) 容器设计满足最大系统压力条件	(1) 容器或公共工程管线设置紧急泄压装置 (2) 压力传感器联锁隔离系统压力	对系统各连接点进行标记

续表

容器及储罐					
序号	偏　　离	事故剧情	本质安全措施或被动安全措施	主动安全措施	操作程序措施
3	超压	容器内蒸发的可燃气燃烧	（1）使用浮顶罐替代拱顶罐 （2）控制点火源（例如：防雷、永久性的接地/跨线连接、防飞溅进料、限制进料流量，或采取在底部进料的方式避免进料飞溅） （3）容器设计满足爆燃压力条件 （4）在低于闪点条件下存储（如果不加热） （5）选用非接触式的仪器（如雷达液位检测）	（1）设置爆燃保护（如拱顶罐上的快开盲板） （2）在低于闪点温度下储存物料（冷却） （3）控制可燃气体空间的浓度 （4）气体空间惰气保护 （5）排气口设置阻火器 （6）检测到可燃气后紧急隔离并吹扫净化	（1）氧含量分析报警 （2）制定程序控制向空罐内输送物料流速，防止物料飞溅 （3）雷电时禁止输送作业 （4）在储罐浮顶浸液之前，要降低充灌流速
4	超压	物料充灌速度过快导致放空蒸汽背压增大	（1）采用开式通风孔（例如：排气口直径大于入口管线） （2）在进料管线上设置节流孔板 （3）容器设计满足最大供给压力条件	（1）高压或高流量联锁关断流量 （2）流量控制回路根据高流量报警自动调节流量 （3）紧急泄压装置	（1）制定操作规程限定最大安全流量 （2）制定操作规程监测进料速度并适时调节，以防进料速度过快
5	超压	外部着火	（1）地下储罐（地面以下或护堤，考虑环保问题） （2）防火隔热（限制热量输入） （3）反应器设置导流槽，导流至远端的集液槽或事故池 （4）将容器设置在着火影响区域之外 （5）储罐之间保持一定距离	（1）可燃气、火焰或烟雾探测装置启动固定消防水喷射及泡沫灭火系统 （2）紧急泄压装置	（1）制定应急预案 （2）手动启动固定消防水喷射或泡沫灭火系统
6	超压	排气口设置不当或堵塞，造成进料过程气体空间压力高	（1）使用开式排气口 （2）容器设计满足最大供给压力条件 （3）排气口设置滤网避免异物进入堵塞	（1）紧急泄压装置 （2）排气口伴热，以避免蒸气凝结和凝固堵塞	（1）制定程序在进料作业前确认排气口通畅 （2）制定程序定期检查排气口阻塞情况
7	超压	内部加热/冷却盘管泄漏或破裂	（1）采用外部加热器/冷却器（散热盘管） （2）选用与容器内物料不反应的加热/冷却介质 （3）容器设计满足加热/冷却介质最大压力条件 （4）容器设计满足加热/冷却介质最大压力条件	（1）紧急泄压装置 （2）压力高联锁关断系统 （3）控制外部循环加热/冷却的背压，防止泄漏进入容器	（1）定期抽样/分析存储物料，检测泄漏情况 （2）制定应急预案，当发生不良反应时将储存物料输送至安全位置

续表

容器及储罐					
序号	偏离	事故剧情	本质安全措施或被动安全措施	主动安全措施	操作程序措施
7	超压		(5) 采用电加热 (6) 采用压力/温度较低的加热或冷却介质 (7) 容器设计满足存储物料在热介质温度最高时的最大蒸气压力条件		
8	超压	容器内混入高蒸气压的物料(挥发物质进入)	(1) 容器设计满足最大操作压力条件 (2) 不同物料系统采用不同管线接头	(1) 紧急泄压装置 (2) 储罐为弱顶设计	利用盲板、可拆卸短管、断开连接等措施，以隔离挥发性物料
9	超压	过多的热量输入导致的蒸气压升高	(1) 容器设计满足最大工作压力条件 (2) 限定加热介质温度或流量(例如：用热水替代蒸汽)	(1) 紧急泄压装置 (2) 温度高或压力高报警联锁隔离热介质	操作人员在温度或压力高时启动热介质隔离
10	超压	化学反应导致压力增高	(1) 容器设计满足最大压力条件 (2) 减少或避免存储、积聚活性反应物料 (3) 快速消耗反应产生的活性中间反应产物	(1) 紧急泄压装置 (2) 温度高或压力高报警时自动添加稀释剂或抑制剂 (3) 紧急冷却系统自启动	(1) 制定程序定期测试抑制剂浓度或活性 (2) 温度高或压力高报警时手动添加稀释剂或抑制剂 (3) 手动启动抑制或冷却系统 (4) 排凝点定期排放(如凝液罐)
11	超压	挥发气回收系统控制故障或设备故障	(1) 容器设计满足最大压力条件 (2) 设置绝热层以在制冷中断时延长储存时间	(1) 紧急泄压装置 (2) 压力高联锁自动启动备用压缩机	操作人员在压力高时启动备用压缩机
12	超压	物料翻滚导致蒸气压力高	(1) 容器设计满足最大压力条件 (2) 采用容器外部管路混合器预混进料 (3) 设计容器充灌系统避免容器内物料分层(例如：顶部灌装)	(1) 采用机械搅拌或容器内物料循环流动方式 (2) 紧急泄压装置	制定程序避免物料充灌过程分层
13	超压	上游装置控制失效，导致蒸气或闪蒸液体进入	(1) 容器设计满足最大压力或上游压力条件 (2) 确保控制阀口径选择不要过大	(1) 紧急泄压装置 (2) 压力高报警联锁隔离输入流量	压力高时，操作人员隔离高压端进料

续表

容器及储罐					
序号	偏离	事故剧情	本质安全措施或被动安全措施	主动安全措施	操作程序措施
14	超压	环境温度变化导致蒸气压力升高	(1) 容器设计满足最大压力条件 (2) 全容式储罐(地下或地上) (3) 容器隔热保温 (4) 拱顶罐设置开式排气口 (5) 将容器设置于遮阳板下 (6) 容器使用反射涂层	(1) 设置紧急泄压装置或呼吸排气阀 (2) 外部冷却水自动喷洒	操作人员在容器内温度高时启动喷淋系统
15	超压	出口流程堵塞	(1) 容器设计满足上游最高压力条件 (2) 去除出口流程上不必要的切断阀 (3) 适当选取出口尺寸，以消除或减少堵塞的可能性	(1) 紧急泄压装置 (2) 压力高时联锁隔离容器进口或关停进料泵	制定程序通过铅封或上锁方式保持出口阀常开
16	超压	内部加热元件表面温度过高导致着火/反应	(1) 容器设计满足最高温度和压力条件 (2) 采用外部循环加热系统 (3) 将排液管线的管口设置在内部加热元件上方，以保证受热面浸在液体中 (4) 限定热介质的温度 (5) 选择合适材质以避免锈蚀(消除潜在的催化效果)	(1) 液位低报警时自动调节液位，并关断液体出料，以确保加热器总是浸没在液面以下 (2) 蒸气空间惰气保护	(1) 制定程序确保加热器总是浸没在液面以下 (2) 液位低时手动调节
17	超压	加热并造成液体热膨胀	(1) 密闭系统安装开式溢流管口 (2) 消除一切不必要的加热管线接管 (3) 消除可能的“阻塞”系统 (4) 容器设计考虑气体膨胀空间	(1) 控制热介质温度防止过热 (2) 高液位关断，以防止液体在高液位时膨胀溢流 (3) 热膨胀减压阀 TSV	(1) 制定程序控制温度在一定界限之下，或限定加热时间 (2) 制定程序限定最高液位 (3) 高液位时手动关断 (4) 阻塞时进行容器排放或切断热量输入
18	超压	通过人孔或斜槽装填固体物料时产生静电放电点燃蒸气，进而爆燃或急剧燃烧	(1) 避免使用固体物料(例如：使用浆料) (2) 通过管口装填固体物料时需借助于封闭的设施系统(例如：料斗和旋转密封舱、螺旋给料机、双卸料阀系统等)	(1) 在装填固体物料前自动惰化容器 (2) 如果装填固体物料的容器未接地，接地指示应联锁，以防止打开人孔	(1) 在添加固体之前手动惰化容器 (2) 制定程序，在向容器装填固体物料前，将容器手动接地连接 (3) 人工接地 (4) 禁止使用不具有导电性能的塑料容器 (5) 装填物料前检查确认氧含量

续表

容器及储罐					
序号	偏　离	事故剧情	本质安全措施或被动安全措施	主动安全措施	操作程序措施
19	超压（浮顶罐）	浮顶密封失效，罐内气体空间可燃气体燃烧	（1）设置双内浮顶密封 （2）固定顶和浮盘之间充分的排气能力 （3）去除浮盘上固定顶 （4）控制着点火源（例如：防雷、固定接地/跨线连接）	（1）惰化固定浮顶罐 （2）固定浮顶与浮盘间惰化 （3）设置阻火器	（1）定期检修浮顶密封 （2）定期检测罐内气体空间可燃物
20	负压或真空	真空系统控制失效	容器设计满足最大真空条件(全真空等级)	（1）自动破真空装置 （2）高真空状态下自动隔离系统	高真空状态下手动破真空
21	负压或者真空	通风口阻塞	（1）容器设计满足最大真空条件(全真空等级) （2）通风口设置滤网，避免异物进入堵塞	（1）利用密封气体压力控制系统，尽量降低真空度 （2）自动破真空装置 （3）通风口伴热，以防止凝结凝固堵塞 （4）低压力联锁隔离排出口	（1）制定程序在取料前确认排气孔通畅 （2）制定程序定期检查排气孔阻塞情况
22	负压或者真空	气相组分凝结/吸收失控	（1）容器设计满足最大真空度条件(全真空设计) （2）隔热保温 （3）开式排气孔	（1）利用密封气体压力控制系统，尽量降低真空度 （2）自动破真空装置 （3）进料加热器	制定程序监测温度和物料添加速率
23	负压或者真空	排液速率过快	（1）容器设计满足最大真空度条件(全真空设计) （2）开式排气孔 （3）限定排液速率	（1）利用密封气体压力控制系统，尽量降低真空度 （2）自动破真空装置	制定程序限定最大排液速率
24	负压或者真空	环境温度的变化导致的气相空间出现真空	（1）容器设计满足最大真空度条件(全真空设计) （2）拱顶罐设置开式排气孔 （3）隔热保温 （4）罐顶板下设置定位设施	（1）利用密封气体压力控制系统，尽量降低真空度 （2）自动破真空装置	压力低报警时手动破真空
25	负压或者真空	挥发汽回收系统控制故障或设备故障	容器设计满足最大真空度条件(全真空设计)	（1）利用密封气体压力控制系统尽量降低真空 （2）自动破真空装置 （3）压力低时联锁关断压缩机/鼓风机	压力低时手动关断压缩机/鼓风机

续表

容器及储罐					
序号	偏　　离	事故剧情	本质安全措施 或被动安全措施	主动安全措施	操作程序措施
26	液位过高	外部液位过高造成罐壁压力增高，导致罐体移动或罐壁坍塌	（1）容器设计满足最大外部压力条件 （2）采用远距离集液池替代围堰 （3）锚定储罐 （4）提高储罐安装位置 （5）利用围堰高度限定容器外部液位	（1）测量液位，自动排水或抽水 （2）雨水排水系统	（1）制定程序定期检查围堰，必要时排水 （2）制定程序在大的降雨后排放围堰内积聚的雨水 （3）保持容器内液面最低
27	温度高	高温物料输送到容器	容器设计满足进料最高温度和压力条件	高温联锁启动冷却或关闭高温进料	制定程序，当温度升高至一定程度时，进行冷却或关断进料
28	温度高	加热/冷却系统控制失效	（1）容器设计满足在失去传热状态下的最高温度和压力条件 （2）根据容器设计温度限定热介质温度	（1）温度高报警并联锁关断 （2）辅助冷却/急冷或传热系统 （3）紧急泄压装置	温度高时手动关断
29	温度高	化学反应	（1）容器设计满足放热反应时最大温度和压力条件 （2）用不易反应的物料替代易反应物料	（1）紧急泄压装置 （2）温度高报警并联锁关断 （3）自动添加反应抑制剂或急冷液体 （4）自动启动紧急冷却系统	手动启动高温关断或辅助急冷/冷却系统
30	温度高	外部着火或内衬耐火材料失效	（1）掩埋罐体（地下或地上）（考虑环保问题） （2）使用耐火材料隔热保温 （3）设置易燃液体的溢流集液池 （4）安置容器时尽量减少暴露于热辐射的面积 （5）储罐间间保持合理间距	（1）可燃气或烟雾探测设施启动固定消防水或泡沫消防系统 （2）紧急泄压装置 （3）火焰探测器	（1）制定应急响应程序 （2）手动启动固定消防水喷射或泡沫消防系统 （3）使用热电偶或光学仪器监测容器壁温度
31	温度高	过度搅拌	（1）容器设计满足最大温度和压力条件 （2）限定搅拌电机功率 （3）考虑散热，容器不保温	温度高时关停搅拌器	制定程序在温度高时关停搅拌器

续表

容器及储罐					
序号	偏　离	事故剧情	本质安全措施或被动安全措施	主动安全措施	操作程序措施
32	温度低	环境温度低	(1) 容器设计满足最低温度(外界温度)要求 (2) 全容罐(地下或地上) (3) 罐体隔热保温 (4) 室内罐	自动开启加热系统	手动启动加热系统或排放可能冻结的物料
33	温度低	加热/冷却系统控制失效	容器设计满足最低温度条件	(1) 温度低报警并联锁关断 (2) 辅助加热系统	手动操作或启动备用加热/冷却系统
34	温度低	低温物料进入容器	容器设计满足最低进料温度条件	(1) 温度低报警并联锁关断进料 (2) 低温报警启动外部加热	制定程序在温度低时关断进料
35	温度低	制冷剂泄漏到容器中	(1) 容器设计满足制冷剂最低温度条件 (2) 使用蒸气压低于工艺压力的制冷剂	温度低报警并联锁关断或隔离制冷剂系统	温度低时人工关断
36	温度低	充满液化气的容器减压	选用适用于低温的金属材质	(1) 根据压力设定联锁关闭泄压阀 (2) 设置外部伴热	制定程序在泄压前首先减少物料存量
37	灌装过量	液位控制失效，导致溢出	(1) 容器安装开式溢流管口 (2) 采用闭式溢流系统，控制进料溢流 (3) 设置围堰或排液至远端的集液池	高液位报警并自动切断/隔离进料	制定程序在液位达到一定高度时停止进料
38	灌装过量	接管错误或失误	(1) 容器安装开式溢流管口 (2) 采用专用接管接头 (3) 不同系统采用不同类型的接管接头	高液位报警并自动切断/隔离进料	(1) 制定程序规定容器间的正确许用接管连接 (2) 制定操作/维修规程，通过断开管线或盲板方式隔离容器 (3) 液位高时手动隔离
39	灌装过量	加热/冷却系统泄漏	(1) 容器安装开式溢流管口 (2) 外部加热/冷却系统 (3) 控制加热/冷却系统压力低于工艺系统压力 (4) 采用双管板换热器 (5) 内部传热流体压力低于工艺系统压力	(1) 高液位报警并自动切断/隔离加热/冷却介质 (2) 浮顶与罐体间设置防静电连接	采用检漏措施(例如：测定 pH 值、电导率、电容)并手动隔离系统

续表

容器及储罐					
序号	偏　离	事故剧情	本质安全措施或被动安全措施	主动安全措施	操作程序措施
40	灌装过量	公用系统液体泄漏或充装过量（例如水系统）	（1）容器安装开式溢流管口 （2）连接管设置限流孔板	高液位报警联锁隔离公用系统	（1）手动隔离公用系统（如断开管线连接，加盲板，双阀一倒淋） （2）采用检漏措施（例如：测定pH值、电导率、电容）并手动隔离系统
41	液位低	液位控制失效	底部排放管口的安装位置可保持容器内最低液位	通过关停出料泵或关闭切断阀来实现低液位关断，以防止容器内液体进一步排空	液位低时手动关断
42	液位低	接管错误或连接失误，导致排液失控	（1）底部排放管口的安装位置可保持容器内最低液位 （2）避免所有不必要的接管连接 （3）使用软管连接时，不同接管连接使用不同类型的接头，以避免连接错误	通过关停抽液泵或关闭切断阀来实现低液位报警关断，以防止容器内液体进一步抽空	（1）制定程序规定容器间的正确许用接管连接 （2）制定操作/维修规程，通过断开管线或盲板方式隔离容器 （3）液位低时手动隔离排液
43	容器泄漏	搅拌器桨叶未完全进入液体中，导致容器壁与桨叶碰磨	（1）底部排放管口的安装位置可保持容器内最低液位 （2）搅拌器设计在灌装或排空容器过程中运行平稳（例如：刚性轴、止推轴承）	（1）低液位关断，以防止进一步抽取容器内液体 （2）低液位报警联锁自动关断搅拌器	制定程序在一定低液位时停止搅拌
44	容器泄漏	工艺流体腐蚀	（1）选用耐腐蚀材质制造容器 （2）涂层及涂料防护 （3）双层罐体设计	自动添加缓蚀剂	（1）设置腐蚀刮片并定期分析 （2）重点部位定期测厚（例如：无损检测） （3）在线腐蚀分析报警
45	容器泄漏	储罐地基沉降	设计和建造容器基础（打桩及土壤夯实）		及时对罐体沉降采取措施
46	容器泄漏	冻胀（低温容器）	（1）合理设计建设容器基础（加高基础） （2）容器和基础间设置绝热层	基础加热系统	
47	容器泄漏	排液口打开	（1）避免底部排液接管 （2）限定排液口尺寸	（1）自关式排液阀 （2）限流止回阀	制定程序，在排液口不使用时应盲死

续表

容器及储罐					
序号	偏离	事故剧情	本质安全措施或被动安全措施	主动安全措施	操作程序措施
48	容器泄漏	容器搅拌器密封液损失造成密封失效，导致易燃或有毒气体泄漏排放	(1) 通过外置无密封泵来循环容器内物料 (2) 使用双密封或串联机械密封 (3) 优化设计，不使用带密封的搅拌器(例如：带静态混合器的连续反应器)	易燃或有毒蒸气探测器，联锁关停搅拌器	(1) 操作人员定期检查液位 (2) 密封液储罐低液位传感报警 (3) 设置可燃气及有毒气体探测器 (4) 操作人员紧急处理密封泄漏
49	容器泄漏(浮顶罐)	浮顶顶部雨雪收集槽或浮顶/浮舱腐蚀	(1) 设置固定顶以保护浮顶 (2) 采用双舱板或隔离舱式的浮顶 (3) 浮顶选用耐腐蚀材料		(1) 制定程序定期排放顶部液体 (2) 定期检修浮舱 (3) 制定应急响应程序
50	容器泄漏(浮顶罐)	外浮顶密封失效，泄漏着火	(1) 使用固定顶罐 (2) 双浮顶密封 (3) 浮顶与罐体间静电接地连接		泡沫灭火系统
51	容器泄漏(地下储槽及保温容器)	(1) 土壤腐蚀 (2) 保温层与罐壁间的保温下腐蚀 (3) 化学腐蚀 (4) 外界侵蚀	(1) 采用涂层及涂料防护 (2) 设置在地表以上 (3) 容器不设置保温层 (4) 地下容器设置两层防护壳 (5) 在海边有氯化物存在的情况下,设置防雨层以隔离保温层,避免潮湿引起的保温下腐蚀	阴极保护	(1) 设置腐蚀挂片，并定期检测分析 (2) 重点部位定期测厚 (3) 定期检漏
52	错误组分	接管连接错误或失误	(1) 使用专用接管 (2) 使用不同形式的接管接头 (3) 不同物料采用不同接管接头区分	采用联锁防止相关组分的添加	(1) 制定程序规定容器间的正确许用接管连接 (2) 通过盲板和断开连接方式实现容器间隔离 (3) 输送物料前取样分析 (4) 用不同颜色标记不同管线
53	组分错误	罐顶或盘管泄漏	(1) 设置在室内(防雨) (2) 采用外部加热/冷却，以防泄漏 (3) 电加热代替蒸汽加热		(1) 定期检测分析储存物料中水分或盘管内液体含量 (2) 浮顶定期排水

续表

容器及储罐					
序号	偏离	事故剧情	本质安全措施或被动安全措施	主动安全措施	操作程序措施
54	组分错误	进料组分变化	根据所有可能的物料变化进行设计	组分在线分析报警联锁	制定程序对间歇进料取样分析
55	组分错误	抑制剂成分或浓度错误		自动控制抑制剂添加量	制定程序定期检验抑制剂效果
56	搅拌不足	搅拌失效导致物料分层	（1）进料前在储罐外部管线内混合 （2）使用互溶的物料	（1）搅拌器监测联锁停止进料 （2）自动启动备用泵	（1）手动启动备用泵 （2）搅拌不足时手动关断进料

附录9　典型设备失效模式

设备类别及类型见附表9.1。

附表9.1　设备类别及类型一览表

设备类别	设备类型	设备类别	设备类型
转动设备	内燃机	电气类设备	变频器
	压缩机		电力电缆
	发电机		其他电气类设备
	电动机	安全与控制设备	火气体探测设备
	燃气轮机		输入设备
	泵		逻辑控制单元
	汽轮机		阀
	透平膨胀机		喷嘴
	风机		救逃生设备
	液体膨胀机		消防设备
	混合器		惰性气体设备
	其他转动设备		其他安全和控制类设备
机械设备	起重机	水下采油设备	水下生产控制系统
	换热器		采油树
	加热器与锅炉		立管
	容器		海底泵
	管道		水下工艺设备
	绞车		阀组
	转轴、转节		管道
	转台		水下隔离设备
	储罐		其他水下采油设备
	装卸臂	钻井设备	防喷器
	过滤器		顶驱
	蒸汽喷射器		井架
	采油树(海上/陆上)		钻井绞车
	其他机械类设备		泥浆泵
电气类设备	不间断电源(UPS)		泥浆处理设备
	配电盘		转向器
	变压器		节流管汇

续表

设备类别	设备类型	设备类别	设备类型
钻井设备	钻柱补偿器	完井设备(井下)	油管
	立管补偿器		悬吊器
	固井设备		封隔器
	钻井和完井立管		电潜泵
	定滑轮和动滑轮		井下传感器
	其他钻井类设备		井口
完井设备(井下)	井下安全阀		其他完井设备
	套管		

ISO 14224 对于失效等相关名词的解释如下：

失效 failure：产品终止完成规定功能的能力。

失效原因 failure cause：引起失效的设计、制造或使用阶段的有关事项。

失效模式 failure mode：观测到的失效方式。

根据 ISO 14224，典型的三种类型的设备失效模式如下：

（1）所需的功能没有得到实现(例如：无法启动)；

（2）指定的功能丧失或以外接受操作限制(例如：杂散停止，高输出)；

（3）失效指示是可观察的，但没有直接和严重作用在设备上的综合功能，这都是一些典型的非关键的失效，这些失效跟一些腐蚀或者最初的错误状况相关。

各大类别的设备失效模式参见附表 9.2~附表 9.8。

附表 9.2　转动设备失效模式

转动设备失效模式										
设备分类								失效模式		
内燃机	压缩机	发电机	电动机	燃气轮机	泵	蒸汽轮机	透平膨胀机	描述	举例	失效模式类型-b
×	×	×	×	×	×	×	×	按要求启动失败	不能按指令启动	1
×	×	×	×					按要求停车失败	不能按指令停车	1
×	×	×	×	×	×	×	×	假信号停车	意外停机	2
×	×	×	×	×	×	×	×	事故	严重损坏(突发，损坏)	3
×	×		×	×	×	×	×	异常高输出	高于规范以上的过速/输出	2
×	×	×	×	×	×	×	×	异常低输出	低于规范的传送/输出	2

续表

转动设备失效模式										
设备分类								失效模式		
内燃机	压缩机	发电机	电动机	燃气轮机	泵	蒸汽轮机	透平膨胀机	描述	举例	失效模式类型-b
×	×		×	×	×	×	×	不稳定输出	振动、波动、不稳定	2
×				×		×		燃料外部泄漏	燃料气外泄漏	3
	×			×	×	×	×	工艺介质外部泄漏	油、气、凝液	3
×	×	×	×	×	×	×	×	公用介质外部泄漏	润滑油、冷却水	3
×	×			×	×	×	×	内部泄漏	工艺介质或公用介质内部泄漏	3
×	×	×	×	×	×	×	×	振动	异常振动	3
×	×	×	×	×	×	×	×	噪声	噪音过大	3
×	×	×	×	×	×	×	×	过热	机械零件、排气、冷却水温度过高	3
	×			×	×	×	×	堵塞/阻塞	流量限制	3 (2)
×	×	×	×	×	×	×	×	参数偏离	监测参数超过允许值，如高/低报警	2 (3)
×	×	×	×	×	×	×	×	仪表读数异常	假报警，故障读数	2 (3)
×	×	×	×	×	×	×	×	结构性缺陷	材料损伤（裂纹、磨损、破裂、腐蚀）	3
×	×	×	×	×	×	×	×	一般运行问题	零件松动，变色，脏污等	3
×	×	×	×	×	×	×	×	其他	上述内容未包含的失效模式	—
×	×	×	×	×	×	×	×	未知	定义失效模式的信息太少	—

附表 9.3　机械设备失效模式

机械设备失效模式										
设备分类								失效模式		
起重机	换热器	加热器和锅炉	管道	阀门	绞车	转台	转轴、转节	描述	举例	失效模式类型-b
×	×	×	×	×	×			仪表读数异常	假报警，故障读数	2（3）
×			×		×			事故	跳车	3（1）
	×			×				热交换不足	冷却/加热低于允许值	2
	×	×	×	×			×	工艺介质外部泄漏	油、气、凝液	3
×	×	×		×			×	公用介质外部泄漏	润滑油、冷却水、隔离油	3
						×	×	连接失败	连接失败	1
×						×	×	未实现预期的功能	一般操作性失效	1(2)
×					×	×	×	不能转动	不能转动	1
×					×			按要求启动失败	不能按指令启动	1
					×			按要求停止失败	不能按指令停止	1
						×		连接失败	需要连接时不能连接	2
		×						换热不足	传热损失或传热效果差	2
×	×	×	×				×	内部泄漏	工艺介质或公用介质内泄漏	3
							×	供油压力低	供油压力低	2
					×			异常低输出	性能低于规格参数	2
×					×			负荷降低	负荷降低	2
						×		系泊失败	系泊失败	2
×					×	×		噪音	过多噪音	3
×		×	×		×			过热	异常温升	3
	×	×	×	×			×	堵塞/阻塞	由于污染、异物、结蜡等，造成流动的限制	3

续表

机械设备失效模式										
设备分类								失效模式		
起重机	换热器	加热器和锅炉	管道	阀门	绞车	转台	转轴、转节	描述	举例	失效模式类型-b
			×				×	电源/信号传输失败	电源/信号传输失败	2
×					×			异常操作	未预料的操作	2
×	×	×	×	×	×	×	×	结构性缺陷	材料失效（断裂、磨损、裂纹、腐蚀）	3
×	×	×	×	×	×	×	×	参数偏离	监测参数超过允许值，如高/低报警	2（3）
×			×		×			振动	振动过大	3
×	×	×	×	×	×	×	×	一般运行问题	零件松动、变色、脏污等	3
×	×	×	×	×	×	×	×	其他	上述内容未包含的失效模式	—
×	×	×	×	×	×	×	×	未知	定义失效模式的信息太少	—

附表 9.4　电气类设备失效模式

电气类设备失效模式			
设备分类 -a	失　效　模　式		
UPS	描述	举例	失效模式类型 -b
×	按要求启动失败	不能按要求启动	1
×	输出频率错误	错误/振荡频率	2
×	输出电压错误	错误/输出电压不稳	2
×	冗余损失	一个或多个冗余单元不起作用	2
×	不稳定输出	波动，不稳定	2
×	过热	机械零件、排气、冷却水温度过高	3
×	参数偏离	监测参数超过允许值，如高/低报警	2（3）
×	异常动作	意外操作	2
×	一般运行问题	零件松动，变色，脏污等	3
×	其他	上述内容未包含的失效模式	—
×	未知	定义失效模式的信息太少	—

附表 9.5　安全与控制设备失效模式

安全与控制设备失效模式							
设备分类					失效模式		
火气探测设备	输入设备	逻辑控制单元	阀	喷嘴	描述	举例	失效模式类型-b
×	×	×			按要求运行失败	未能响应信号/激励	1
			×		按要求打开失败	不能按要求打开	1
			×		按要求关闭失败	不能按要求关闭	1
			×	×	操作延迟	打开/关闭时间低于要求	2
	×	×	×	×	异常动作	例如假报警	2
×	×	×	×		异常高输出	超速/输出大于要求范围	2
×	×	×	×		异常低输出	传送/输出低于要求范围	2
×	×	×			不稳定的输出	振荡，波动，不稳定	2
×	×				无输出	无输出	1
×					虚假高位警报	例如 60%爆炸下限	2
×					虚假低位报警	例如 20%爆炸下限	2
			×	×	堵塞/阻塞	部分或全部流量限制	1
	×		×		工艺介质外泄漏	油、气、凝液、水	3
	×		×		公用介质外泄漏	润滑油、冷却水	3
			×		内泄漏	工艺介质或公用介质内泄漏	3
			×		封闭部位泄漏	阀门泄漏	
			×		仪表读数异常	假报警，故障读数	2（3）
			×	×	结构性缺陷	材料失效（断裂、磨损、裂纹、腐蚀）	3
×	×	×	×	×	一般运行问题	零件松动、变色、脏污等	3
×	×		×	×	其余	上述内容未包含的失效模式	—
×	×	×	×	×	未知	定义失效模式的信息太少	—

附表 9.6　水下采油设备失效模式

水下采油设备失效模式						
设备分类				失效模式		
水下生产控制系统	采油树	海底泵	立管	描述	举例	失效模式类型-b
×		×		按要求运行失败	不能按要求启动/打开	1
×	×	×		异常操作	无法按要求操作	2
		×		异常高输出	超速/输出大于要求范围	2
×		×		异常低输出	传送/输出低于要求范围	2
×				功率不足	输入功率过低或没有功率输入	1

续表

水下采油设备失效模式						
设备分类				失效模式		
水下生产控制系统	采油树	海底泵	立管	描述	举例	失效模式类型-b
×				冗余损失	一个或多个冗余单元失效	2
	×			封闭损失	阻止油气逸出的一个或者多个封闭设施丧失功能	2
	×		×	堵塞/阻塞	部分或全部流量限制	1
×	×	×	×	工艺介质外泄漏	油、气、凝液、水	3
×	×		×	公用介质外泄漏	润滑油、冷却水	3
×	×	×	×	内泄漏	工艺流体或公用介质流体内泄漏	3
×		×		仪表读数异常	假报警、故障读数	2（3）
	×		×	结构性缺陷	材料损伤（断裂、磨损、裂纹、腐蚀）	3
×			×	无即时影响	对功能没有影响	1
×	×	×	×	其余	上述内容未包含的失效模式	—
×	×	×	×	未知	定义失效模式的信息太少	—

附表 9.7　完井设备失效模式

完井设备失效模式			
设备分类	失效模式		
井下安全阀	描述	举例	失效模式类型 -b
×	按要求启动/打开失败	不能按要求启动/打开	1
×	按要求停止/关闭失败	不能按要求停止/关闭	1
×	在关闭位置泄漏	关闭阀门时泄漏	2
×	井对控制管线连通	井泄漏至控制管线	2
×	控制管线对井连通	控制管线泄漏至井	1
×	异常操作	如：过早关闭/停止	2
×	其他	上述内容未包含的失效模式	—
×	未知	定义失效模式的信息太少	—

附表 9.8　钻井设备失效模式

钻井设备失效模式				
设备分类		失效模式		
顶驱	防喷器	描述	举例	失效模式类型-b
×	×	异常仪表读数	假报警，故障读数	2（3）
×	×	公用介质外漏	液压油、润滑油、冷却液、泥浆、水等	3
×		不稳定输出	波动或不稳定运行	2

续表

钻井设备失效模式				
设备分类		失效模式		
顶驱	防喷器	描述	举例	失效模式类型-b
×		按要求启动失败	无法启动顶部驱动	1
×		按要求启动失败	不能停止顶部驱动或关停程序错误	1
×		内漏	工艺介质或公用介质内部泄漏	3
×		异常高输出	扭矩输出超过性能参数	2
×		异常低输出	扭矩输出低于性能参数	2
×		噪音	噪音过大	3
×		过热	温度过高	3
×	×	异常操作	未预料的操作	2
×		结构性损伤	材料损失（裂纹，磨损 断裂，腐蚀）	3
×		振动	振动过大	3（2）
	×	冗余损失	双套控制装置中其一失效	2
	×	封闭损失	闸板防喷器、环形防喷器或节流阀泄漏或无法关闭	2
	×	堵塞/阻塞	堵塞或切断管线造成阻塞	3
	×	断开连接失败	断开连接接头失败	1
×	×	一般运行问题	零件松动、变色、脏污等	3
×	×	其他	上述内容未包含的失效模式	—
×	×	未知	定义失效模式的信息太少	—

附录 10　HAZOP 分析参考要点

本要点供 HAZOP 分析时能够系统化评估、分析可能涉及到的风险因素。目的在于拓展 HAZOP 分析团队主席和团队成员的分析思路，尽可能全面地考虑与安全相关的问题。系统分析过程中的危险因素和风险也不局限于以下有关方面，需要具体问题具体分析。本参考要点中涉及国外规范、企业标准和数据，不一定符合国内的具体情况，因此仅作参考。此外需要注意的是，本参考要点类似于检查表，团队分析思路不应被这种检查表所约束，更不能将 HAZOP 分析转变成检查表分析。因此，还是应当结合工艺过程的实际，以危险剧情为线索，充分发挥 HAZOP 分析团队成员的积极性和创新思维。

1　化学品

(1) 评估化学品泄漏的后果

① 物质性质和危险方面所需的资料收集齐备了吗？

毒性、放射性、允许接触极限、物理数据、热力及化学稳定性数据、反应性数据、腐蚀性、可燃性、物质发生紧急情况时的处理指南、储存和废弃处理的指南。

② 如果发生泄漏：

是否对已知化学品的可燃性、爆炸性、毒性及潜在的问题进行了评估？

是否提供了个人防护设备？

是否需要并提供了安全淋浴和洗眼器？

该方面的信息在紧急响应计划中是否已经考虑到？

是否有所有化学品的安全技术说明书(MSDS，Material Data Safety Sheets)？

③ 如果化学品溢出会损坏污水处理系统，是否提供专用的排液点、下水道以及集水井？

④ 化学品泄漏是否需要专用设备或化学品进行清理。如果需要，这些设备或化学品是否在设计中已经考虑？

(2) 评估化学品意外混合的危险

是否已经了解了单元中使用的所有化学品之间可能发生的反应？

是否采取了正确的措施以确保会发生剧烈反应的化学品进行了隔离？

(3) 是否知道可能发生的失控反应和分解反应，并对此在物质处理时进行了说明？

(4) 是否有自燃物存在而引起金属火灾，如：填料物质内部的钛金属微粒或不锈钢微粒？(注：这些金属微粒腐蚀降解在 316℃(600°F)时可发生燃烧。)

2　粉尘

(1) 可燃性粉尘(一般情况下>200μm，65 目)受压吗？操作中是否存在这种情况？

国家防火手册和矿业出版局提供的数据(例如：可燃性粉尘有硫、塑料、煤等，不可燃性粉尘有焦炭、PVC 等)。

(2) 企业是否有粉尘等级(EDC)的分级标准？

(3) 粉尘是否会在可能导致过压的密闭的空间，如：管道、袋式收尘器、料仓或建筑物中进行处理？

(4) 空气中粉尘浓度是否会形成爆炸性混合物或聚集在高处的水平面上？爆炸下限通常在 20~66g/m^3 范围，爆炸上限通常在 2~6kg/m^3 范围。

(5) 粉尘能够聚集的高处的水平面是否减少到了最低限度？

(6) 是否尽最大可能地减少了着火源(电气、静电)？

(7) 是否已经识别了区域内的电气等级划分？

(8) 是否已配备了促进文明施工的设施(通道、真空、冲洗设施)？

(9) 因粉尘爆炸可导致过压的密闭空间是否设有防爆放空口？

(10) 处理粉尘的空间是否进行了惰性处理或安装了爆炸抑制系统？

(11) 是否已经提供了充分的消防设施？

(12) 机械和气动输送系统是否设有充分的保护？

(13) 收尘系统是否设有充分的保护？

3 设备

3.1 换热器

(1) 评估换热器管束泄漏的后果。

- 压力(如果高压侧设计压力超过低压侧设计压力的 1.5 倍，或连接到低压侧压力承受最低部件设计压力的 1.5 倍)：
  - ★ 泄压路径是否充分并且打开？
  - ★ 是否需要安全阀？
  - ★ 如果高压侧的压力大于 3500kPa，是否需要防爆膜并完成了瞬态分析？
  - ★ 整个低压侧全部满足 1.5 倍的设计压力原则吗？
  - ★ 如果高压侧为低温侧，是否对隔离有特殊的规定？当高压侧为低温侧时，标准操作规程还适用于换热器的隔离吗？
- 当高压侧和低压侧之间的压力为 690kPa 甚至更高时，是否考虑过换热器多个管子破裂的情况？
- 化学反应(具有潜在反应性的物料流)是否会导致：
  - ★ 压力过高；
  - ★ 温度过高；
  - ★ 生成固体物(堵塞)。
- 管子泄漏的其他后果：
  - ★ 有毒/易燃物质泄漏是否会流入"安全地点"？
  - ★ 它们是否会引起腐蚀？
  - ★ 它们是否会引起低温脆裂？
  - ★ 它们是否会产生气味？
  - ★ 它们是否可以通过取样或其他方式探测到？
  - ★ 它们是否能在冷却塔中实现安全分离？
- 管子泄漏是否会导致热油与水混合？
  - ★ 是否需要分离装置？

(2) 是否会超过设计压力？

- 最大的压力源是什么，位于上游或下游？

- 是否已经考虑了换热器和泄压阀之间的压降?
- 泄压路径是否充分并且打开?
- 泄压阀是否满足泄压需要?
- 如果液体存量大于 3.8m^3，是否有火灾应急预案?
- 是否会有闪蒸、汽化或真空?
- 是否会产生真空(排蒸汽、工艺冷却)?
- 所有的部位是否按一侧全壳程或管程设计压力，另一侧为常压设计?

(3) 是否会超过设计温度?

- 上游最高温度源;
- 上游热量移除设备旁路;
- 该设备中或上游设备中冷却流量中断;
- 审查低温紧急情况下的冷态安全清单;
- 如果有固定管板，是否需要膨胀节克服温度差(Δt>50°F 或 28℃)?

(4) 失去液位

- 仅适用于釜式再沸器，考虑低液位的后果，即吹入相邻容器或罐中。

(5) 下游罐中温度过高(仅有排料冷却器)时:

- 是否设有故障报警?
- 如果下游单元停车，向罐中排料时是否需要紧急冷却器?

(6) 是否能检测到轻微泄漏?

- 下游是否设有取样点以检测物料是否泄漏到水中?
- 是否可避免工艺介质和冷却水之间直接接触?

(7) 焊接碳钢部件在碱性或含水 H_2S 用途时是否规定要进行焊后热处理?

(8) 空气出口温度大于 93℃的引风机冷却换热器中是否使用塑料风机叶片?

(9) 板框式换热器是否设有排气防火罩?

3.2 冷却塔

(1) 用于塔填料、壳体、天窗、漂浮物清除器、烟道塑料材料的火焰蔓延分类按照 ASTM E84 是否未超过 25?

(2) 风机排气管的最小高度是否达到 1200mm?

(3) 设计中是否纳入了抵抗压力波动的方式?

(4) 塔的另一端是否至少设有一个楼梯或梯子?

(5) 冷却塔 30~60m 之间的区域内是否至少有两台消防栓?

(6) 由可燃材质制造的冷却塔是否采用固定于地面的消防炮进行保护以提供消防水覆盖所有方位?

(7) 由可燃材质制造的冷却塔的风机甲板上的消防卷盘数量是否足够以覆盖整个甲板区域?

(8) 风机浮动轴的每端是否设有金属安全轴制动器以防止轴出现故障时的突然移动?

(9) 每台风机是否均设有振动保险开关和报警?

(10) 所有的电气设备是否与规定的电气区域划分相匹配?

3.3 离心泵

(1) 是否会超出泵壳设计压力?

- 泵壳设计压力≥最高入口压力+关闭压力上升(最高关闭压力已知之前，固定转速泵估计为设计压头的126%，可变转速泵估计为设计压头的139%）。

注：126%和139%估计值包括5%的压头升高裕度以便将来更换叶轮；如果不打算更换叶轮，则可使用因子120%和132%。

- 考虑比泵送流体设计比重高的情形：
  ★ 启动时；
  ★ 不稳定时；
  ★ 磨合期；
  ★ 高压冲洗。

（2）是否会超过下游管道和设备的设计压力？

- 泵出口和一台控制阀之间的设备：设计压力=壳体设计压力，参见第1条。
- 泵出口和一台切断阀之间的设备：
  ★ 如果下游堵塞会导致入口压力升高(如，冷凝器液泛)：设计压力=壳体设计压力，参见第1条。
  ★ 如果下游堵塞不会导致入口压力升高：设计压力=(正常入口压力+截止压头)或(最高入口压力+设计压头)二者中的较大值。

（3）是否避免了倒流？

- 出口是否设有止逆阀？
- 如果压力上升>6900kPa是否设有双止逆阀？

（4）是否会超出管道设计压力？

- 单台泵：
  ★ 当泵在最高操作压力下停止运转后，入口阀和管道(入口阀与泵之间)的设计压力≥残留出口压力的75%。
  ★ 由于蒸汽倒流而进入故障的止逆阀时是否会导致上游设备过压？
- 并联泵：
  ★ 在最高操作温度下，入口阀和管道(入口阀与泵之间)的设计压力≥泵最高出口压力的75%。
  ★ 关闭入口紧急切断阀(EBV)是否会因下游系统导致泵过压？

（5）是否能避免低流量损害？

如有要求，循环系统应确保至少达到最高效率流量值的20%。

（6）能够限制火灾或紧急情况？

- 泵入口隔离阀：
  ★ 有毒物料(如果围栏线处密封故障超过ERPG3，则需要采用D型)；
  ★ 体积超过7.6 m^3，闪点为-9℃以内或以上的轻组分或烃类液体；
  ★ 或体积大于15.5m^3(4000US gal)的烃类液体。
- 如果大于8in(200mm)或超过300#等级，则隔离阀应为电动阀。
- 如果阀门位于火灾危险区(25ft，即7.6m)，则隔离阀应为远控阀。
- 是否设有泄漏探测系统？

（7）带机械密封的泵：

- 是否对无密封泵进行过评估？
- 密封的布置是否满足密封技术手册中的要求？
- 带有串级密封时，是否排放到火炬中？

- 如果泵输送流体为“化学品”，泵的密封为双密封还是串级机械密封?

(8) 如果泵满足下列任何一项标准，需要对该泵进行人的因素审查：

- 检修前必须排放到封闭系统，并且产品和工艺流有潜在危险时，额外需要考虑的因素包括：
  ★ 排液系统的设计须确保总管连接并通向排污系统；
  ★ 闭路排放系统位于排液口附近并很容易接近(如无需爬过管道)；
  ★ 确保通向安全淋浴和洗眼器的通道畅通；
  ★ 设备位于地面上。
- 就地控制和显示与启动、停止或监视相关联，另外需要考虑的事项有：
  ★ 确保并列装置(例如备用泵)的附属设备、阀门、控制和显示的布置与受控设备的布置相似，避免镜像布置，并对安装进行过现场检查。
  ★ 就地显示应面向监视路径，这样操作人员就很方便读取限制条件，而无须再到处跑。
- 启动、停止或不正常运转需要5步以上的步骤并与其他操作相关联时，需要考虑的其他事项有：
  ★ 关键的操作程序应书写，以确保顺序正确进行；
  ★ 控制面板的布置应与启动操作顺序相同(可能与停泵的顺序相反)；
  ★ 顺序检查清单应书写在一块永久安装在现场的大板上，该板应有足够大以便所有使用该程序的人员能够看清楚。
- 如果可能出现高的噪音，则应考虑：
  ★ 遵循噪音消除设计和安装程序；
  ★ 设备置于隔音密闭室中；
  ★ 远程操作；
  ★ 必须戴耳塞并且有戴耳塞的标志；
  ★ 因为听觉报警无法听见，所以应为操作人员安装视觉紧急报警。
- 辅助系统或成套装置可能不完全符合GP17-5-1，其他需要考虑的事项：
  ★ 投标前对竞争性设计的HF原则符合性已经过审查；
  ★ 出厂前，装置在厂商工厂内已组装好，可接近性和操作性已经过审查；
  ★ 制定了外围设备，如：可修改以适应于现场的就地控制盘。

(9) 处理湿H_2S或碱性物料的泵是否规定了焊后热处理?

(10) 对于带有两个或两个以上出口的泵，泵中断是否会引起过压、失去防护，或下游之路污染?每条支路上是否需要止逆阀?

3.4 容积泵

(1) 是否会超过泵壳设计压力?

- 泵需安装一台外部泄压阀，如果满足下列标准时除外：
  ★ 泵的排量<0.63L/s；
  ★ 泵送流体无腐蚀性、无毒性；
  ★ 内部泄压阀的设定值为1700kPa及以下。
- 对于气动隔膜泵，出口压力和驱动压力的比例可超过1∶1，因此出口压力不会超过下游设备压力的额定值，所以无需泄压阀。
- 如果泄压阀向泵的入口泄压，泄压阀的设定压力=泵的设计压力-最高入口压力。
- 泄压阀排放到一个闭路系统。

(2) 往复泵上的排空和导淋点是否正确固定、堵塞?

(3) 活塞泵或往复泵泄漏:

- 填料润滑油发生泄漏能否被收集?

(4) 如果泵满足下列任何一项标准，则需对泵进行人为因素的审查:

- 检修前必须排放到封闭系统，并且产品和工艺流有潜在危险时，额外需要考虑的因素包括:
  ★ 排液系统的设计须确保总管连接并通向排污系统;
  ★ 闭路排放系统位于排液口，附近并很容易接近(如无需爬过管道);
  ★ 确保通向安全淋浴和洗眼器的通道畅通;
  ★ 设备位于地面上。
- 就地控制和显示与启动、停止或监视相关联时，需要另外考虑的事项有:
  ★ 确保并联装置(例如备用泵)的附属设备、阀门、控制和显示的布置与受控设备的布置相似，避免镜像布置，并对安装进行过现场检查。
  ★ 就地显示应面向监视路径，这样操作人员就很方便读取限制条件，而无须再到处跑。
- 启动、停止或不正常运转需要5步以上的步骤并与其他操作相关联，其他需要考虑的事项有:
  ★ 关键的操作程序应书面写出以确保顺序正确进行;
  ★ 控制面板布置应与启动操作顺序相同(可能与停止的顺序相反);
  ★ 顺序检查清单应书写在一块永久性安装在现场的大板上，该板应有足够大以便所有使用该程序的人员能够看清楚。
- 如果可能出现高的噪音，则应考虑:
  ★ 遵循噪音消除设计和安装程序;
  ★ 设备置于隔音密闭室中;
  ★ 远控操作;
  ★ 须戴耳塞并且有戴耳塞的标志;
  ★ 因为声音报警无法听见，所以对操作人员需安装视觉紧急报警。
- 辅助系统或成套装置可能不完全符合GP17-5-1，其他需要考虑的事项:
  ★ 投标前对竞争性设计的HF原则符合性经过审查;
  ★ 出厂前，装置在厂商工厂内已组装好，可接近性和操作性已经过审查;
  ★ 指定了外围设备，如:可修改以适应于现场的就地控制盘。

3.5 离心式压缩机

(1) 是否会超过最高允许操作压力(MAWP)?

- 由于跳闸产生倒流，壳体入口和轴封必须足以承受该压力。
- 经循环回路发生倒流:
  ★ 提供止逆阀以防止从下游产生的倒流;
  ★ 安全阀保护低压段根据最大循环量或压缩机的能力(取二者中的较大值)进行设计安全阀的大小。
- 考虑停机、启动、不稳定以及磨合时采用物料的最大分子量。
- 最大速度(超速)。
- 考虑入口管线/阀门适应性。

(2) 是否会超出最高或最低设计温度?

- 流量过低(波动):

★ 出口堵塞；

★ 下游压力高；

★ 分子量过低。

- 入口或中间级冷却/加热中断。
- 液体夹带。

(3) 其他机械损坏源

- 液体夹带：

★ 适当的入口气液分离罐，带高液位报警和高液位切断功能；

★ 入口管线是否需要进行伴热？

- 涌流：

★ 充分的自动循环；

★ 紧急切断阀(EBV)中是否有缓冲循环(宜选用的布置形式)。

- 考虑使用不同分子量的物料。
- 反向流；

★ 每段出口处的止逆阀。

- 空气进入设备中：

★ 异常条件下可以抽真空吗？

★ 系统是否采取真空设计？

- 速度过高：

★ 是否设置了超速保护？

- 润滑油中断：

★ 在没有润滑油的情况下，能停止设备吗？

★ 如果无法停止，则润滑油供应是否充分可靠？

(4) 能否控制火灾发生？

- 对于容量大于 150kW(200HP)的所有压缩机：

★ 需通过远控停车(从控制室中进行操作)；

★ 中间段的液体储存量>3.8m^3，每段进口和出口需要安装 D 型紧急切断阀(EBV)，否则只在入口出口处加 EBV；

★ D 型紧急切断阀(EBV)是否能在控制室实现远程操作？

★ 入口或出口紧急切断阀(EBV)关闭至 50%行程时是否会使压缩机跳车？

(5) 安全阀的考虑事项：

- 最高进口压力下出口关闭；
- 冷凝介质中断；
- 超速，对于变速驱动，达到设计转速的 105%或跳车设定值；
- 分子量超过设计值；
- 波动。

(6) 带有联合润滑油密封系统的压缩机：

- 油箱是否会处于可燃范围内？考虑氮气吹扫。
- 在停车状态下电动机是否会有可燃气体的聚集？

(7) 密封泄漏:

- 是否选择了合适的密封将瞬时排放降低到了最低程度?
- 能否收集通过密封的泄漏?

(8) 放空和导淋:

- 壳体的放空点和导淋点是否安装了阀门并且关闭?
- 油呼吸器是否按无可见排放进行设计?
- 能否对润滑油防护系统泄漏或排出的油进行收集?

(9) 压缩机的仪表符合 GP15-1-2 吗?

(10) 如果压缩机满足下列其中任何一项标准,则需对泵进行人为因素的审查:

- 检修前必须排放到封闭系统,并且产品和工艺流有潜在危险时,额外需要考虑的因素包括:
  ★ 排液系统的设计须确保总管连接并通向排污系统;
  ★ 闭路排放系统位于排液口附近并很容易接近(如无需爬越管道);
  ★ 确保通向安全淋浴和洗眼器的通道畅通;
  ★ 设备位于地面上。
- 就地控制和显示与启动、停止或监视相关联时,需要另外考虑的事项有:
  ★ 确保并联装置(例如备用泵)的附属设备、阀门、控制和显示的布置与受控设备的布置相似,避免镜像布置并对安装进行现场检查;
  ★ 就地显示应面向监视路径,这样操作人员就很方便读取限制条件,而无须再到处跑。
- 停止或不正常运转需要 5 步以上的步骤并与其他操作相关联时,额外需要考虑的事项有:
  ★ 关键的操作程序应书面写出以确保顺序正确进行;
  ★ 控制面板的安装应与开车操作顺序相同(可能与停车的顺序相反);
  ★ 顺序检查清单应书写在一块永久性安装在现场的大板上,该板应有足够大以便所有使用该程序的人员能够看清楚。
- 如果可能出现高的噪音,则应考虑:
  ★ 遵循噪音消除设计和安装程序;
  ★ 设备置于隔音密室中;
  ★ 远程操作;
  ★ 须戴耳塞并且有戴耳塞的标志;
  ★ 因为声音报警无法听见,所以对操作人员需安装视觉紧急报警。
- 辅助系统或成套装置可能不完全符合 GP17-5-1 时,需要额外考虑的事项:
  ★ 投标前对竞争性设计的 HF 原则符合性已经过审查;
  ★ 出厂前,装置在厂商工厂内已组装好,可接近性和操作性已经过审查;
  ★ 指定了外围设备,如:可修改以适应于现场的就地控制盘。

3.6　容积式压缩机

(1) 是否会超过最高允许工作压力(MAWP)(任何部件)?

- 经循环回路发生倒流:
  ★ 低压段的安全阀是否按最大循环量设计?
  ★ 并行设备的考虑。
- 多级压缩机的单个汽缸可能有安装了控制阀的循环管线,必须单独进行评估。

- 出口的关闭条件(通常需要安全阀)。
- 入口切断阀、入口管道以及入口震动抑制设备是否按照汽缸出口条件设计?
- 每一段中可能需要泄压阀。

(2) 是否会超过最高允许温度?

- 冷却系统中断:
  - ★ 进料或循环气体;
  - ★ 汽缸夹套。
- 全循环运转(无冷却)。
- 考虑压缩机流体的放热分解。

(3) 是否会有可能造成机件损坏?

- 液体夹带:
  - ★ 充分的入口气液分离罐;
  - ★ 入口管线伴热;
  - ★ 过度冷却。
- 空气进入压缩机中:
  - ★ 异常条件能否允许出现真空(如果是,系统的设计是否承受真空)。
- 由于分子量不同的物料或入口管线节流是否可能导致流量异常?

(4) 能否控制火灾的发生?

- 对于容量大于 150kW(200hp)的所有压缩机:
  - ★ 通过远控停车要求(从控制室中进行操作);
  - ★ 中间段液体储存量>3. 8m^3 的每段进口和出口需要 D 型紧急切断阀(EBV),反之,在入口、出口处加 EBV。
  - ★ D 型紧急切断阀(EBV)是否能在控制室实现远控操作?
  - ★ 入口或出口紧急切断阀(EBV)关闭至 50%行程时是否会使压缩机跳车?

(5) 密封泄漏:

- 是否选择了合适的密封/填料以最大限度的减小瞬时排放?
- 能否收集通过密封的泄漏?

(6) 放空和导淋:

- 壳体的放空点和导淋点是否安装了阀门并且关闭?
- 能否收集润滑油防护系统泄漏或排出的油?

(7) 压缩机的仪表符合 GP15-1-2 吗?

(8) 如果压缩机满足下列其中任何一项标准,则需对压缩机进行人为因素审查:

- 检修前必须排放到封闭系统,并且产品和工艺流有潜在的危险时,额外需要考虑的因素包括:
  - ★ 排液系统的设计须确保总管连接并通向排污系统;
  - ★ 闭路排放系统位于排液口附近并很容易接近(如无需爬越管道);
  - ★ 确保通向安全淋浴和洗眼器的通道畅通;
  - ★ 设备位于地面上。
- 就地控制和显示与启动、停止或监视相关联时,需要另外考虑的事项有:
  - ★ 确保并联装置(例如备用泵)的附属设备、阀门、控制和显示的布置与受控设备的布置相似,避免镜像布置并对安装进行现场检查。

★ 就地显示应面向监视路径，这样操作人员就很方便读取限制条件，而无须再到处跑。

- 停止或不正常运转需要 5 步以上的步骤并与其他操作相关联时，额外需要考虑的事项有：

★ 关键的操作程序应书面写出以确保顺序正确进行；

★ 控制面板的安装应与开车操作顺序相同(可能与停车的顺序相反)；

★ 顺序检查清单应书写在一块永久性安装在现场的大板上，该板应有足够大以便所有使用该程序的人员能够看清楚。

- 如果可能出现高的噪音，则应考虑：

★ 遵循噪音消除设计和安装程序；

★ 设备置于隔音密室中；

★ 远程操作；

★ 须戴耳塞并且有戴耳塞的标志；

★ 因为声音报警无法听见，所以对操作人员需安装视觉紧急报警。

- 辅助系统或成套装置可能不完全符合 GP17-5-1 时，需要额外考虑的事项：

★ 投标前对竞争性设计的 HF 原则符合性已经过审查；

★ 出厂前，装置在厂商工厂内已组装好，可接近性和操作性已经过审查；

★ 指定了外围设备，如：可修改以适应于现场的就地控制盘。

3.7 汽轮机

(1) 是否会超过最高允许工作压力(MAWP)?

- 进汽端：

★ 最高蒸汽供给压力是否可能超过汽缸入口设计压力？如果会，入口处则需安装泄压阀。

- 排汽端，设计压力通常较低：

★ 凝气式汽轮机需要安装泄压阀：按照制冷剂故障的情况设计；对凝液系统压力有利。

★ 不凝式汽轮机，通常需要安装泄压阀：通向蒸汽主管的高压>1 MPa 驱动排汽管线上需要泄压阀；通向蒸汽主管的低压<1 MPa 驱动排汽管线上需要警告通知和铅封开(CSO)切断阀；敞开常压排放口无需泄压阀。

(2) 是否会超过设计温度?

如果使用空气或氮气对启动汽轮机是否会超过临界接触温度?

(3) 凝汽器上的泄压阀是否可投用而不会对人员造成危险?

(4) 是否设有超速保护?

- 调速器是否有手动超驰功能以在调速器控制下进行超速跳闸系统的功能测试?
- 旁路管线上节流阀是否按照超速跳闸试验下的调节流量进行设计?

(5) 在紧急情况下，是否可通过远控隔离或其他方法切断蒸汽供给?

3.8 压力容器、塔及工艺储罐

(1) 是否会超过设计压力?

- 是否为控制紧急情况设置了泄压阀保护(包括公用工程故障、火灾及操作故障)?
- 不需要安全阀的充装液体的容器上是否考虑热释放阀?
- 自动控制器故障或其他操作错误是否会导致下游容器过压?
- 泄压阀进出口的通道是否畅通?

★ 需考虑因焦化、催化剂或聚合物导致的管道堵塞;

★ 如果管路堵塞，则在管路中不允许使用CWMS。

- 任何远控意外情况(如铅封阀关闭)是否会导致压力上升并超过设计压力的150%?
- 水能加入到可迅速蒸发的容器中并会使容器过压吗?

(2) 容器是否会处于真空状态?

- 是否对蒸汽吹扫进行了一些规定?
- 容器中物料的沸点在常温下低于常压吗?
- 容器是否按全真空或部分真空设计或是设有独立的安全临界低压报警?

(3) 燃料发生火灾或紧急情况的控制:

- 对于处理轻组分或在其闪点-9℃(15°F)以上或以内物料的容器:

★ 如果液体存量位于4~40m^3之间，是否在最高操作液位以下的2″及更小的常开管线上设有A型紧急切断阀(EBV)?

★ 如果液体的存量超过40m^3，是否在最高操作液位以下所有常开管线上设有A型紧急切断阀(EBV)?

★ 对于存量小于4m^3的情况，无需安装紧急切断阀(EBV)。

- 对于处理有毒物料的工艺容器，是否在最高操作液位以下所有常开管线上岗设有紧急切断阀(EBV)?

★ 如果防护线处的泄漏量超过ERPG-3级，则需要D型紧急切断阀(EBV)。

- 紧急切断阀(EBV)(或其远处的执行机构按钮)能否直接接近?
- 下列设备上是否设有紧急切断阀(EBV):

★ 向异常易损坏设备(如石墨换热器)进料的管线;

★ 空间不满足标准或位于拥挤区域内的容器?

- 超过8in(200mm)的管线或难以接近并配有电机的管线上是否设有紧急切断阀(EBV)?(执行机构和电缆按需要进行充分防火处理)

(4) 是否会超过临界接触温度?

(5) 如果压力容器满足下列任何一项标准，则对压力容器需进行人为因素审查:

- 必须进入容器内部进行清理或维护:

★ 人孔必须足够大，不仅可使一个健康的人通过，并应能够允许对昏迷的人进行疏散;

★ 检修口必须足以使穿戴防护服和安全设备(如:自己式呼吸器SCBA)工作人员通过。

- 容器裙座上的人孔是否标有“受限空间”，或将入口封闭?
- 如果容器内的物料为有害物质、反应性物质、自燃物质或可分解物质，则需要穿戴防护设备或采取其他预防措施:

★ 根据工作的需要，在设施内应设有足够大的空间以临时储放容器中的物料;

★ 以备拆卸或安装;

★ 如果入料口在地面上的高处位置或从高处位置将物料卸出，则必须设计货盘或特大袋专用起吊设备;

★ 安装空气排料和过滤系统;

★ 操作设计与穿戴的PPE相符。

(6) 如果过滤器满足下列任何一项标准，则对此过滤器需进行人为因素审查:

- 过滤器必须经常清洗、清理、排放或切换时，考虑以下几方面：
  ★ 在设计时确保过滤器可接近；
  ★ 确保在安装前后，有平台可作为过滤器部件的临时台架。
- 过滤的产品如有危险性，操作人员必须穿戴PPE时，考虑如下各方面：
  ★ 过滤器的检修工作必须确保PPE不会影响工作任务；
  ★ 对过滤器的检修工作进行任务分析以确保操作人员可安全高效地进行工作；
  ★ 在详细设计之前，应实体模拟过滤器并进行任务假设；
  ★ 购买过滤器时，确保其规格包含了上述所关注方面的规定；
  ★ 过滤器更换后能否在现场进行反洗？
- 过滤器或过滤器滤芯的质量超过23kg：
  ★ 进行任务分析以识别需要由操作人员进行处理的部件；
  ★ 使用目前的生物力学分析工具确定假定姿势下的最大提升力；
  ★ 称量部件的质量并和上述分析结果进行比较；
  ★ 确保吊装设备能够接近对于操作人员来说过重的部件。
- 地平面或平台面以上的“过滤器顶端高度+过滤器滤芯的长度”超过炼厂内工作人员的胳膊长度：
  ★ 过滤器的尺寸必须满足使用者的极限范围；
  ★ 如果尺寸超过了上述人员的提升能力，则应考虑使用吊装设备。

（7）减少泄漏危险：

- 是否正确提供了用于维护隔离的所有阀门和盲板？
- 设备停止运行时，能否安全的排放？
- 对于定期用于向环境排放的排放点，是否设有双切断阀？
- 对于含有自冷流体容器的排放口，是否在手动控制阀的上游设有一台快开阀？
- 所有其他的放空及排液口是否正确关闭，加盖或用盲板封闭？

（8）燃气气液分流罐。

（9）地下容器：

- 能对泄漏进行探测并收集吗？
- 接触地面的物料无腐蚀性，或安装了腐蚀防护系统？

（10）玻璃液位计接口处是否有额外的流量逆止阀(如有要求)？

（11）对于操作压力在1.8MPa以上的容器，其中装有可燃液体或蒸气物料超过5600m³，当它在绝热状态下从操作条件向常压膨胀时，是否设有紧急泄压设施？

（12）对于操作压力在1MPa以上的容器，其中无液体或液体分散为连续蒸气相时，是否设有紧急泄压设施？

（13）脱盐设备-脱盐设备中是否设有安全临界低液位保护，当出现气泡时，该保护就会切断电源，这是一个标准的安全预防措施。

3.9 固定床反应器及汽提反应器

（1）是否会超过设计压力？

- 对于控制的紧急情况是否设有泄压阀保护？（紧急情况包括公用工程故障、火灾、操作故障、化学反应以及温度异常）
- 泄压阀进口管线是否会堵塞？（催化剂、CWMS、聚合）

- 如果泄压阀离容器较远，是否考虑了设计压降？
- 反应床是否会出现堵塞？
  - ★ 碎屑堆积(内部或外部源)；
  - ★ 结焦或其他反应副产物；
  - ★ 催化剂磨损；
  - ★ 载体出现故障(由于压降超出设计值)。
- 是否有内部盘管出现故障会导致过压？

(2) 是否会超出设计温度？

- 过量预热？
- 放热反应？
  - ★ 所有的反应都已知吗？
  - ★ 反应物是否可能存在不平衡？
  - ★ 急冷故障或冷却丧失？
  - ★ 某一种反应物过量或不足？
  - ★ 搅拌出现中断，之后的恢复是否会引起剧烈或快速反应以及失控反应？
  - ★ 过量的点或表面反应是否会导致热分解或失控？
  - ★ 继续加入反应物(包括后来的加热或搅拌)时却发生了延迟性间歇反应？
  - ★ 内部盘管或夹套泄漏是否会引发放热反应或腐蚀？
  - ★ 反应物倒流进入泄压系统是否会导致或加剧失控反应？
  - ★ 过量的预热会使反应进一步进行吗？
  - ★ 床层中温度测量点是否充分？
  - ★ 会不会通过床层的流量分布不均？
  - ★ 带有现场再生或活化时，考虑：设计中是否提供考虑了最大再生量？是否考虑会有过多的燃烧介质？
  - ★ 再生系统(蒸汽和空气)在停用期间是否会与反应器进行了正确的隔离？
  - ★ 是否考虑了气体冷却中断的情况？
  - ★ 是否有任何再生废物排放到大气中？每年产生的废物中是否会含有 1t 以上的“有害物质”？(禁止)

(3) 是否提供了充分的保护仪表系统？

- 保护系统和控制及监测系统单独分开吗？
- 系统是否能够在线进行测试？
- 是否设有任何超驰系统来对铅封阀进行测试以避免意外操作？
- 是否有保护系统报警说明其处于失效状态？

(4) 如果反应器满足下列任何一项标准，则对反应器进行人为因素审查：

- 必须进入反应器中进行清理、修复以及催化剂装载：
  - ★ 人孔必须足够大，不仅可使一个健康的人通过，并可允许对昏迷的人进行疏散。
- 如果反应器内的催化剂为有毒物质、反应性物质或自燃物质，则操作人员必须穿戴个人防护设备进行处理。
  - ★ 根据工作的需要，在设施内应设有足够大的空间，以临时储放反应器中的催化剂，以备拆卸或安装；

★ 如果催化剂放置在地面以上的高处位置，则必须提供吊装设备；

★ 安装空气排料和过滤系统；

★ 穿戴的PPE符合操作设计。

• 对于必须经常切换的多台反应器，应考虑如下事项：

★ 操作人员使用的显示器必须清楚显示工艺状态(如模拟盘)反应器的状态；

★ 所有与反应器相关的工作可在同一高度和同一区域内完成。

(5) 降解-再生或反应异常时过高的反应速率是否会使容器的材质收到冲击?

(6) 火灾-废弃的催化剂是否会发生自燃? 是否需要进行现场灭除活性?

(7) 毒性：

• 在再生或间歇式反应的任何状态大气放空气体是否有剧毒?

• 废弃的催化剂(再生或没有再生)中是否有任何剧毒排放物?

(8) 对于操作压力超过1MPa的混合相或气相反应器是否设有紧急泄压设施?

(9) 对于可能出现温度失控的反应器是否设有紧急泄压(如烃化裂解器、甲烷转化器、二烯烃加氢、芳烃饱和反应器等)?

(10) 对于操作压力在1.8MPa以上的容器，其中装有可燃液体或蒸气物料超过5600m^3，当出现在绝热状态下从操作条件向常压下膨胀时，是否设有紧急泄压设施?

3.10 明火加热器-燃烧室侧

(1) 液体会进入燃气系统吗?

• 每个燃气/引燃气/废气系统都设有未保温的燃气分液罐吗?

• 气液分离罐上是否装有高液位报警和液位计吗?

• 从分液罐通向燃烧炉的燃气管线进行了伴热和保温吗?

• 是否有将液体排入闭路系统的规定? 排放系统是否设有逆流保护?

• 每个燃料源是否安装了一台手动切断阀，并离燃烧炉的距离至少为12m。

(2) 空气预热器：

• 对于通过燃烧物料流对空气进行预热，设计是否考虑了管子出现故障后可燃预热介质在空气中的浓度不会超过燃烧下限?

• 对于再生式(回转)空气预热器，是否设有固定的内部灭火系统?

• 对于从多台明火加热器或锅炉接收燃气的回热式(静态)空气预热器，是否设有固定的内部灭火系统?

(3) 尽最大限度降低火灾的后果：

• 是否设有坡脚墙? (液体进料或燃料)

• 明火加热器是否通过轧制的总管或带有螺钉或堵头封闭的总管供给灭火蒸汽? 灭火蒸汽是否来自主蒸汽总管? 地面上的灭火蒸汽阀离加热器是否至少达到15m远?

• 蒸汽阀的下游是否有排放孔通过管道接至安全位置(如适用)?

• 是否设有用于蒸汽吹扫的接点?

(4) 燃烧室爆炸保护

• 所有的火嘴是否均设有连续引燃器(长明灯)或主火焰探测?

• 对于含一个以上火嘴和连续引燃器的明火加热器，每台引燃器是否均配有离子点火棒?

- 是否有安全仪表防止引燃器熄火?
- 引燃气(长明灯)或火焰监测器上的低压切断装置会切断所有其他的燃料吗?
- 所有的燃料可从控制室切断吗?
- 所有的阀门都有手动复位吗?
- 切断系统上是否独立于控制和监测系统，并设有紧密切断阀?
- 切断装置可进行在线试验吗?
- 是否有任何失效系统以进行切断测试或铅封阀以避免意外操作?
- 切断系统上是否有报警显示它处于失效状态?
- 引燃气稳定可靠吗，并且或能进行监测吗?
- 是否对燃烧室提供了安全充分的空气/通风装置以防失控?
- 是否需要泄压门?
- 控制阀下游所有引燃气的主燃气管线是否设有高压报警和低压报警?
- 是否为开车提供了蒸汽吹扫连接?
- 是否为燃烧室设置了高压报警?
- 烟囱以及多室明火加热器的每个小室是否设有氧气分析仪?
- 烟囱以及多室明火加热器的每个小室是否设有可燃性气体分析仪?
- 鼓风加热器是否设有额外的报警和切断装置以防止燃烧空气中断或燃烧室中压力升高(即挡板故障)。

(5) 个人防护

- 每个楼梯平台的楼梯口是否设有自动关闭安全门?
- 烟囱顶端是否比下列物体至少高出3m:
  - ★ 水平范围15m内的任何设备?
  - ★ 水平范围30m以内操作或维护人员每天使用一次或一次以上的任何操作平台?

对于燃烧风道中带有自动打开下降门的鼓风加热器，该门是否通向人员可能暴漏在逸出热空气的区域?是否提供了防护罩将热空气转移到远离人员的地方?

(6) 如果燃烧室满足下列任何一项标准，则对燃烧室需进行人为因素审查?

- 如果燃烧室为手动点火，则考虑如下事项:
  - ★ 将阀门和点火器重新定位在看火窗附近位置;
  - ★ 确保通向阀门、点火器以及看火窗的通道畅通(如:燃烧室下部的间隙合格);
  - ★ 定位引燃气阀和点火器开关，以使在点火操作时操作人员点燃引燃气后，可通过看火窗看到引燃火焰。
- 对于远控自动点火的燃烧室，未设就地控制盘时，考虑如下事项:
  - ★ 安装显示器以显示阀门的位置和烧嘴的运行状态。
- 对于燃烧室室内需要经常通过目视监测时，考虑如下事项:
  - ★ 改善火检的硬件;
  - ★ 审查监视路径以确保操作人员可查看燃烧室看火窗;
  - ★ 安全出口达到更高的级别(例如:用楼梯代替普通梯子)。
- 燃烧室必须经常清焦、切换或巡检。考虑下列事项:
  - ★ 对清焦任务进行能量消耗分析以找出产生过度疲劳的区域;

★ 安置了MOV阀；

★ 将阀门执行机构改为手动旋转阀门；

★ 各操作人员轮换进行旋转阀门任务以确保一位操作人员不会因执行该任务而导致过度疲劳。

(7) NO_x 控制

是否所有的燃烧器均满足规定的 NO_x 限值？

(8) 低 NO_x 燃烧器

在新的燃烧室设计中，低 NO_x 燃烧器是否对燃气设有适当的过滤装置？

3.11 明火加热器-工艺侧

- 是否设有低流量报警和低流量切断装置以在出现低工艺流量时切断主燃料供给(非引燃气)？
- 是否设有单个流道的流量指示？(对于全部为蒸汽介质的管子，无此要求)
- 是否设有单个流道的低流量报警？(对于全为蒸汽介质的管子，无此要求)
- 每个流道(结焦物料)是否设有自动流量控制和FL(CO)？
- 每个流量(非结焦物料)是否设有就地手动流量控制？
- 当管程压力大于7MPa的情况下，燃烧室是否设有防爆门？对于高压力工艺流体明火加热器，一根管子的破裂也将导致燃烧室过压。在这种情况下，防爆门可用来提供保护。
- 在盘管出口是否设有一逆止阀？

>1.4MPa(处理清洁物料)：

- 盘管出口是否设有D型紧急切断阀(EBV)(如：强化重整设备的压力大于7MPa)？
- 盘管出口是否设有安全阀？(如果安装D型紧急切断阀EBV)

  ★ 炼焦用途时进行了蒸汽吹扫。
- 是否对手动切断阀通向燃烧室的进料规定为至少在燃烧室12m以外？
- 在出口处是否设有独立重要性为1级的高温报警？
- 对工艺流体供应的规定是否充分？

  ★ 是否需要备用泵？

  ★ 低液位报警下的存量是否充足？
- 如果盘管入口设有泄压阀，泄压阀下游是否设有FL(CO)传感器？
- 单流道控制器(手动或自动)是否设有限位装置或带有联锁的低流量报警装置？
- 如果每个流道上设有阀门来控制通向多流道加热器的流量分布，它们是否为故障开或静止流动开？

3.12 共用底盘设备/成包设备

(1) 是否对共用底盘设备/成包设备进行过HAZOP？

(2) 是否对与装置其他部分相连接的共用底盘设备/成包设备进行过HAZOP？

3.13 管道及组件(阀门)

(1) 压力-温度额定值考虑事项：

- 管道等级额定值适用于连续设计条件吗？
- 如果偶尔超过管道等级额定值(温度或压力)是否会满足ANSI B31.3管道标准的限制条件？

  ★ 中等时间：120%的压力额定值每年小于500h，连续持续时间小于50h；

  ★ 短时间：133%的压力额定值每年小于100h，连续持续时间小于10h(如：控制阀故障、泵切断、阀门关闭等)。
- 是否有管线需要规定为特殊管线，因为会有短时或中等时间条件影响到管道的详细设计或操作程序。

• 如果管道采用泄压阀保护，设定值是否考虑了静压头和通向泄压阀的流体压降？所有的阀门，包括双切断阀和它们之间的管道的设计是否比连接管线的等级更严格？

★ 泵出口侧的管路等级合适吗？对于固定转速泵，关闭压头假定为设计压力的126%；对于透平泵或变速泵，停泵压头假定为设计压力的139%，除非叶轮的尺寸没有增加，此时可采用120%和132%的因子。

★ 泵出口和控制阀之间的管路等级应为泵最高入口压力与泵关闭压头之和。

★ 如果切断阀门是使吸入压力上升到最大值的原因，则泵出口和切断阀之间的管路等级应同上。如果不是，则管路等级应大于：正常泵入口压力+切断压头或最高泵入口压力+正常泵操作压头。

• 并列泵上的入口阀和(位于入口阀和泵之间)入口管道在设计温度下是否为出口压力的75%？

• 在有另外一个压力源至少等于单台泵出口管线中的泵出口压力时，泵入口阀和下游入口管道的额定值等于出口管线的额定值吗？

• 如果万一有铅封开(CSO)阀门关闭时，在设计温度下压力是否会超过设计压力的150%？

• 是否考虑了其他如开车和紧急停车等条件？

• 两股物流混合点的温差超过150℃时是否配有热套管以避免混合三通故障出现热循环？是否制订了检查策略？

(2) 闭式排放系统

• 对于可燃性液体的闭式排放总管：

★ 为防止其他容器向切断的闭式排放总管排放时会导致过压，每台排放容器上是否设有逆止阀？

★ 主管的额定值是否能满足接入设备的最高压力额定值？如果不能，是否提供安全阀保护？

★ 总管是否适合排入其中物料的最高和最低温度(包括自动制冷)？

★ 设计是否预见了加热堵塞总管至环境温度(或如果伴热时至最高温度)所产生的影响？

★ 由于系统可能接收可凝固的重质物料、水(水分)或其他可冻结的物料流，是否需要进行伴热？如果增设了伴热，请记住须检查设计规定的过压值。

★ 环境考虑事项。

• 在正常运行期间，是否能对所有的阀门进行试验及维护？

• 对于以烃为运行介质的所有阀门是否根据操作温度范围规定采用石墨填料，但对GP3-12-1所允许的阀门例外？

• 所有的阀门是否均消除使用石棉填料机密封？若密封垫有其他合格的可替代材料时，是否也取消使用石棉密封垫？

• 是否有任何"有害"排放物从工艺中排入下水道中？

★ 设计是否能将其合理解决？

★ 它能否再循环返回该工艺系统、其他工艺系统或第三方的工艺系统中？

★ 它能否收集进行混合或再循环？

★ 如果不满足上述情况，则考虑其是否需要特殊处理？

• 下水道是否将含油污水、合格污水、化学及卫生下水道分开？

• 工艺流体为已知或有可疑问题的异味物质？是否具备充分的排放控制和处理手段？

• 是否有任何地下管道(包括不合格污水下水道和化学物质下水道)？如果有的话：

★ 能否对向地面的任何泄露进行探测并收集？

★ 接触地面任何管道的设计是否能抵抗外部腐蚀？

● 是否有多用途输送管线？考虑在尽最大限度减小可能导致环境污染的冲洗和溢出方面是否给予了足够的关注。

(3) 安全方面的规定

● 来自/通向容器的管线上是否需要紧急切断阀(EBV)？250mm 及更大或>300# 等级的紧急切断阀(EBV)是否为电动阀？

● 紧急切断阀(EBV)上是否设有自动分离手轮以使发生紧急时进行操作？

● 紧急切断阀(EBV)开关是否按照炼厂的做法标有明确的标签？

● 相关的操作人员是否知道紧急切断阀(EBV)和界区切断阀的位置？

★ 它们是否充分识别以备紧急响应？

● 如果逆止阀泄露或故障开，压力是否会超过适用范围或产生意外事故？

● 当采取限流孔板或控制阀限制压力路径以限制安全阀的容量时，是否均满足 DPXV-C 的所有要求？

● 公用工程接点满足 GP3-6-3 的要求吗？特别是：

★ 可能危险的接点是否采用可拆式短管，或符合操作频度的旋转弯管？如果不可行，是否采用适合的盲板？

★ 下游硬管中是否设有断开接点接入工艺的止逆阀？

★ 是否有任何饮用水接口连接到工艺系统或公用工程管道或设备？

● 公用工程站是否有止逆阀和独特色标的连接器？

● 是否为维护隔离设有合适的阀门和盲板？

● 设备停用后能否安全地排放？

● 是否需要用于热膨胀的泄压阀？

● 隔离时是否需要双切断阀？

★ 运转设备的隔离：大于 500℃(1000°F)或 600# 等级；

★ 产品隔离：大于 200℃(400°F)或 300# 等级；

★ 安全隔离：任何温和压力(以防止出现爆炸性混合物)。

● 双切断阀之间是否安装了旋塞泄放阀？

● 样品冷却器水出口的切断阀为铅封开(CSO)阀？

● 轻组分样品出口是否采用双阀组？

● 是否明确规定了所有塔和罐的放空和导淋？

★ 他们的额定值是否和容器的设计压力/设计温度一致？

★ 所有的导淋是否均安装了阀门，并根据要求加了堵头、端封或盲板？

★ 装自动制冷液体容器的导淋上是否采用双阀组，并在靠容器最近处有一台快开阀？

★ 通常或经常不打开的放空点是否加了封头、端封或盲板斌根据要求加上了阀门？需要计划进入其内部的所有容器上是否具有 6ft 或更大的放空口(或放空能力)？

● 小口径的管道是否为最少并固定牢靠？

● 对于化学品注入或处理气体混合点进行了审查？

● 管道特定的接点的位置符合相邻设备的设计或操作严格性吗？

● 是否识别了所有的安全临界逆止阀？

(4) 如果取样点满足下列任何一项标准，则需对取样点进行人为因素的审查：

- 待取样产品是否属于危险类，其中定义了必须遵循的接触标准？
  - ★ 确保操作人员去安全淋浴和洗眼器的通道畅通？
- 如果取样点位于地面以上，则考虑如下各项：
  - ★ 通过平台设取样通道；
  - ★ 如果物质有潜在危险，应提供两种逃生方式。
- 取样系统是否采用闭式吹扫系统
  - ★ 如果为闭式吹扫，取样回路应足够长以使操作人员进入取样点畅通。
  - ★ 如果不是闭式吹扫，则操作人员去取样点的通道必须畅通。
- 操作人员去取样点的通道在设计时应考虑如下各项：
  - ★ 保证穿戴 PPE 的操作人员可通畅无阻地到达取样点；
  - ★ 取样点应在地面之上。

(5) 如果阀门用于紧急隔离或操作，则对该阀门需进行人为因素的审查：

- 对于紧急情况下手动操作的阀门，操作人员必须能够快速接近并可容易操作，不会发生错误。
  - ★ 安装在地面上火操作平台上；
  - ★ 确定方向使操作人员容易接近；
  - ★ 确保执行机构按钮的位置符合 GP17-5-1。
- 按顺序操作的阀门，其位置和操作必须和其他阀门关联考虑，审查下列各项：
  - ★ 进行任务分析以识别阀门位于操作顺序的哪个步骤中；
  - ★ 进行联动分析以确定阀门的位置如何影响操作人员的动作；
  - ★ 确保阀门靠近其他使用中的阀门。

• 如果阀门操作不当可能会导致超过其安全操作范围，设计中也没有提出明显的缓解策略，当阀门操作是一项超过 5 步骤任务中不可分割的一部分，并且该操作与其他操作关联时必须考虑任务分析。考虑如下各项：

  - ★ 进行任务分析以确保操作人员的行动不会意外的操作阀门；
  - ★ 确保操作阀的位置经过联锁。
- 如果阀从现场位置进行远控操作，控制盘的设计考虑如下事项：
  - ★ 阀门打开/关闭指示(行程开关的实际位置)需在控制盘上显示；
  - ★ 阀门的动作在控制盘上显示；
  - ★ 阀门以模拟格式显示作为流程的一部分。
- 阀门操作手柄的方位必须不影响阀门前面的入口或通道。

(6) 如果盲板满足下列任何一项标准，则需对盲板进行人为因素审查：

- 通向盲板的通道不明确或难以通过(太高、范围太大、有障碍物，质量大于 23kg)，考虑如下事项：
  - ★ 重量超过 23kg 的盲板需配有提升螺杆；

★ 重量超过 46kg 的盲板须确保方向竖直向上并配有可接近的起吊装置；制订了起吊设备的规格并确保起吊设备可通向盲板；

★ 起吊能力考虑了与盲板相关的设备(例如：吊柱、液压千斤顶、链条葫芦用梁)，盲板上配备多人使用的把手；

★ 配备了操纵工具(如：用于水平盲板的大锤)；

★ 通过考虑各种材质减小了盲板的重量。

- 盲板位置应在明确规定的安全排放位置附近配有相关的泄放和导淋阀：
  ★ 安装显示屏以显示过高压力或液位；
  ★ 确保泄压或导淋点位于盲板的下游并在盲板法兰上或盲板法兰附近进行标识。
- 如果盲板使用新设计，非装置以前使用的形式（如：专利盲板），则须考虑以下事项：
  ★ 盲板的安装和操作均有书面的程序；
  ★ 在开车前，操作人员接受了盲板操作方面的培训；
  ★ 盲板附近制订并安装了警告标志及警示操作人员该盲板为新型设计。
- 对于在极端环境（有毒，接触标准：压力>5MPa、温度>200℃）中使用的盲板，须考虑如下事项：
  ★ 盲板可从地面或平台接近；
  ★ 盲板附近制订并安装了警告标志以警示操作人员其中为有害物质；
  ★ 安装了放空和导淋并引入安全位置；
  ★ 安装和拆除盲板有书面的程序并且操作人员经过培训。

（7）其他故障机构

- 有没有可促进管道故障的其他特殊事项？这些事项在开车、停车或不稳定条件下是经常存在还是短期存在？
- 轻组分的自冷冻：
  ★ 在开车、停车或不稳定以及正常运行期间，材料选择和管道的机械设计是否规定了最低的温度？
  ★ 其他可靠操作或意外情况是否用来设定最低设计温度？
- 聚集水结冰：
  ★ 由于在寒冷天气条件下聚集或间歇运行可能导致水结冰的管道是否规定进行伴热？
- 伴热选择：
  ★ 伴热温度可能和管道材料一起是否会促进：
    ◇ 放热分解？（乙烯）
    ◇ 泄压路径因结焦、聚合或沉积泥浆变干或其他可溶性固体堵塞？
    ◇ 快速腐蚀反应？
    ◇ 应力腐蚀破裂？（苛性碱）
    ◇ 和管道材料发生放热反应？（氯气）
  ★ 如果是，设计是否预见了避免这些事件的有效方法？
  ★ 处理浓度超过1.5%（质量）碱溶液的伴热碳钢管线是否规定要进行焊后热处理？
  ★ 奥氏体钢是否会接触到潮湿或含盐雾的空气？
- 酸腐蚀：
  ★ 材料选择 vs. 硫酸浓度 vs. 温度控制？（当酸和烃或通入含有烃类物质的容器时应特别考虑这一点）；
  ★ 材料选择 vs. 其他无机酸或酸性有机化合物。
- 阀杆和逆止阀及蝶阀的芯轴是否密封？
- 金属粉尘：
  ★ 对于其中物料为 H_2、CH_4 或 CO，运行温度超过480℃（900°F）的管道，设计是否作出了适当的规定（如：添加硫化物）以避免金属粉尘导致的重大故障？
- 氢气还原裂解是一个潜在的问题吗？是否尽量减少了静止区和死角，有静止区或死角的地方是否进行了适当的标识?

- 腐蚀:

★ 是否对腐蚀环境中的运行进行了充分的规定(特别关注高速度烃携带的或可能含有的腐蚀性固体)

- 阀门关闭阻尼:

★ 对于关闭时会引起压力冲击(液体锤效应)的电动阀或快速关闭手动阀,是否规定最大关闭速度(例如:10s)或使用阻尼设施?

★ 主要逆止阀上是否需要阀门阻尼装置以防止损坏动设备?阻尼系统是否需要规范和试验设施以确保逆止阀正确工作?

- 保温层下的腐蚀(CUI):

★ 对于通常在-4~150℃之间运行的管道,是否对可能发生的 CUI 进行了规定?(确保考虑了高温或低温管道的死角)

★ 温度变化率;

★ 对于管道温度的迅速变化的可能性是否进行了规定?(咨询机械工程专家)

4 仪表及控制

(1) 在出现空气或信号故障时,控制阀故障是否会导致:

- 减少热输入(切断再沸器、火焰等);
- 增加热排除(增加冷凝器流量、加大回流、增加冷进料)?
- 保持或增加炉管流量?
- 确保流量充足以防止压缩机或泵出现冲击。
- 减少反应物输入?
- 减少或停止再循环系统的补给?
- 封闭单元?
- 避免设备上游或下游过压?
- 避免该单元或其他单元过冷(在临界接触温度 CET 以下)?

(2) 在实现上述目标 1 的过程中出现冲突,特别是由装置公用设施故障引起时,是否能圆满解决?

(3) 设计是否能恰当地处理关键位置处阀门的故障或粘连?

- 是否考虑了故障位置?
- 液位控制出现故障时,能否导致蒸气传过?

(4) 任何类型的控制阀上游或下游故障是否会导致管道或设备超载(过压、过热或过冷)?例如:

- 如果控制阀关闭,所有上游的设备是否按上游最大满负荷压力而设计?
- 如果控制阀下游的管道等级或设备设计压力比上游的低,是否考虑了下列情况:

  ★ 如果控制阀没有全开,旁路阀门的开启程度为控制阀流通能力的 50%,会不会过压?

  ★ 如果控制阀没有全开,旁路阀全开,过压是否会超过设计压力(或试验压力)的 50%?

  ★ 当旁路阀关闭,控制阀全开且只有气体通过时,启动时是否会引起过压?

- 对 C_v/C_g 的尺寸是否进行了限制(控制阀和旁路阀)?是否提供了文件及标记?
- 无论控制阀处于任何位置,下游设备是否会出现快速故障(脆性破裂、腐蚀、热冲击导致螺栓拉伸)?

- 如果阀门无法打开，其导致的温度是否低于系统设计温度？
- 如果控制阀打开或关闭出现故障，是否会发生失控的放热反应？
- 在阀门处于任何位置时，泄压通路中的三通阀是否可以实现全开？
- 控制阀是否安装在容器与其泄压装置之间？

(5) 在有可能造成堵塞之处，是否建议对敏感元件或控制阀进行反吹或吹扫？

(6) 不考虑故障保护动作，某一个控制阀全开或全闭故障时，系统是否能够充分应对？

(7) 如果系统是多元控制优化程序的一部分，优化电路的随机故障是否可作为远程意外事件处理(不会使设备超过设计压力或水压试验压力的150%)？

(8) 保护系统是否与控制系统充分独立？

- 保护系统是否提供在线试验设施？
- 保护系统失效时，是否会发出报警？
- 保护系统是否为铅封阀设置旁路，以防止意外使用？
- 是否提供现场复位手册？
- 是否有快速打开或快速关闭的要求？
- 是否要求紧密性关闭？
- 是否对高完整性保护系统(HIPS)规定了所需的安全仪表完整性等级(SIL)？

(9) 安全、健康、环境关键的保护系统是否正确识别且能随时投用？

(10) 紧急停车(ESD)系统故障处理程序是否落实到位？

(11) 如果现场显示盘满足下列任何一个标准，则需对现场显示盘进行人为因素审查：

- 使用显示盘需要7个以上的步骤时，须考虑下列情况：
  ★ 盘的控制与显示布置应和顺序步骤一致，顺序为从左至右，从上到下；
  ★ 在就地提供操作清单(例如：贴在设备附近)以提醒操作员按照工作顺序执行；
  ★ 色标应与现场标准一致。
- 对单元中用于操作相似设备的多个控制盘提供一致性设计及布置，须考虑下列情况：
  ★ 控制盘的设计在装置内部保持一致。
- 控制盘可在任何照明条件下使用(照明充足且无眩光)：
  ★ 控制盘设计为需要照明；
  ★ 盘的控制和显示为自发光。
- 仪表及控制盘应做出明确的标识及标签，确保人们清楚地了解其功能。
- 控制盘可在紧急情况下使用(布置充分清晰)。控制盘的布置使操作员能迅速获取信息，示例格式有：

与装置位置相关的地区(模拟)；

显示及控制工艺流程布置的功能(模拟)；

盘上显示“安全状态”顺序；

在盘的所有位置使用统一的色标避免工艺设备相互混淆(如：红色=关/关闭，绿色=开/打开)。

- 当盘用于正常监视(位于监视路径上)时需考虑下列情况：
  ★ 在监视路径上可以看到显示及就地盘的位置，且这种可见性不受其他设备影响；
  ★ 在现场安装时，找正显示盘使其位于监视路径的范围内。

(12) 操作员是否能够合理的处理紧急情况中出现的报警编号类型？无关及非关键报警是否会导致重要

的报警信号丢失?

(13) 从安全角度上考虑，是否任何分析器对个人及设备是安全的?这些分析器中的任何一台失灵会对个人或工艺设施造成危险。如：碳氢化合物探测器、H_2S 分析器，锅炉及炉膛分析仪及环境空气氯检漏仪。

- 必须将这些装置的故障情况通知操作员。
- 应该强调未提供显示的故障模式(包括同一采样系统的问题)。
- 不管是 DCS 还是工艺控制计算机出现故障，1 级报警系统是否仍然正常运行?

(14) 阀门是否用于任何特定环境?

- 阀门是否在闪蒸或高压降下操作?

(15) 如果控制阀动作或故障会导致有气味物质释放，该阀是否划分为环境关键阀门?

(16) 如果仪表满足下列标准中任何一项，需对该仪表进行人的因素审查：

- 仪表经常接近以进行校准、清洗及管内检查时，需考虑下列事项：
  ★ 从地面平台或梯子应能够接近 DCS 仪表；
  ★ 如果任务制动一个人来完成，则进行任务分析(如：确保氮气阀门及显示接近管道通条位置)。
- 仪表所在位置对操作员造成潜在的危险，如高温、高处及接触潜在的工艺危险时，考虑下列情况：
  ★ 仪表必须能够用切断阀隔离；
  ★ 在该区应安装保温，且仪表的设计应考虑保温的厚度。
- 清洗及阀杆所需的空间要比 GP17-5-1 中规定的大。
  ★ 其他结构必须不能给阀杆(也许会很长)设置障碍。
- 仪表本身也许有危险(如有放射性)时考虑下列事项：
  ★ 确保有充分的仪表屏蔽；
  ★ 安装就地控制装置，在出现围堵防护故障时以警告操作员；
  ★ 提供绞盘或推车进行搬运来代替人工搬运。
- 确保控制装置(如：按钮、开关及操作杆等)在设计上保持一致，且与期望的控制动作及操作员的期望操作匹配。
- 确保关键仪表的吹扫及导向控制管进行了明确的标签标识，并显示规定的位置及流量。

5 存储

5.1 常压储罐

(1) 常压储罐选择

- 储罐类型是否适合制定用途?
  ★ 在下列情况线下，需内部或外部浮顶：

◇ 原料为中间蒸气压力等级并能够产生静电累积；

◇ 原料的存储温度在闪点以内或闪点-9℃以上；

- 所有原油储存料；
- (绝对压力)泄压阀的所有原料。
  ★ 不要求使用浮顶罐时，使用固定顶罐。
  ★ 不允许采用盘型浮顶。
- 是否规定了临界接触温度(CET)?
  ★ 如果油罐厚度超过了 13mm，临界接触温度(CET)低于 0℃是否在使用完全镇静碳钢?

(2) 过压保护

- 固定顶罐是否按API 650规定采用弱顶设计(顶部弱性焊接)? 对于直径小于15m的储罐，需采用特别措施确保弱顶实现。否则按照API 2000提供紧急放空?
- 自支撑圆顶或者伞形顶的设计是否按照API 2000提供了紧急放空口?
- 是否避免储罐在93~130℃之间运行?
- 是否采取充分的预防措施以防止水进入热储罐(考虑管线故障、开车程序及管线交叉情况)?
- 是否能采取充分的预防措施以防止热物料进入运行温度低于93℃的冷罐中?
- 如果储罐处理的材料温度高于闪点或在闪点-9℃以内，是否设置了PV放空口(考虑气提及脱气效果差及制冷效率低的可能性)?
- 对于锥顶储罐装低闪点物料，气相空间是否采用了氮气保护? 否则，是否设置PV放空口及采取有效措施以避免火源?
- 内部蒸汽盘管是否为焊接? 是否考虑外部加热板?
- 固定顶式常压储罐的放空口不宜设置阻火器。
- 如果固定顶罐用于沥青或高黏度/高倾点物料时，是否使用无筛网的敞开式放空口? 如果使用PV放空口，是否通过放空管嘴注入保护气体?
- 如果固定顶罐没有用在沥青或高黏度/高倾点物料场合时，放空口是否用筛网盖住? 在寒冷天气条件下，筛网上是否有可能结冰?
- 放空口的设计是否能够阻挡雨水(鹅颈管或蘑菇型)?
- 在寒冷天气条件下，PV放空口是否具有不结冰特征?

(3) 间距及围堰

- 临近储罐及其他设施的间距是否正确?
- 围堰的容量是否充分?
- 是否安装了排水系统以收集雨水，围堰上是否安装了闸阀以隔离系统?
- 泵、管道主管及其他辅助设备是否位于围堰外?

(4) 仪表报警

- 禁止使用玻璃液位计;
- 是否至少提供一个温度显示器? 是否需要表盘温度计或电阻是温度检测器(RTD)?
- 如果储罐装的是原油或者低闪点物料，是否设有独立的高液位报警?
- 储罐中的物料可能超过93℃或90kPa时，是否设有高温报警?
- 是否设置正确的报警以警告可能向罐内引入轻物料的工艺装置条件?

(5) 重油及沥青储罐

- 隔离轻、重废油储罐及管线;
- 当用空气将产品压回储罐时候，供空气管线上是否提供气水分离罐或放净设施?
- 当加热介质位于176℃或者更高时，如果储罐加热器暴露在液位面以上时，储罐加热器是否会自动关闭?
- 在93~130℃之间禁止操作;
- 确保进入冷储罐的物料流低于93℃;
- 确保进入热储罐的物料流高于130℃;
- 尽量减少冷热装置之间的切换操作;

- 是否需要再熔“马蹄形”加热元件？
- 进料以及排料系统与其系统的连接是否会导致水或轻组分进入热储罐(120℃以上)？

(6) 进料/排空/测量/取样

- 在排料温度下，蒸气压力超过 90kPa 的物料流不应引入储罐中；
- 如果储罐可以装水或在冷状态运行时，进口物料流和储罐温度均不可超过 93℃。
- 储罐进料上游的加热器或冷却器是否存在高压侧物料，如果没有，DPXV -B 的第 4f 条的所有要求是否满足？
- 对于可累积静电的物料：

  ★ 是否设置底部进料连接，以将喷溅降至最低？

  ★ 固定顶罐内的蒸气空间可能在易燃范围内时，不允许用空气、气体、蒸汽、喷嘴或机械方法进行搅拌。

  ★ 入口管嘴的设计是否可限制入口速度？

  ★ 储罐入口管线安装了过滤器时，为了释放静电荷，设计是否在过滤器与储罐之间至少设置了 30s 的停留时间？

  ★ 测量步骤克服满足充分的释放时间？

  ★ 是否满意提供人工测量/采样？
- 所有内部液位计装置是否设有静水井？
- 除放空口外，所有的储罐管嘴是否设有闸阀？
- 工艺给料罐的进料和排料系统是否是分开的？
- 是否需要热释放保护？
- 污油罐是否设有充分混合装置以避免翻转？
- 烃罐是否设有排水连接口？
- 装料操作是否提供搭接(接地)？
- 在高处的入口管嘴或喷射混合嘴周围是否提供旁路阀门以使首次进料不会喷洒或喷雾？

(7) 防火

- 固定顶罐装低闪点物料时，是否设有固定泡沫排放出口？
- 敞开式浮顶罐是否提供泡沫挡板？
- 在储存原油或低闪点物料时，敞开式浮顶罐是否设有固定泡沫排放出口？
- 消防栓 23m 范围以内是否设有泡沫水平接口？
- 敞开式浮顶罐外围四周每隔 3m 是否提供不锈钢分接器？
- 浮顶储罐外部禁止设置溢流槽，以便将防火泡沫控制在密封区域内。
- 一次及二次密封是否由不燃性或阻燃性材料而制？
- 储罐是否置于适合接地的密封隔板上？

(8) 其他考虑事项

- 固定浮顶储罐的柱支撑是否具有可收集液体的密闭空间？如果管道用于柱支撑，其放空和导淋开口的尺寸是否充分？
- 浮顶储罐的防风梁上是否安装有防护栏杆？
- 对于内部浮顶储罐，在每个检查舱外边缘处是否安装扶手？

(9) 储罐蒸气排放

- 是否可防止蒸气流或两相流进入储罐？
- 在最大存储温度下，蒸气压力大于 76.6kPa 的物料必须存储在压力储罐中或存储在设有气相控制的容器中。
- 含量大于 10%的丁二烯物料必须储存在压力储罐中（包括密封制冷储罐）。除了火灾紧急安全阀排放外，这些容器的所有放空点必须有气相控制阀。
- 在最高存储温度下，储存蒸气压力位于 5.2~76.6kPa 之间物料的容器应：
  ★ 配备蒸气控制系统，其控制效率至少达到 98%。
  ★ 按照 IP9-7-4，配备内部浮顶。
- 未保温容器应涂成白色。
- 是否对装料时，气相空间的置换控制做出规定？

（10）泄漏及溢出

- 罐的设计是否能探测到并收集任何罐底部泄漏？
- 是否提供阴极保护？
- 确保所有物料设施具备装载物料在线测量装置及过满保护。
- 超过 $19m^3$ 的任何罐，并且从运输容器进行加料时，是否配有独立的高液位切断装置？
- 给容器加料时，如果不能视觉检测，应设有预设的自动切断装置。
- 在装料或卸料前，是否对引入任何运输容器进行了规定？
- 出现意外断开时，是否所有海运装卸臂设有限制溢流 2L 的方式。
- 是否任何溢流或泄漏都能有效的收集并清理？
- 系统装料或卸料包是否超过 $5m^3$LPG 或 $100m^3$ 液体？如果是，是否配备了金属装卸臂？

（11）对于罐的考虑，应考虑下列人的因素：

- 在浮顶罐顶部的梯子上安装防滑挡板，确保当梯角不断地随浮顶运动变化时，不会导致人员滑动？
- 在罐顶部，梯子及设备是否安装正确的照明设施？
- 储罐防堤内部的管线上方是否设有梯子及合适的小平台（鞍状物，确保操作人员顺利进入整个堤防区域）？
- 对于手工操作：
  ★ 能否从手控阀或阀总管上看到液位指示？
- 必须进入进行清洗及维护的罐：
  ★ 人孔是否足够大，不仅能使一个健康的人通过，而且对昏迷的人进行疏散？
  ★ 通道必须能使穿戴防护服或安全设备（如 SCBA）的工作人员通过。

5.2 输送（装载及卸载）设施

如果输送（装载或卸载）设施满足下面任何一个标准，需对该设施进行人的因素审查：

- 如果装载/卸载的产品处于危险等级，必须遵守规定的接触标准。考虑下列事项：
  ★ 进行任务分析以确定操作员在操作或读数上是否有误，然后模拟运输，测试 PPE。
  ★ 在开始详细设计前，纠正经验（观察）研究中出现的任何缺陷。
- 对于需要 5 步以上步骤的装载/卸载操作，且在操作与其他（人员、电脑）相互关联时，须考虑下列项：

★ 必须为操作员提供反馈帮助，包括检查清单或从另一个操作员收到的程序确认或从控制位置收到的确认。

★ 必须避免口头指示。

- 对于质量超过 25kg 的设施(支臂/软管/平台等)须手动操作时：

★ 进行任务分析，确定操作员要操作的设备。

★ 使用认可的生物力学工具，并考虑操作员姿势，确定设备的最大承受重量。

★ 审查吊装要求(如：重量)，修订任务程序或必要时为操作人员提供吊装配合。

- 需要顶部装料/卸料时，须考虑如下事项：

★ 为夜间操作提供合适的照明；

★ 为操作员提供高液位报警；

★ 确保操作员能接近控制位置，从运输车辆的顶部停止或打开产品流量。

★ 可进行远程操作。

★ PPE 操作员配备正确的个人防护设备 PPE，通过任务分析确保其能正确无误地进行操作。

★ 提供通向安全淋浴的直接通道。

★ 实现操作员与运输车辆操作员相互交流(包括无线电或信号)。

★ 系统在设计上应对运输车辆进行抽查试验，确保其实用性及可用性(尽量减少错误及过调节)。

★ 在运输车辆的顶部附近提供恰当的防护。

★ 在平台提供适当临时储放空间。

5.3 压力储罐

(1) 防火

- 对于球馆是否提供满足水流量要求的水喷淋系统?
- 柱及结构构件是否防火?
- 卧室容器是耐火保护还是固定式消防炮防护?

★ 同一个区域内有三个或三个以上的容器需要进行耐火保护。

★ 同一区域两个及以下的容器可接受固定式消防炮保护。

- 每个球罐或类球罐的设备至少两侧是否安装固定式消防水炮?

(2) 紧急隔离

- D 型紧急切断阀(EBV)是否安装在临近球罐液位之下管线上?
- 是否提供“水幕”连接?

(3) 仪表

- 是否提供两个独立的，最好是不同类型的液位计?

★ 使用时，能否进行检查及维修?

- 是否提供独立的高液位报警?

★ 使用时，能否进行试验?

★ 如果从另一操作区域向容器加料，能否在两个控制室都听到报警声音?

- 压力储罐禁止使用液位表。

(4) 排水

如果水排放到大气或敞开式容器中，是否在容器壳体最近处用快速动作阀设置了双阀组控制，且排放点里容器外围边界的距离超过 4.5m。

(5) 通道

球罐的顶部及底部是否都设有 500mm 的人孔?

6 安全

6.1 冷态安全(所有设备)

如果钢制设备可能接触低温，本参照表应该能发挥作用。“低温”通常定义为低于 0℃的温度，因此几乎所有的设备均在低环境温度下启动或操作。同样，在常压下，任何处理可自动降温到 0℃或更低物料的设备，应对这些设备的冷态安全事宜进行审查。

警告：设备的脆性破裂已知是由于 0℃以上温度导致。如果钢的类型/硬度(及/或最低设计金属温度 MDMT)不能确认，则需对 0℃以上“运行适切性”进行详细审核。该审核在运行温度正发生变化或设备正在使用时尤为重要，因为与以前的“热态”运行相比，新的运行温度将是“环境”温度。

(1) 是否规定了临界接触温度(CET)?

(2) 设备最低金属温度(MDMT)是否等于或小于临界接触温度(CET)?

(3) 当金属温度低于 MDMT 或 CET(如果 MDMT 未知)，管道或设备内部压力是否会超过 MAWP 或设计压力(如果 MAWP 未知)的 25%?

注：对于管道系统，由于热收缩导致的应力可能会超过允许应力且小于设计压力的 25%，这时需要进一步分析。管道规范中规定的最低金属温度时，由于压力、重量效应应及超过 55.2MPa 的应力，部件所承受的压力将大于设计压力或总的纵向合应力的 30%。

- 对于压力容器，在最低金属温度下的部件应能承受的压力大于：

  ★ 按照 ASME 标准第Ⅷ部分第 1 节制造的容器的设计压力的 40%，以及 1999 附录以前规范要求的安全系数为 4.0，设计压力的 35%。

  ★ 按照 ASME 规范第Ⅷ部分第 1 节制造的容器，其设计压力的 40%，按照 ASME 规范中 1999 附录规定，安全系数为 3.5。

  ★ 按照 ASME 规范第Ⅷ部分第 2 节制造的容器，其设计压力的 30%。

  ★ 对于常压储罐，临界接触温度(CET)规定为一天最低平均大气温度与-9℃两者中较低的温度。

- 要得出该结论，需要考虑下面所有各项：

  ★ 启动、备用或试验时，环境温度低。

  ★ 水压试验时的水温度。

  ★ 液体系统(自动制冷冷却)或蒸气系统(焦耳-汤普森冷却)的降压：

◇ 通过阀门或其他限制进行节流；

◇ 控制阀门开启失效或安全阀未能重新复位；

◇ 由于不稳定，闪蒸液体夹带进入正常的蒸气系统中；

◇ 由于不稳定或管路连接不当，导致处理了“比正常密度小”的物料；

◇ 清洗设备时，排放液体前降压。

  ★ 输入的热量部分或全部损失：

◇ 再沸腾器故障使得冷液体从塔的顶部一直排放到底部；

◇ 再热蒸汽流量减少(或者全损失)导致换热器冷侧出口流的温度变低；

◇ 再热流量温度比常态时低，因而换热器的冷侧出口流量温度更低；

◇ 液体混合时，热流的温度比正常时低或流量减少，因而“混合”液体温度比常态时低。

  ★ 深度冷却：

◇ 液体混合时，冷物料的温度比常态时低或者流量增加，因而“混合”液体温度比常态时低；

◇ 冷物料的温度比常态时低，导致换热器热出口侧的温度更低；

◇ 减少热侧的流量可使热侧换热器出口的温度接近冷却流量的温度；

◇ 混合时液体“同流”到蒸汽系统并自动制冷使得蒸汽流损失；

◇ 将 C_4或更轻的液体引入到惰性加压容器中(或用 C_4或现在的更轻的液体进行惰性加压/降压)；

◇ 惰性气体(或天然气)对液态 C_4或更轻的干燥剂进行吹扫时，由于自动制冷，一旦吸收之物释放，将导致设备温度降低。

◇ 换热器管线故障使得高压液体在低压侧进行自动制冷。

(4) 设备在低于 MDMT(或 CET，如果 MDMT 未知)且压力比 MAWP 的 25%还低(或设计压力，如果 MAWP 未知)时，能否在仍然处于冷态时加压到 MAWP 的 25%以上？注：对于常压储罐，临界接触温度(CET)取一天最低平均温度加 10 华氏温度或水压试验温度二者的较低值。

(5) 是否所有设备或管道都能承受骤冷？骤冷通常与自动制冷的释放或低温液体进入更低压力系统有关。如：火炬或闭路排液主管起初处于环境温度上或更高的温度，当最终温度(闪蒸后，如果有闪蒸)低于-29℃，温降超过 56℃，设备及或管道不管压力如何必须满足最终温度下 GP18-10-1 的冲击要求。

6.2 热态安全(所有设备)

着火点或自燃点定义为引发或导致的燃烧所需的最低温度，而与加热或加热元件无关。

(1) 大约 182℃的表面(在敞开空气中)是超过了所使用烃的最低公布的着火点？

(2) 如果该区域拥挤：

既然拥挤或密闭导致通风能力降低，拥挤区域的较低表面温度是否会成为着火源？

(3) 个人防护

通常情况下，是否在通道、走道或工作区域设有诸如笼、防护罩、遮护板或栏杆等类似的物理障碍，以防意外接触高于 65℃的热表面？

注：在物理障碍处使用热保温仅在表面温度连续处于 149℃或更高时才可符合条件。

6.3 消防

(1) 消防水系统

• 消防水的最低设计压力是否为 1MPa，地下管线的最低设计温度至少为 38℃，地上管线至少为 60℃？

• 无需采用永久性连接，但火炬密封罐使用的消防水除外。

• 如果消防水供应有限，储存容量是否足够(100%的设计容量可供 6h，然后以设计容量的 50%连续供给)？

• 如果消防水的供应来源于饮用水或任何城市水，则需要断流水箱。

• 是否至少设有两台供水泵，其中一台为电动驱动，另外一台柴油驱动(征得业主同意，也可用蒸汽驱动；柴油燃料箱是否按 6h 设计)？

• 配水主管是否能够提供足够的水以满足水的估计需求量？

• 是否采用连续正排量泵吸入？灌泵装置不符合标准。

• 消防水系统应是稳压系统。

• 消防水系统应为闭式环路：

★ 在有消防卷盘、消防炮的管道上，阀门的安装高度不能超过 300m，否侧喷淋系统在任意一位置可能中断；

★ 连接到任何工艺系统少于两个相邻侧的管道可能中断。

- 工艺区域内的消防水管线应置于地下。
- 在工艺单元区域内，由两个以上的消防炮、消防卷盘、消防栓或喷淋系统组合而成的管道应连接到消防主管上两个独立的位置。
- 厂区外的最大消防栓间距为 90m，厂区内为 45m。
- 消防栓的间距及位置是否充分？
- 消防栓是否具有足够的能力(550kPa 压力下 227m^3/h)？每台球罐或类球形容器至少有两侧安装固定式消防炮。
- 可燃性材料制成的冷却塔应在地面上设固定的消防炮以覆盖其各个方位。

（2）雨淋及喷淋系统

- 位于区域水平面 15m 以上的主操纵阀是否处在保护之中？
- 是否提供冲洗连接装置及滤网？
- 是否为球罐、冷库、再生及回热式空气预热器设置了喷淋及/或集水系统？

（3）泡沫系统

- 泡沫是否与储罐内的液体相兼容？
- 如果罐内物料的闭杯闪点在 380℃时，或加热到闪点以上或在位于闪点 80℃以内，需进行泡沫覆盖。热油罐加入泡沫可导致沸溢的情况例外。

★ 对于固定顶储罐，泡沫发生器的额定能力至少为 1.0MPa 压力下 114m^3/h，对于敞开式浮顶罐，泡沫发生器的额定能力至少为 420kPa 压力下 13.6m^3/h。

- 分支管是否接到外面的堤坝及道路边排水沟？
- 泡沫发生器终端接口编号是否与泡沫出口能力一致？
- 泡沫室及/或泡沫站的数量是否充分？
- 浮顶罐的开顶是否安装泡沫挡板？
- 泡沫系统在设计上能否应付浮顶贮罐内部整个表面发生火灾的情况？

（4）泡沫及消防栓连接是否与紧急响应系统及/或其他响应机构相兼容？

（5）应完成对防火设备人的因素审查：

- 如果消防炮操作员发现目标视线不清晰，则应考虑如下操作：
  - ★ 借助平台提升消防炮；
  - ★ 开发一套专用于“盲区”的便携式系统。
- 操作人员进入消防炮或消防栓受阻时，应根据火灾情况，确保有进入消防栓及消防炮的备选方法。
- 就地集水系统启动箱未装在安全撤离路线上，操作员在撤离此区域时不能启动集水系统。考虑下列事项：
  - ★ 确保紧急出口通道进行过标识，且集水系统启动箱位于该通道上；
  - ★ 确保集水系统启动箱用标志做出明确标识；
  - ★ 对于不畅通的或多个出口位置，考虑设置两个或单独的集水系统启动箱；
  - ★ 确保操作员收到集水系统正在运行的反馈信息；
  - ★ 确保该系统的操作与紧急控制站保持通信。
- 如果集水系统主控制盘不位于单元外围(界区)，则考虑下列情形：
  - ★ 确保由 BLS 控制的单元集水控制盘安装在同一控制站中；
  - ★ 确保操作人员收到集水系统正在运行的反馈信息；

★ 确保此操作系统与紧急控制站保持通信。

• 主集水系统控制盘的控制范围三个或多个地理区域。考虑下列事项：

★ 确保集水系统在控制盘按功能相互分开；

★ 通过采用恰当的模拟显示对系统分区域发送命令；

★ 确保显示屏设计专用于给操作员提供反馈信息；

★ 确保操作员确认所操作的系统操作正确无误，该确认可以是直观确认，也可以通过与控制中心通信进行确认。

6.4 泄压系统

(1) 泄压阀用途的考虑事项

• 泄压阀保护是否可以充分控制意外事故(包括火灾、公用设施故障及操作故障)？是否在被保护设备至少设有一台泄压阀，其设定压力等于或低于设计压力(PRV)？是否可能存在低于安全阀排放能力25%以下的事故？考虑安全阀相互交错布置以避免震动。

• 泄压阀(PRV)是否与排放物的腐蚀性及自动制冷相一致？

• 是否存在焦炭或其他固体堵塞入口的可能性？设计上是否提供入口吹扫管线及选择防爆膜？

• 是否需要伴热以防止入口管线堵塞、冻结或凝固？如果需要，伴热是否指定为安全关键项？

• 平衡波纹管泄压阀的最高背压是否在波纹管机械限定值以内？

• 平衡波纹管泄压阀可否用在可燃性的液体或有毒液体中场合？是否正确地设置放空点？

• 由于冲击压力聚集或从换热器壳程到管程的高差压>6.9MPa，是否需要用防爆膜代替安全阀？

• 泄压阀的设计温度是否与进口和出口的条件保持一致？

• 泄压阀的操作压力与设计压力之间是否有足够的裕度？

• 如果只是热释放，泄压阀的设定是否为管道设计压力等级的120%？

• 尽量减少用防爆膜代替泄压阀，仅当使用泄压阀不可行时才考虑使用防爆膜。对于向大气排放的泄压阀：

★ 确认排放到火炬或其他封闭处理系统不可行；

★ 确保通过使用底座泄压阀或安全销或防爆膜-泄压阀组合将短时排放降至最低限度。

(2) 上游设有防爆膜的泄压阀

• 泄压阀与防爆膜之间是否留有适当的空间进行通风，如：通过过流阀以避免压力累积。

• 地面处或其他可经常(如：每班)接近位置是否设有压力表？

• 泄压阀/防爆膜组合的容量是否进行过认证或该组合的额定值是否不超过泄压阀容量的90%？

(3) 泄压阀管道事项

• 进出口阀和管线的流量区域是否至少和泄压阀的管嘴尺寸一样大？

• 隔离阀是否安装在泄压阀的进口及“铅封开阀”的出口管线上？

• 铅封开(CSO)阀门关闭是否会导致压力超过设计压力的150%？

• 在泄压阀的额定容量下，泄压阀入口管线压降是否比设定压力小3%(设定压力>345kPa)或5%(设定压力小于或等于345kPa)。

• 在泄压阀的额定容量下，普通阀门的最高背压是否小于设定压力的10%(平衡波纹阀为50%)？是否进行了正确的背压校正？

• 泄压阀的最大叠加背压是否小于设定压力的25%(平衡波纹阀为75%)？

• 是否考虑管线的自动制冷或骤冷？

- 当地标准是否批准铅封开(CSO)阀门?
- 铅封开(CSO)阀门是否标有特殊的颜色?
- 铅封开(CSO)阀门的阀杆是水平安装还是朝下安装?
- 叠加背压是否需要弹簧压力调整装置?
- 确定设定压力时是否考虑入口管线静压头?
- 对于长度超过9m的液体进口管线，是否考虑采用液压控制动作阀以尽可能减小振动的危险?
- 安全阀的进出口法兰螺母及切断阀是否安装稳固，以防止振动产生松动?
- 对于可能受结焦、催化剂、聚合体、高倾点油或粘性物料、冷冻水、氢氧化物或铵盐堵塞的泄压装置，管道进出口是否规定安装反吹及/或进行伴热?

(4) 大气排放

- 排放到收集、控制及处理系统是否不可行?
- 独立的高液位报警之上是否设有至少30min的液体停留时间?
- 安全阀的出口管线上是否设有排水孔?
- 管线出口速度是否小于75%音速?
- 处理可燃性介质时，安全阀立管的出口速度是否至少为30m/s? 当安全阀排放的蒸气中的氢气或高于自燃点的蒸气含量大于50%(摩尔)时，安全阀是否设有灭火蒸汽连接口?
- 当排放物中氢气含量大于50%(摩尔)时，是否为立管提供环圈?
- 氢气、甲烷或超过316℃的烃着火是否会导致地平面或操作平台处的热通量超过8140kcal/(h·m^2)(1cal=4.2J)? 如果是，可考虑排放到封闭系统，增加仪表或提供其他防护以降低热释放速率或热释放的可能性。
- 任何其他排放物是否会导致地平面或操作平台处热通量达到16280kcal/(h·m^2)(1cal=4.2J)? 如果是，可考虑排到封闭系统，增加仪表或提供其他防护以降低热释放速率或热释放的可能性。
- 排放物是否会导致地平面或操作平台处的浓度超过STEL? 如果是，可考虑排放到封闭系统，通过管路引入安全位置或提供其他防护。
- 排放物是否会导致围栏线外的浓度超过ERPG-1或STEL(取二者较低值)? 排放物是否会引起公众破坏? 如果是，考虑到封闭系统，将放空气体引入安全位置或提供其他防护。
- 对于可燃性蒸气，排放标高是否至少位于位于任何15m范围以内的平台或设备之上3m。

(5) 安全阀总管

- 排污管线(火炬管线)是否无滞留点且至少以1∶500的连续倾斜度通向排污罐?
- 是否规定泄压阀泄漏连接点接入排污管线，以避免声音故障造成的风险?(速度超过声速的75%时，请咨询机械专家)
- 是否对低位排放罐安装防寒装置(如果要求)?

(6) 高处火炬间隙考虑事项

- 设备及有人的区域的热辐射强度是否合格?
- 火炬系统是否按最小夹带设计?
- 如果燃烧的液体外溢，人或设备的区域是否会收到影响?
- 每种可燃性烃源如：浮顶贮罐或分离器，其离火炬烟囱基座的最低高度为60m吗?
- 任何地界线处的最大地平面的热强度是否小于1356kcal/(h·m^2)?
- 烟囱基座至地界线的最小距离是否为60m?

● 最大辐射强度是否满足 DPXV-E 附件 A 的标准要求?

(7) 火炬构造考虑事项

在最高紧急负荷下，火炬密封罐、烟囱及火炬头容量是否足够?

● 火炬是否具有适当的控烟方式?

● 火炬头材料是否为 lncoloy 800 和不锈钢 310?

● 最大泄漏速率是否与稳定火焰相一致?该速率是否包括任何内部注入的蒸气?

● 火炬头的高度是否至少为 15m 且比任何 150m 以内高度的平台或建筑物高?

● 火炬头是否具有可靠的点火器及引燃系统?

★ 根据引燃气的组成和就地条件。

● 是否考虑采取预防措施以消除引燃气中的较重烃(C_4以上)或水的冷凝或凝固引起的引燃气管线堵塞?

● 是否考虑安装伴热(从供应点至引燃器)及报警装置以显示伴热丧失的情况?

● 火炬头是否按规定安装航空标识灯(如有要求)?

● 每台引燃器是否安装双侧温套管/热电偶用于检测火焰，该检测可提示安全临界低温报警?关于火焰消失的这些报警是否引入控制室中?

(8) 火炬回火保护

● 火炬是否具备充分的回火保护?

● 如果使用水封:

★ 是否有确保密封水流量的规定?

★ 用于分离蒸汽的水出口速度是否小于 0.12m/s?

★ 水的速率是否大约为 $0.08m^3/min$?

★ 对通常发生的意外情况，密封深度是否可达最高密封压力的 175%?

★ 对极少发生的意外情况，密封深度是否可达最高密封压力的 110%?

★ 蒸汽入口至水密封之间是否为压力喷射浆衬里或进行过防腐保护?

★ 在蒸汽加热至水密封回路上是否有低温管路接入?

★ 火炬管道是否连续向水密封区域倾斜?

★ 密封水是否通向安全处理装置?

● 密封罐、火炬烟囱及水出口回路在可能的最高操作温度时其设计压力是否至少为 345kPa，以防止内部爆炸?

● 在可燃烧 75%(体积)以上乙烯火炬系统中，当罐及密封区域在最高及最低温度时，密封罐及水出口回路的设计压力是否等于 1MPa?

● 密封罐及密封区域是否安装防寒装置?

● 对密封罐及密封区域的撇油操作是否有适当的规定?

(9) 环境考虑事项

● 火炬头是否满足所有噪音等级适用标准及大气污染物燃烧标准?

● 是否发生过造成过度浓烟、恶臭或有毒的燃烧产物或过度噪音的事件?

6.5 设施选址

(1) 从装置特性方面考虑工艺单元的位置，如:哪些人口密集的地方会有潜在的单元危险?

● 当评估潜在丧失防护造成的安全及健康影响时，工艺单元离工人及高密度交通区域有多近?

- 容器离其他设备、控制室、维护车间及办公楼有多近？
- 建筑物是否满足设计要求？
- 建筑物是否满足防爆要求？
    - ★ 建筑物213m边缘是否可能位于VCE区域？
    - ★ 建筑物是否被占用？
    - ★ 建筑物是否考虑作为“关键操作楼”？

（2）小组成员对文件规定的间距或建筑物设计偏离及消除措施是否满意？

（3）当地安全操作委员会是否审批任何间距或建筑物设计偏离？

6.6 关键程序-内容

（1）控制程序中是否明确规定HSE（安全、健康和环境）关键危险？该程序应向操作员说明受控制的危险情况。

- 是否对用户有额外的危险？本程序的使用不应将用户置于潜在的危险之中。
- 是否确定了不正确执行本程序所产生的后果？如：增加一个步骤、减小一个步骤、不按顺序执行步骤或跳过某一步骤。

（2）程序危险控制是否妥当？或者是否采取某种装置控制危险？小组是否应以文件记录形式识别工程控制结果以代替危险管理程序？

（3）本程序是否能对该危险起到控制作用？需要提出行动措施以控制危险。

（4）本程序能否执行，需考虑执行构成的因素：

- 任务的复杂性？程序的复杂性是用户在执行该程序时面临的困难。很多的信息、行动及决定的处理增加了程序的复杂性。程序的编制应让终端用户易于理解。
- 操作人员的经验水平如何？程序的编制应满足经验最少的操作人员。
- 是否有时间执行任务？应分配充足的时间让终端用户完成本程序。如果执行危险控制程序的时间不充分，则需增设自动装置以控制危险。
- 承受压力的水平？在HSE（安全、健康和环境）关键情况进展时，终端用户必须能够执行该程序。系统错误容差如何？工艺必须给操作员提供反馈信息，使其有充分的时间去纠正错误。如果不能恢复，则应更改工艺设计。
- 任务的关键性如何？一般来说，程序越关键，应该更容易理解。
- 任务频率如何？任务执行频率不高的程序内容更详细，经常执行的程序次之。

6.7 关键程序-措辞格式

（1）程序目的

是否明确了程序的目的？

（2）负责人

是否所有程序中每一步都有对应的负责人？如果阅读者不是负责人，每一步应该明确说明完成该步骤的负责人。

（3）行动动词

- 步骤是否以行动动词开头？
- 行动动词在整个程序中是否前后一致？
- 是否有些单词听起来相似，但意思却不同？如：“增加”或“减少”。

（4）每一步行动的编号

- 每一步骤里是否只有一项行动？

- 超过三个对象的行动是否总是列在一个清单里？

(5) 步骤顺序

- 步骤是否按照行动顺序安排？
- 条件“如果”或“当”是否表示有行动？条件是否总写在行动之前？

(6) 警告、小心及注意

- 警告、小心及注意是否总在步骤的前面？
- 警告及小心是否提供警惕及相关的后果？
- 终端用户是否清楚如何避免“警告”或“小心”中发生的后果？
- HSE(安全、健康和环境)关键报警是否总是以警告形式说明？
- 警告是否针对下列内容：
  ★ 防护出现非受控重大故障；
  ★ 人员受伤或死亡；
  ★ 材料泄漏导致严重的污染或健康影响。
- “小心”是否针对小型设备损害、工艺不稳定或质量影响？
- “注意”是否仅限于非重要性的建议信息？

(7) 参考及分支

- 本程序是否将参考及分支减少到最低程度？
- 使用时，参考是否使用“参见【项目名称及代号】”这些的措词？

(8) 命名及位置。只有意思非常清楚的单词在现场才可使用。单词意思在现场区域内保持一致。

- 设备和部件是否总以位号(ID)及通用装置名称命名？新到操作员应该理解该命名。
- 第一次提及的部件或设备是否给出其位置？

(9) 验收标准及公差范围

- 是否尽量减少使用定性的单词？如：“满意”、“正常”、“充分”、“需要”、“要”、“稍微”、“热”、“冷”及其他。
- 是否给出容差范围或安全操作上下限如：620kPa、550~690kPa？

参 考 文 献

1 IEC 61882, Hazard and Operability Studies (HAZOP Studies) Application Guide, 2001

2 CCPS/AIChE, Guidelines for Hazard Evaluation Procedures, third edition, 2008

3 T. Kletz, HAZOP & HAZAN, Identifying and Assessing Process Industry Hazards, fourth edition, 1999

4 EPSC HAZOP: Guide to Best Practice. Guidelines to Best Practice for the Process and Chemical Industries, second edition, 2008

5 CCPS/AIChE, Plant Guidelines for Technical Management of Chemical Process Safety, revised edition, 1995

6 CCPS/AIChE, Guidelines for Preventing Human Error in Process Safety, 1994

7 CCPS/AIChE, Guidelines for Chemical Process Quantitative Risk Analysis, second edition, 2000

8 CCPS/AIChE, Guidelines for Writing Effective Operating and Maintenance Procedures, 1996

9 CCPS/AIChE, Guidelines for Investigating Chemical Process Incidents, second edition, 2003

10 CCPS/AIChE, Guidelines for Chemical Process Quantitative Risk Analysis, 2000

11 CCPS/AIChE, Guidelines for Process Equipment Reliability Data, 1989

12 OSHA, OSHA 3132 Process Safety Management, 2000

13 Hawksley, J. L., 1984 Some social, technical and economic aspects of the risks of large plants, CHEMRAWN III. Reproduced in Lees, F. P., Loss Prevention in the Process Industries, second edition, Butterworth Heinemann, Oxford, UK, 1996

14 API RP581: Risk Based Inspection Technology, second edition, American Petroleum Institute, 2008

15 OGP risk assessment data directory, Report No. 434-5: Human factors in QRA, International Association of Oil and Gas Producers, March 2010

16 OGP risk assessment data directory, Report No. 434-14. 1: Vulnerabilities of Humans, International Association of Oil and Gas Producers, March 2010

17 Methods for the determination of possible damage to people and objects resulting from release of hazardous materials, CPR16E, first edition, The Netherlands Organization of Applied Scientific Research (TNO), 1992

18 Pressure relieving and depressuring system, fifth edition, ANSI/API standard 521, January 2007

19 Daniel A. Crowl, Joseph F. Louvar, Chemical process safety: fundamentals with applications, second edition, Prentice Hall Inc., 2002

20 Section 23: Process safety, Perry's chemical engineer's handbook, 8th edition, MacGraw-Hill Companies, 2008

21 Louis Anthony Cox, Jr.: What's wrong with risk matrices? Risk Analysis, Vol. 28, No. 2, 2008

22 HAZOP Manual, ExxonMobil Chemicals and Refining, Revised January 2005

23 Bridges W. G. and Williams T. R., Create Effective Safety Procedures and Operating Manuals, Chemical Engineering Progress, 1997(12), p23-37

24 U. S. DOE-Department of Energy, Root Cause Analysis Guidance, 1992

25 Kiyoshi Kuraoka and Rafael Batres, An Ontological Approach to Represent HAZOP Information, Process Systems Engineering Laboratory, Tokyo Institute of Technology, Technical Report TR-2003-01, April 2003

26 Rafael Batres, Takashi Suzuki, Yukiyasu, Shimada, Tetsuo Fuchino, A graphical approach for hazard identification, 18th European Symposium on Computer Aided Process Engineering-ESCAPE 18, 2008

27 Jordi Dunjó, Vasilis Fthenakis, Juan A. Vílchez, Josep Arnaldos, Hazard and operability (HAZOP) analysis. A literature review, Journal of Hazardous Materials 173 (2010) 19 - 32

28 Paul Baybutt, Remigio Agraz-Boeneker, A Comparison of The Hazard and Operability (HAZOP) Study with

Major Hazard Analysis (MHA): A More Efficient and Effective Process Hazard Analysis (HAZOP) Method, 1st Latin American Process Safety Conference and Exposition, Center for Chemical Process Safety, Buenos Aires, May 27-29, 2008

29 V. Venkatasubramanian, J. Zhao, and S. Viswanathan, Intelligent Systems for HAZOP Analysis of Complex Process Plants, Comp. & Chem. Eng., 24, 2002, pp2291 - 2302

30 McCoy, S. A., Wakeman, S. J., Larkin, F. D., Jefferson, M., Chung, P. W., Rushton, A. G., Lees, F. P. and Heino, P. M. , HAZID, A Computer Aid for Hazard Identification , Transactions of the Institution of Chemical Engineers, 77, 1999, pp 317-327

31 ISO 15926, Integration of lifecycle data for process plant including oil and gas production facilities: Part 2-Data model, 2003

32 Rafael Batres, Matthew West, David Leal, David Price, Yuji Naka., An Upper Ontology based on ISO 15926, Computers &Chemical Engineering, Vol. 31, Issues 5-6, 2007, pp519-534

33 中国石化集团上海工程有限公司．化工工艺设计手册(第四版)．北京：化学工业出版社，2009

34 中国石化青岛安全工程研究院．HAZOP 分析指南．北京：中国石化出版社，2008

35 赵劲松，赵利华，崔琳，陈明亮，邱彤，陈丙珍．基于案例推理的 HAZOP 分析自动化框架．化工学报，59(1)：111-117，2008

36 吴重光，许欣，张贝克，纳永良，张卫华．基于知识本体的过程安全分析信息标准化．化工学报，63(5)：1484-1491，2012

37 白永忠，党文义，于安峰译．保护层分析——简化的过程风险评估．北京：中国石化出版社，2010

38 粟镇宇．工艺安全管理与事故预防．北京：中国石化出版社，2009